转型发展系列教材

高等数学及其应用

（下）

主 编 胡 成 吴田峰 刘 洋

副主编 陈文贵 赵 芳 张 雪

西南交通大学出版社

·成 都·

图书在版编目（CIP）数据

高等数学及其应用. 下 / 胡成，吴田峰，刘洋主编
. 一成都：西南交通大学出版社，2019.1（2025.1 重印）
ISBN 978-7-5643-6760-2

Ⅰ. ①高… Ⅱ. ①胡… ②吴… ③刘… Ⅲ. ①高等数
学－高等学校－教材 Ⅳ. ①O13

中国版本图书馆 CIP 数据核字（2019）第 024616 号

高等数学及其应用

（下）

主编　胡　成　吴田峰　刘　洋

责任编辑	孟秀芝
封面设计	严春艳

出版发行	西南交通大学出版社
	（四川省成都市金牛区二环路北一段 111 号
	西南交通大学创新大厦 21 楼）
邮政编码	610031
营销部电话	028-87600564　028-87600533
网址	http://www.xnjdcbs.com
印刷	四川森林印务有限责任公司

成品尺寸	185 mm × 260 mm
印张	14
字数	343 千
版次	2019 年 1 月第 1 版
印次	2025 年 1 月第 7 次
定价	42.00 元
书号	ISBN 978-7-5643-6760-2

课件咨询电话：028-81435775
图书如有印装质量问题　本社负责退换
版权所有　盗版必究　举报电话：028-87600562

转型发展系列教材编委会

顾　　问　蒋葛夫

主　　任　汪辉武

执行主编　蔡玉波　陈叶梅　贾志永　王　彦

总　序

教育部、国家发展改革委、财政部《关于引导部分地方普通本科高校向应用型转变的指导意见》指出：

"当前，我国已经建成了世界上最大规模的高等教育体系，为现代化建设作出了巨大贡献。但随着经济发展进入新常态，人才供给与需求关系深刻变化，面对经济结构深刻调整、产业升级加快步伐、社会文化建设不断推进特别是创新驱动发展战略的实施，高等教育结构性矛盾更加突出，同质化倾向严重，毕业生就业难和就业质量低的问题仍未有效缓解，生产服务一线紧缺的应用型、复合型、创新型人才培养机制尚未完全建立，人才培养结构和质量尚不适应经济结构调整和产业升级的要求。"

"贯彻党中央、国务院重大决策，主动适应我国经济发展新常态，主动融入产业转型升级和创新驱动发展，坚持试点引领、示范推动，转变发展理念，增强改革动力，强化评价引导，推动转型发展高校把办学思路真正转到服务地方经济社会发展上来，转到产教融合校企合作上来，转到培养应用型技术技能型人才上来，转到增强学生就业创业能力上来，全面提高学校服务区域经济社会发展和创新驱动发展的能力。"

高校转型的核心是人才培养模式，因为应用型人才和学术型人才是有所不同的。应用型技术技能型人才培养模式，就是要建立以提高实践能力为引领的人才培养流程，建立产教融合、协同育人的人才培养模式，实现专业链与产业链、课程内容与职业标准、教学过程与生产过程对接。

应用型技术技能型人才培养模式的实施，必然要求进行相应的课程改革，我们这套"转型发展系列教材"就是为了适应转型发展的课程改革需要而推出的。

希望教育集团下属的院校，都是以培养应用型技术技能型人才为职责使命的，人才培养目标与国家大力推动的转型发展的要求高度契合。在办学过程中，围绕培养应用型技术技能型人才，教师们在不同的课程教学中进行了卓有成效的探索与实践。为此，我们将经过教学实践检验的、较成熟的讲义陆续整理出版。一来与兄弟院校共同分享这些教改成果，二来也希望兄弟院校对于其中的不足之处进行指正。

让我们共同携起手来，增强转型发展的历史使命感，大力培养应用型技术技能型人才，使其成为产业转型升级的"助推器"、促进就业的"稳定器"、人才红利的"催化器"！

汪辉武

2016 年 6 月

前　言

　　高等数学一直是高等院校最重要的公共基础课之一，作为大多数专业课程所必要的知识基础，它在自然科学和社会科学领域中都具有广泛的应用。

　　为迎合独立学院学生的知识基础和实用性的要求，西南交通大学希望学院的骨干教师根据独立学院学生的特点，联合编写了本教材。本教材在系统地阐述高等数学的基本概念、基本思想和基本方法的基础上，进一步结合独立学院学生的数学基础和专业课需求，本着简单实用的原则，删减了一些理论性较强且较复杂的内容，注重对基本概念的引入和讲解，省略了许多定理的证明和推导，增加了很多应用性的例题和习题。

　　本教材是对高等数学与数学实验、数学建模有机结合的教学方式的尝试，推动传统教学方式与多媒体等现代教育技术的融合。在每个章节最后都编写了数学实验与数学建模的有关内容，以加强对学生实践能力的培养。本书以 MATLAB 软件为工具，学生可以在计算机上操作完成大部分微积分学的基本运算，并能解决一些简单的数学建模问题。

　　《高等数学及其应用（下）》包括微分方程、向量代数与空间解析几何、多元函数微分学及其应用、重积分与曲线积分、无穷级数等内容。其中，第 8 章由宋军智老师编写，第 9 章由陈文贵、张雪老师编写，第 10 章由赵芳老师编写，第 11 章由吴田峰、张雪老师编写，第 12 章由冉菁、张雪老师编写，数学实验部分由赵芳老师编写，吴田峰、赵芳、张雪老师负责本书的校对工作。本书由西南交通大学的胡成教授统稿整理。

　　由于编者水平和经验有限，书中难免存在不足之处，敬请专家、同行及读者批评指正。

编　者

2018 年 10 月

目　录

第 8 章　微分方程

在解决实际问题的过程中，人们常常希望能确定反映客观事物内部联系的数量关系，即确定所讨论的变量之间的函数关系．用微商来描述事物变化的趋势，用物质不灭、能量守恒以及其他物质运动基本规律来建立质量和未知量之间的关系，这样可以将来自物理、化学、工程、生物和经济领域的一些实际问题表述为精确的等式形式．这种包含未知函数和其微商的恒等式就是我们即将学习的微分方程．

自牛顿（1642—1727）、莱布尼茨（1646—1716）创立微积分学以来，人们就已经开始对微分方程进行研究．从最初研究的初等求解技巧发展到今天日益发达的数值模拟技术，从早期对方向场的理解到今天关于微分方程定性理论、分叉理论的成熟知识体系，历经三百多年的历史，这门数学分支不仅成为数学学科中队伍最大、综合性最强的领域之一，而且成为数学以外学科最为关注的领域之一．它的发展极大地推动了自然科学、工程技术乃至社会科学的发展，尤其是为地球椭圆轨道的计算、海王星的发现、弹道轨道的定位、大型机械振动的分析、自动控制的设计、气象数值预报、人口增长的宏观预测等提供了技术支撑．

概括地说，微分方程是研究自然科学、工程技术及社会生活中一些确定性现象的重要工具．通过研究微分方程的解的各种属性，我们就能解释一些现象、对未来的发展趋势作出预测、为人们设计的新的装置提供参考．

这一章，我们将学习微分方程的一些基本概念和几种常用微分方程的经典解法．

8.1　微分方程的基本概念

一、引　例

下面通过几个具体的问题来给出微分方程的基本概念．

例 1　设曲线通过点（1，2），且在该曲线上任意一点 $M(x,y)$ 处的切线斜率为 $2x$，求这条曲线的方程．

解　设曲线方程为 $y=f(x)$，由导数的几何意义可知

$$\frac{\mathrm{d}y}{\mathrm{d}x}=f'(x)=2x,\qquad\qquad(8.1)$$

将（8.1）式两端同时积分，得

$$y = \int 2x\,\mathrm{d}x = x^2 + C. \tag{8.2}$$

其中 C 是任意常数.

由已知条件，点（1, 2）在曲线上，将其代入（8.2）式，解得 $C = 1$.

故所求曲线方程为

$$y = x^2 + 1.$$

例 2 列车在平直线路上以 20 m/s 的速度行驶，当制动时列车获得加速度 -0.4 m/s^2. 问列车开始制动后多长时间才能停住？列车在制动时间内行驶了多少路程？

解 设列车开始制动后 t 秒时行驶了 s 米，制动阶段列车运动规律函数 $s = s(t)$. 由物理学知识知，函数 $s = s(t)$ 应满足

$$\frac{\mathrm{d}^2 s}{\mathrm{d}t^2} = -0.4, \tag{8.3}$$

此外，还满足条件：

$$当 t = 0 时，\quad s = 0 且 v = \frac{\mathrm{d}s}{\mathrm{d}t} = 20. \tag{8.4}$$

将（8.3）式两端积分一次，得

$$v = \frac{\mathrm{d}s}{\mathrm{d}t} = -0.4t + C_1, \tag{8.5}$$

将（8.5）式两端再积分一次，得

$$s = -0.2t^2 + C_1 t + C_2. \tag{8.6}$$

其中 C_1, C_2 都是任意常数.

将已知条件" $t = 0$ 时 $v = 20$ "和" $t = 0$ 时 $s = 0$ "分别代入（8.5）式和（8.6）式，有

$$C_1 = 20, \quad C_2 = 0,$$

最后将 C_1, C_2 的值代入（8.5）式和（8.6）式，得

$$v = -0.4t + 20, \tag{8.7}$$

$$s = -0.2t^2 + 20t \tag{8.8}$$

在（8.7）式中令 $v = 0$，得到列车从开始制动到完全停止所需的时间：

$$t = \frac{20}{0.4} = 50 \text{（秒）}$$

再把 $t = 50$ 代入（8.8）式，得到列车在制动阶段行驶的路程：

$$s = -0.2 \times 50^2 + 20 \times 50 = 500 \text{（米）}$$

上述两个例子中的关系式（8.1）和（8.3）都含有未知函数的导数，它们都是微分方程.

二、微分方程的基本概念

一般地，凡表示未知函数、未知函数的导数与自变量之间的关系的方程，叫作**微分方程**. 未知函数是一元函数的方程叫作**常微分方程**；未知函数是多元函数的方程，叫作**偏微分方程**. 本章只讨论常微分方程.

微分方程中所出现的未知函数的最高阶导数的阶数，称为**微分方程的阶数**，简称为微分方程的阶. 例如，方程（8.1）是一阶微分方程；方程（8.3）是二阶微分方程. 而方程

$$y^{(4)} - 4y''' + 10y'' - 12y' + 5y = \sin 2x$$

则是四阶微分方程.

一般地，n 阶微分方程的形式是

$$F(x, y, y', y'', \cdots, y^{(n)}) = 0 \qquad (8.9)$$

其中函数 F 含有 $n+2$ 个不同变量，我们将方程（8.9）称为 n 阶微分方程的**隐式格式**. 这里必须指出，在方程（8.9）中，$y^{(n)}$ 是必须出现的，而 $x, y, y', \cdots, y^{(n-1)}$ 等变量则可以出现也可以不出现. 例如，在 n 阶微分方程 $y^{(n)} + 1 = 0$ 中，除 $y^{(n)}$ 外，其他变量都没有出现.

如果能从方程（8.9）中解出最高阶导数，可得微分方程

$$y^{(n)} = f(x, y, y', y'', \cdots, y^{(n-1)}) \qquad (8.10)$$

我们将方程（8.10）称为 n 阶微分方程的**显式格式**. 后面我们讨论的微分方程都是显式微分方程或能通过恒等变形变为显式方程的微分方程，并且方程（8.10）右端的函数 f 在所讨论的范围内连续.

由前面的例子我们看到，在研究某些实际问题时，首先要建立微分方程，然后找出满足微分方程的函数，即找出这样的函数，把函数代入微分方程后能使该方程成为**恒等式**，则这个函数就叫作**微分方程的解**. 确切地说，设函数 $y = \varphi(x)$ 在区间 I 上有 n 阶连续导数，如果在区间 I 上，

$$F[x, \varphi(x), \varphi'(x), \varphi''(x), \cdots, \varphi^{(n)}(x)] \equiv 0$$

那么函数 $y = \varphi(x)$ 就叫作微分方程（8.9）在区间 I 上的解.

例如，函数（8.2）是微分方程（8.1）的解；函数（8.6）和（8.8）都是微分方程（8.3）的解.

如果微分方程的解中含有任意常数，且任意常数的个数与微分方程的阶数相同，这样的解叫作**微分方程的通解**. 例如，函数（8.2）是方程（8.1）的解，它含有一个任意常数，而方程（8.1）是一阶的，所以函数（8.2）是方程（8.1）的通解. 又如，函数（8.6）是方程（8.3）的解，它含有两个任意常数，而方程（8.3）是二阶的，故函数（8.6）是方程（8.3）的通解.

由于通解中含有任意常数，它还不能确定地反映某一特定客观事物的规律性，所以必须确定这些常数的值. 为此，要根据问题的实际情况提出确定这些常数的条件. 例如，例 1 中的 "$x = 1$ 时 $y = 2$"，例 2 中的 "$t = 0$ 时 $v = 20$" 和 "$t = 0$ 时 $s = 0$"，便是这样的条件.

设微分方程中的未知函数为 $y = y(x)$，如果微分方程是一阶的，通常用来确定任意常数的条件是

$$x = x_0 时，\quad y = y_0$$

或写成

$$y\,|_{x=x_0} = y_0.$$

其中 x_0, y_0 都是给定的值. 如果微分方程是二阶的，通常用来确定任意常数的条件是

$$x = x_0 时，\quad y = y_0, y' = y'_0$$

或写成

$$y\,|_{x=x_0} = y_0, \quad y'\,|_{x=x_0} = y'_0.$$

其中 x_0, y_0 和 y'_0 都是给定的值. 上述条件叫作**微分方程的初始条件**.

确定通解中的常数以后，就得到了**微分方程的特解**. 例如，函数 $y = x^2 + 1$ 是方程（8.1）满足条件 "$x = 1$ 时 $y = 2$" 的特解；而（8.8）式则是方程（8.3）满足条件（8.4）的特解.

求微分方程 $y' = f(x,y)$ 满足初始条件 $y\,|_{x=x_0} = y_0$ 的特解的这种问题，叫作一阶微分方程的**初值问题**，记作

$$\begin{cases} y' = f(x,y) \\ y\,|_{x=x_0} = y_0 \end{cases}. \tag{8.11}$$

微分方程的解的图形是一条曲线，叫作**微分方程的积分曲线**. 初值问题（8.11）的几何意义是求微分方程的通过点 (x_0, y_0) 的积分曲线. 而二阶微分方程的初值问题表示为

$$\begin{cases} y'' = f(x,y,y') \\ y\,|_{x=x_0} = y_0, y'\,|_{x=x_0} = y'_0 \end{cases}. \tag{8.12}$$

它的几何意义是求微分方程通过点 (x_0, y_0)，且在该点处的切线斜率为 y'_0 的积分曲线.

例3 验证：函数

$$x = C_1 \cos kt + C_2 \sin kt \tag{8.13}$$

是微分方程

$$\frac{\mathrm{d}^2 x}{\mathrm{d}t^2} + k^2 x = 0 \tag{8.14}$$

的解.

解 首先求出函数（8.13）的一阶导数、二阶导数

$$\frac{\mathrm{d}x}{\mathrm{d}t} = -kC_1 \sin kt + kC_2 \cos kt,$$

$$\frac{\mathrm{d}^2 x}{\mathrm{d}t^2} = -k^2 C_1 \cos kt - k^2 C_2 \sin kt = -k^2 (C_1 \cos kt + C_2 \sin kt),$$

将 $\dfrac{\mathrm{d}^2 x}{\mathrm{d}t^2}$ 及 x 的表达式代入方程（8.14），得

$$-k^2(C_1\cos kt + C_2\sin kt) + k^2(C_1\cos kt + C_2\sin kt) \equiv 0 .$$

函数（8.13）及其导数代入方程（8.14）后成为一个恒等式，因此函数（8.13）是微分方程（8.14）的解.

习题 8.1

A 组

1. 指出下列各微分方程的阶数.

（1）$x(y')^2 - 2yy' + x = 0$；

（2）$xy''' + 2y'' + x^2 y = 0$；

（3）$(7x - 6y)\mathrm{d}x + (x + y)\mathrm{d}y = 0$；

（4）$\dfrac{\mathrm{d}\rho}{\mathrm{d}\theta} + \rho = \sin^2\theta$；

（5）$L\dfrac{\mathrm{d}^2 Q}{\mathrm{d}t^2} + R\dfrac{\mathrm{d}Q}{\mathrm{d}t} + \dfrac{Q}{C} = 0$.

2. 找出下面哪个函数是哪个微分方程的解.

（1）$\dfrac{\mathrm{d}y}{\mathrm{d}x} = -2x$

（a）$y = 5x^2$

（2）$\dfrac{\mathrm{d}y}{\mathrm{d}x} = 2x$

（b）$y = -x^2$

（3）$x\dfrac{\mathrm{d}y}{\mathrm{d}x} = 2y$

（c）$y = x^2$

3. 在下题中，验证后面给出的函数是前面微分方程的解.

（1）$(x - 2y)y' = 2x - y$，$x^2 - xy + y^2 = c$.

（2）$(y')^2 + 4y = 0$，$y = \sin 2x$.

B 组

1. 求微分方程 $y' = 4x$ 的通解，并求出满足初始条件 $y|_{x=2} = 9$ 的特解.

2. 设曲线在点 (x, y) 处的切线斜率等于该点横坐标的平方，写出该曲线满足的微分方程.

3. 设曲线在点 (x, y) 处法线与 x 轴的交点为 Q，且线段 PQ 被 y 轴平分，写出该曲线满足的微分方程.

8.2　可分离变量的微分方程与齐次方程

一、可分离变量的微分方程

首先，我们讨论一阶微分方程

$$y' = f(x, y)$$

的解法.

一阶微分方程有时也写成如下的对称形式

$$P(x, y)dx + Q(x, y)dy = 0 .\tag{8.15}$$

在方程（8.15）中，变量 x 与 y 对称，它既可以看作是以 x 为自变量、y 为未知函数的方程：

$$\frac{dy}{dx} = -\frac{P(x, y)}{Q(x, y)}(Q(x, y) \neq 0) ,$$

也可看作是以 y 为自变量、x 为未知函数的方程：

$$\frac{dx}{dy} = -\frac{Q(x, y)}{P(x, y)}(P(x, y) \neq 0)$$

在 8.1 节的例 1 中，我们遇到一阶微分方程

$$\frac{dy}{dx} = 2x$$

或将其变形为

$$dy = 2xdx$$

把上式两端同时积分，就可以得到这个方程的通解

$$y = x^2 + C$$

但并不是所有的一阶微分方程都能这样求解. 例如，一阶微分方程

$$\frac{dy}{dx} = 2xy^2 \tag{8.16}$$

就不能像上面那样直接用两端积分的方法求出它的通解. 其原因是方程（8.16）的右端含有未知函数 y，不定积分

$$\int 2xy^2 dx$$

积不出来. 为了解决这个问题，我们在方程（8.16）的两端同时乘以 $\frac{dx}{y^2}$，使其变为

$$\frac{dy}{y^2} = 2xdx$$

这样，变量 x 与 y 已分离在等式的两端，然后两端积分得

$$-\frac{1}{y} = x^2 + C \text{ 或 } y = -\frac{1}{x^2 + C} .\tag{8.17}$$

其中 C 是任意常数.

可以验证，函数（8.17）确实满足一阶微分方程（8.16），且含有一个任意常数，所以它是方程（8.16）的通解.

一般地，如果一阶微分方程能写成

$$g(y)\mathrm{d}y = f(x)\mathrm{d}x \qquad\qquad (8.18)$$

的形式，就是说，能把微分方程写成一端只含 y 的函数和 $\mathrm{d}y$，另一端只含 x 的函数和 $\mathrm{d}x$，那么原方程就称为**可分离变量的微分方程**.

假定方程（8.18）中的函数 $g(y)$ 和 $f(x)$ 是连续的，设 $y = \varphi(x)$ 是方程的解，将它代入方程（8.18）中，得到恒等式

$$g[\varphi(x)]\varphi'(x)\mathrm{d}x = f(x)\mathrm{d}x .$$

将上式两端积分，并由 $y = \varphi(x)$ 引进变量 y，得

$$\int g(y)\mathrm{d}y = \int f(x)\mathrm{d}x .$$

设 $G(y)$，$F(x)$ 依次为 $g(y)$ 和 $f(x)$ 的原函数，于是有

$$G(y) = F(x) + C , \qquad\qquad (8.19)$$

因此，关系式（8.19）满足方程（8.18）. 反之，如果 $y = \varphi(x)$ 是由关系式（8.19）所确定的隐函数，那么在 $g(y) \neq 0$ 的条件下，$y = \varphi(x)$ 也是方程（8.18）的解. 事实上，由隐函数的求导法可知，当 $g(y) \neq 0$ 时，有

$$\varphi'(x) = \frac{F'(x)}{G'(y)} = \frac{f(x)}{g(y)} .$$

这就表示函数 $y = \varphi(x)$ 满足方程（8.18）. 如果已分离变量的方程（8.18）中 $g(y)$ 和 $f(x)$ 是连续的，且 $g(y) \neq 0$，那么（8.18）式两端积分后得到的关系式（8.19），就用隐式给出了方程（8.18）的解，（8.19）式就叫作微分方程（8.18）的**隐式解**. 由于关系式（8.19）中含有任意常数，因此（8.19）式所确定的隐函数是方程（8.18）的通解，所以（8.19）式叫作微分方程（8.18）的**隐式通解**.

例 1　求微分方程

$$\frac{\mathrm{d}y}{\mathrm{d}x} = 2xy$$

的通解.

解　易知该方程是可分离变量的，分离变量后得

$$\frac{\mathrm{d}y}{y} = 2x\mathrm{d}x ,$$

两端同时积分，即

$$\int \frac{\mathrm{d}y}{y} = \int 2x\mathrm{d}x ,$$

得

$$\ln|y| = x^2 + C_1 ,$$

从而
$$y = \pm e^{x^2 + C_1} = \pm e^{C_1} e^{x^2}.$$

又因为 $\pm e^{C_1}$ 仍是任意常数，把它记作 C，便得到原方程的通解

$$y = C e^{x^2}.$$

例 2 放射性元素铀由于不断有原子放射出微粒子而变成其他元素，在此过程中，铀的含量不断减少，这种现象叫作**衰变**。由原子物理可知，铀的衰变速度与当时未衰变的原子含量 M 成正比。已知 $t = 0$ 时铀的含量为 M_0，求在衰变过程中铀含量 $M(t)$ 随时间变化的规律。

解 易知，铀的衰变速度就是 $M(t)$ 对时间 t 的导数 $\dfrac{\mathrm{d}M}{\mathrm{d}t}$。由于铀的衰变速度与其含量成正比，故可得到如下微分方程：

$$\frac{\mathrm{d}M}{\mathrm{d}t} = -\lambda M. \tag{8.20}$$

其中 $\lambda (\lambda > 0)$ 是常数，叫作**衰变系数**。λ 前带负号是由于当 t 增加时 M 单调减少，即 $\dfrac{\mathrm{d}M}{\mathrm{d}t} < 0$。

由题易知，初始条件为

$$M \big|_{t=0} = M_0,$$

且方程（8.20）是可以分离变量的，分离变量后得

$$\frac{\mathrm{d}M}{M} = -\lambda \mathrm{d}t,$$

两端积分，即

$$\int \frac{\mathrm{d}M}{M} = \int (-\lambda) \mathrm{d}t,$$

以 $\ln C$ 表示任意常数，因为 $M > 0$，得

$$\ln M = -\lambda t + \ln C,$$

即

$$M = C e^{-\lambda t},$$

是方程（8.20）的通解。将初始条件代入上式，解得

$$M_0 = C e^0 = C,$$

故得

$$M = M_0 e^{-\lambda t}.$$

由此可见，铀的含量随时间的增加而按指数规律衰减。

二、齐次方程

如果一阶微分方程

$$y' = f(x, y)$$

中的函数 $f(x, y)$ 可化为变量 $\dfrac{y}{x}$ 的函数，即 $f(x, y) = \varphi\left(\dfrac{y}{x}\right)$，则称这种方程为**齐次方程**. 例如，$(x+y)\mathrm{d}x - (x-y)\mathrm{d}y = 0$ 是齐次方程，因为其可化为

$$\frac{\mathrm{d}y}{\mathrm{d}x} = \frac{x+y}{x-y} = \frac{1 + \dfrac{y}{x}}{1 - \dfrac{y}{x}}.$$

下面介绍齐次方程的解法.

作代换 $u = \dfrac{y}{x}$，则 $y = ux$，于是

$$\frac{\mathrm{d}y}{\mathrm{d}x} = x\frac{\mathrm{d}u}{\mathrm{d}x} + u \, ,$$

代入原方程得

$$x\frac{\mathrm{d}u}{\mathrm{d}x} + u = \varphi(u) \, ,$$

分离变量得

$$\frac{\mathrm{d}u}{\varphi(u) - u} = \frac{\mathrm{d}x}{x} \, ,$$

两端积分得

$$\int \frac{\mathrm{d}u}{\varphi(u) - u} = \int \frac{\mathrm{d}x}{x} \, ,$$

求出原函数后，再用 $\dfrac{y}{x}$ 代替 u，即得到所给齐次方程的通解.

例 3 求解齐次方程

$$xy' = y(1 + \ln y - \ln x)$$

的通解.

解 原方程可化为

$$\frac{\mathrm{d}y}{\mathrm{d}x} = \frac{y}{x}\left(1 + \ln\frac{y}{x}\right).$$

令 $u = \dfrac{y}{x}$，则

$$\frac{\mathrm{d}y}{\mathrm{d}x} = x\frac{\mathrm{d}u}{\mathrm{d}x} + u \, ,$$

于是

$$x\frac{\mathrm{d}u}{\mathrm{d}x} + u = u(1 + \ln u).$$

分离变量得

$$\frac{\mathrm{d}u}{u\ln u} = \frac{\mathrm{d}x}{x},$$

两端积分得

$$\ln\left|\ln u\right| = \ln x + \ln C_1,$$

化简有

$$\ln u = Cx,$$

即

$$u = \mathrm{e}^{Cx},$$

故方程通解为

$$y = x\mathrm{e}^{Cx}.$$

其中 $C = \pm C_1$.

习题 8.2

A 组

1. 求下列微分方程的通解.

（1） $\dfrac{\mathrm{d}y}{\mathrm{d}x} = \mathrm{e}^{2x+y}$ ；

（2） $3x^2 + 5x = 5\dfrac{\mathrm{d}y}{\mathrm{d}x}$ ；

（3） $y\ln x + xy'\ln y = 0$ ；

（4） $\cos x\sin y + y'\sin x\cos y = 0$ ；

（5） $(y+1)^2\dfrac{\mathrm{d}y}{\mathrm{d}x} + x^3 = 0$ ；

（6） $y\mathrm{d}x + (x^2 - 4x)\mathrm{d}y = 0$.

2. 求下列微分方程满足所给初始条件的特解.

（1） $y' = \mathrm{e}^{2x-y}, \left. y\right|_{x=0} = 0$ ；

（2） $y'\sin x = y\ln y, \left. y\right|_{x=\frac{\pi}{2}} = \mathrm{e}$ ；

（3） $x\mathrm{d}y + 2y\mathrm{d}x = 0, \left. y\right|_{x=2} = 1$ ；

（4） $\mathrm{e}^x\cos y + y'(\mathrm{e}^x + 1)\sin y = 0, \left. y\right|_{x=0} = \dfrac{\pi}{4}$.

3. 求下列齐次方程的通解.

（1） $y' = \dfrac{y}{x}(\ln y - \ln x)$ ；

（2） $(x^2 + y^2) - xyy' = 0$ ；

（3） $\left(x + y\cos\dfrac{y}{x}\right) - \left(x\cos\dfrac{y}{x}\right)y' = 0$ ；

（4） $(x^3 + y^3)\mathrm{d}x - 3xy^2\mathrm{d}y = 0$ ；

（5） $x\mathrm{d}y - y\mathrm{d}x - \sqrt{y^2 - x^2}\,\mathrm{d}x = 0$ ；

（6） $\left(2x\sin\dfrac{y}{x} + 3y\cos\dfrac{y}{x}\right)\mathrm{d}x - 3x\cos\dfrac{y}{x}\mathrm{d}y = 0$ ；

（7）$(1+2\mathrm{e}^{\frac{x}{y}})\mathrm{d}x+2\mathrm{e}^{\frac{x}{y}}\left(1-\dfrac{x}{y}\right)\mathrm{d}y=0$.

4. 求下列齐次方程满足所给初始条件的特解.

（1）$(y^2-3x^2)\mathrm{d}y+2xy\mathrm{d}x=0,y|_{x=0}=1$；

（2）$y'=\dfrac{x}{y}+\dfrac{y}{x},y|_{x=1}=2$；

（3）$(x^2+2xy-y^2)\mathrm{d}x+(y^2+2xy-x^2)\mathrm{d}y=0,y|_{x=1}=1$.

5. 设曲线通过点 $(2,3)$，且它在两坐标轴间的任一切线段均被切点所平分，求该曲线方程.

B 组

1. 化下列方程为齐次方程，并求出通解.

（1）$(2x-5y+3)\mathrm{d}x-(2x+4y-6)\mathrm{d}y=0$；

（2）$(x-y-1)\mathrm{d}x+(4y+x-1)\mathrm{d}y=0$；

（3）$(3y-7x+7)\mathrm{d}x+(7y-3x+3)\mathrm{d}y=0$；

（4）$(x+y)\mathrm{d}x+(3x+3y-4)\mathrm{d}y=0$.

2. 现有一个盛满了水的圆锥形漏斗，高为 10 cm，顶角为 $60°$，在漏斗下方有一个面积为 $0.5\ \mathrm{cm}^2$ 的孔，求水面高度变化的规律及水流完所需的时间.

3. 小船从河岸边的点 O 处出发驶向对岸（两岸为平行直线）. 设小船的速度为 a，航行方向始终与河岸垂直，又设河宽为 h，河中任一点处的水流速度与该点到两岸距离的乘积成正比（比例系数为 k）. 求小船的航行路线（运动轨迹）.

4. 有一段以 $O(0,0)$，$A(1,1)$ 为联结点的上凸曲线弧 OA，对于 OA 上任一点 $P(x,y)$，曲线弧 OP 与直线段 OP 所围图形的面积为 x^2，求曲线弧 OA 的方程.

8.3　一阶线性微分方程

一、一阶线性微分方程

方程

$$\frac{\mathrm{d}y}{\mathrm{d}x}+P(x)y=Q(x) \tag{8.21}$$

称为**一阶线性微分方程**. 该方程的特点是未知函数 y 及其导数 y' 是一次的.

若 $Q(x)\equiv0$，称方程（8.21）为**齐次的**；若 $Q(x)\neq0$，称方程（8.21）为**非齐次的**.

设方程（8.21）为非齐次线性方程. 为了求出这个非齐次线性方程的解，我们先把 $Q(x)$ 换成零，从而写出方程

$$\frac{\mathrm{d}y}{\mathrm{d}x}+P(x)y=0 , \tag{8.22}$$

方程（8.22）称为**与非齐次线性方程（8.21）所对应的齐次线性方程**. 易知，方程（8.22）是可分离变量的，分离变量后得

$$\frac{\mathrm{d}y}{y} = -P(x)\mathrm{d}x \text{ ,}$$

两端同时积分，得

$$\ln|y| = -\int P(x)\mathrm{d}x + C_1 \text{ ,}$$

或

$$y = C\mathrm{e}^{-\int P(x)\mathrm{d}x} \ (C = \pm \mathrm{e}^{C_1}) \text{ .}$$

这就是齐次线性方程（8.22）的通解. 在此基础上，我们再来介绍用**常数变易法**求解非齐次线性方程（8.21）的通解的方法. 常数变易法的思路是将齐次线性方程（8.22）的通解中的常数 C 换成 x 的未知函数 $u(x)$，即得到

$$y = u(x)\mathrm{e}^{-\int P(x)\mathrm{d}x} \text{ .} \tag{8.23}$$

由拉格朗日变量替换理论可知，（8.23）是非齐次线性方程（8.21）的一个通解.

于是

$$\frac{\mathrm{d}y}{\mathrm{d}x} = u'\mathrm{e}^{-\int P(x)\mathrm{d}x} - uP(x)\mathrm{e}^{-\int P(x)\mathrm{d}x} \text{ .} \tag{8.24}$$

将（8.23）和（8.24）代入方程（8.21），可得

$$u'\mathrm{e}^{-\int P(x)\mathrm{d}x} - uP(x)\mathrm{e}^{-\int P(x)\mathrm{d}x} + P(x)u\mathrm{e}^{-\int P(x)\mathrm{d}x} = Q(x) \text{ ,}$$

即

$$u'\mathrm{e}^{-\int P(x)\mathrm{d}x} = Q(x) \text{ ,} \quad u' = Q(x)\mathrm{e}^{\int P(x)\mathrm{d}x} \text{ .}$$

两端同时积分，得

$$u = u(x) = \int Q(x)\mathrm{e}^{\int P(x)\mathrm{d}x}\mathrm{d}x + C \text{ ,}$$

把上式代入（8.23），便得到非齐次线性方程（8.21）的通解

$$y = \mathrm{e}^{-\int P(x)\mathrm{d}x}\left(\int Q(x)\mathrm{e}^{\int P(x)\mathrm{d}x}\mathrm{d}x + C\right) \text{ .} \tag{8.25}$$

将（8.25）改写成两项之和，得

$$y = C\mathrm{e}^{-\int P(x)\mathrm{d}x} + \mathrm{e}^{-\int P(x)\mathrm{d}x}\int Q(x)\mathrm{e}^{\int P(x)\mathrm{d}x}\mathrm{d}x \text{ .} \tag{8.26}$$

通过观察可以知道，（8.26）右端和式的第一项是对应的齐次线性方程（8.22）的通解，而和式的第二项则是非齐次线性方程（8.21）的一个特解. 所以，一阶非齐次线性方程的通解可表示为**对应的齐次线性方程的通解**与**非齐次方程的一个特解**之和.

例1 求一阶线性微分方程

$$\frac{\mathrm{d}y}{\mathrm{d}x} - \frac{2y}{x+1} = (x+1)^{\frac{5}{2}}$$

的通解.

解法一　这是一个非齐次线性方程，先求对应的齐次线性方程的通解

$$\frac{dy}{dx} - \frac{2y}{x+1} = 0 .$$

分离变量得

$$\frac{dy}{y} = \frac{2dx}{x+1} ,$$

两边同时积分得，

$$\ln y = 2\ln(x+1) + \ln C ,$$

故齐次方程的通解为

$$y = C(x+1)^2 .$$

运用常数变易法，将上式中的 C 换成 $u = u(x)$，可得

$$y = u(x+1)^2 ,$$

则有

$$\frac{dy}{dx} = u'(x+1)^2 + 2u(x+1) ,$$

代入原方程有

$$u' = (x+1)^{\frac{1}{2}} ,$$

两端同时积分，得

$$u = \frac{2}{3}(x+1)^{\frac{3}{2}} + C ,$$

将上式回代至 $y = u(x+1)^2$，即可得所求方程的通解

$$y = (x+1)^2 \left[\frac{2}{3}(x+1)^{\frac{3}{2}} + C \right] .$$

解法二　为解题方便，我们也可以直接应用（8.25）

$$y = e^{-\int P(x)dx} \left(\int Q(x) e^{\int P(x)dx} dx + C \right)$$

得到原方程的通解．其中

$$P(x) = -\frac{2}{x+1}, Q(x) = x+1 .$$

代入公式，可直接得到原方程的通解

$$y = (x+1)^2 \left[\frac{2}{3}(x+1)^{\frac{3}{2}} + C \right] .$$

此法较为简便，读者以后在求解非齐次线性方程时可以直接使用式（8.25）进行求解.

例 2 求微分方程

$$y\mathrm{d}x + (x - y^3)\mathrm{d}y = 0 \quad (y > 0)$$

的通解.

分析 若原方程变形为

$$y' + \frac{y}{x - y^3} = 0 \,,$$

则上式显然不是线性微分方程.

故转换思路，将 x 视为未知函数，y 视为自变量，则原方程可改写为

$$\frac{\mathrm{d}x}{\mathrm{d}y} + \frac{x - y^3}{y} = 0 \,,$$

即

$$\frac{\mathrm{d}x}{\mathrm{d}y} + \frac{1}{y}x = y^2 \,.$$

则它是一个形如

$$x' + P(y)x = Q(y)$$

的一阶线性微分方程，运用（8.25），即可得到所给微分方程的通解.

解 原方程可变形为

$$\frac{\mathrm{d}x}{\mathrm{d}y} + \frac{1}{y}x = y^2 \,,$$

其中

$$P(y) = \frac{1}{y}, \; Q(y) = y^2 \,.$$

由（8.25）可知，原方程的通解为

$$x = \mathrm{e}^{-\int P(y)\mathrm{d}y}\left(\int Q(y)\mathrm{e}^{\int P(y)\mathrm{d}y}\mathrm{d}y + C\right)$$

$$= \mathrm{e}^{-\int \frac{1}{y}\mathrm{d}y}\left(\int y^2 \mathrm{e}^{\int \frac{1}{y}\mathrm{d}y}\mathrm{d}y + C\right)$$

$$= \frac{1}{y}\left(\frac{1}{4}y^4 + C\right) = \frac{1}{4}y^3 + \frac{C}{y} \,.$$

例 3 求微分方程

$$\frac{\mathrm{d}y}{\mathrm{d}x} = \frac{1}{x + y}$$

的通解.

解法一 按照例 2 的方法，将原方程变形为

$$\frac{\mathrm{d}x}{\mathrm{d}y} = x + y \, ,$$

易知，原方程为一阶线性微分方程，由（8.25），原方程的通解为

$$x = C\mathrm{e}^y - y - 1 \, .$$

　　解法二　作变量代换，令 $x + y = u$，则

$$y = u - x \, , \quad \text{且} \frac{\mathrm{d}y}{\mathrm{d}x} = \frac{\mathrm{d}u}{\mathrm{d}x} - 1 \, .$$

代入原方程可得

$$\frac{\mathrm{d}u}{\mathrm{d}x} = \frac{u+1}{u} \, ,$$

分离变量得

$$\frac{u}{u+1} \mathrm{d}u = \mathrm{d}x \, ,$$

两端积分得

$$u - \ln|u+1| = x + C_1 \, ,$$

将 $x + y = u$ 代入上式，得

$$y - \ln|x+y+1| = C_1 \, ,$$

化简得

$$x = C\mathrm{e}^y - y - 1 \quad (C = \pm\mathrm{e}^{-C_1}) \, .$$

二、伯努利方程

　　方程

$$\frac{\mathrm{d}y}{\mathrm{d}x} + P(x)y = Q(x)y^n \quad (n \neq 0,1) \tag{8.27}$$

称为**伯努利（Bernoulli）方程**. 特别地，当 $n = 0,1$ 时，原方程为一阶线性微分方程；而当 $n \neq 0,1$ 时，原方程不是线性微分方程，但是我们可通过变量代换将其转化为线性微分方程. 事实上，以 y^n 除方程（8.27）的两端，得

$$y^{-n}\frac{\mathrm{d}y}{\mathrm{d}x} + P(x)y^{1-n} = Q(x) \, , \tag{8.28}$$

容易看出（8.28）左边的第一项与 $\dfrac{\mathrm{d}(y^{1-n})}{\mathrm{d}x}$ 只差一个常数因子 $1-n$，因此我们引入新的变量

$$z = y^{1-n} \, ,$$

则有

$$\frac{\mathrm{d}z}{\mathrm{d}x} = (1-n)y^{-n}\frac{\mathrm{d}y}{\mathrm{d}x},$$

用 $1-n$ 乘（8.28）的两端，再通过上述代换便得到线性方程

$$\frac{\mathrm{d}z}{\mathrm{d}x} + (1-n)P(x)z = (1-n)Q(x).$$

求出该方程的通解后，以 y^{1-n} 回代 z，便可得到伯努利方程的通解.

例 4　求伯努利方程

$$\frac{\mathrm{d}y}{\mathrm{d}x} + \frac{y}{x} = a(\ln x)y^2$$

的通解.

解　以 y^2 除方程的两端，得

$$y^{-2}\frac{\mathrm{d}y}{\mathrm{d}x} + \frac{1}{x}y^{-1} = a\ln x,$$

$$-\frac{\mathrm{d}(y^{-1})}{\mathrm{d}x} + \frac{1}{x}y^{-1} = a\ln x,$$

令 $z = y^{-1}$，则上述方程变为

$$\frac{\mathrm{d}z}{\mathrm{d}x} - \frac{1}{x}z = -a\ln x,$$

这是一个线性微分方程. 利用（8.25）可求得通解

$$z = x\left[C - \frac{a}{2}(\ln x)^2\right],$$

以 y^{-1} 回代 z，得原方程的通解

$$yx\left[C - \frac{a}{2}(\ln x)^2\right] = 1.$$

习题 8.3

A 组

1. 求下列一阶线性微分方程的通解.

（1）$y' + y = \mathrm{e}^{-x}$；

（2）$y' + 2xy = 4x$；

（3）$(x^2-1)\mathrm{d}y + 2xy\mathrm{d}x - \cos x\mathrm{d}x = 0$；

（4）$x\mathrm{d}y + y\mathrm{d}x = x\mathrm{e}^x\mathrm{d}x$；

（5）$y\ln y + (x - \ln y)y' = 0$.

2. 求下列伯努利方程的通解.

（1）$y' + y = y^2(\cos x - \sin x)$；

（2）$y' - 3xy = xy^2$；

（3）$y' + \dfrac{1}{3}y = \dfrac{1}{3}(1-2x)y^4$；

（4）$y' - y = xy^5$.

3. 求下列微分方程满足所给初始条件的特解.

（1）$y' - y\tan x = \sec x, y|_{x=0} = 0$；

（2）$y' + \dfrac{y}{x} = \dfrac{\sin x}{x}, y|_{x=\pi} = 1$；

（3）$y' + 3y = 8, y|_{x=0} = 2$；

（4）$y' + \dfrac{2-3x^2}{x^3}y = 1, y|_{x=1} = 0$.

4. 设曲线通过原点，且它在任一点 (x, y) 处的切线斜率等于 $2x + y$，求该曲线的方程.

B 组

1. 验证形如 $yf(xy)\mathrm{d}x + xg(xy)\mathrm{d}y = 0$ 的微分方程，可经变量代换 $u = xy$ 转化为可分离变量的方程，并求出该方程的通解.

2. 用适当的变量代换将下列方程化为可分离变量的方程，然后求出通解.

（1）$y' = (x+y)^2$；

（2）$y' = \dfrac{1}{x-y} + 1$；

（3）$xy' + y = y(\ln x + \ln y)$；

（4）$y' = y^2 + 2(\sin x - 1)y + \sin^2 x - 2\sin x - \cos x + 1$；

（5）$y(xy+1)\mathrm{d}x + x(1 + xy + x^2y^2)\mathrm{d}y = 0$.

8.4　可降阶的高阶微分方程

在前面三节中，我们已经学习了一阶微分方程的解法，本节我们将介绍几种特殊的二阶及二阶以上的微分方程的解法. 这些微分方程可通过变量代换转化为较低阶的微分方程进行求解，以二阶微分方程

$$y'' = f(x, y, y') \tag{8.29}$$

为例，如果我们能设法通过变量代换将它从二阶降为一阶，那么就有可能用前面所讲的方法进行求解. 下面介绍三种容易降阶的高阶微分方程的求解方法.

一、$y^{(n)} = f(x)$ 型的微分方程

微分方程

$$y^{(n)} = f(x) \tag{8.30}$$

的特点是：方程右端仅含有自变量 x . 所以，我们只要把 $y^{(n-1)}$ 作为新的未知函数，则（8.30）就是关于 $y^{(n-1)}$ 的一阶微分方程. 两边同时积分，就可以得到一个 $n-1$ 阶微分方程

$$y^{(n-1)} = \int f(x)\mathrm{d}x + C_1 .$$

同理可得

$$y^{(n-2)} = \int \left[\int f(x)\mathrm{d}x + C_1 \right]\mathrm{d}x + C_2 .$$

依此法继续进行下去，接连积分 n 次，便可得到方程（8.30）含有 n 个任意常数的通解.

例 1 求微分方程 $y''' = 2x$ 的通解.

解 设 $y'' = P(x), y''' = P'(x)$，代入原方程得

$$P'(x) = 2x ,$$

两边积分得

$$P(x) = x^2 + C_1 ,$$

即

$$y'' = x^2 + C_1 .$$

同理有

$$y' = \frac{1}{3}x^3 + C_1 x + C_2 .$$

再次两边积分，则原方程的解为

$$y = \frac{1}{12}x^4 + \frac{1}{2}C_1 x^2 + C_2 x + C_3 .$$

二、$y'' = f(x, y')$ 型的微分方程

微分方程

$$y'' = f(x, y') \tag{8.31}$$

的特点是：方程右端不显含未知函数 y . 如果设 $y' = p$，那么

$$y'' = \frac{\mathrm{d}p}{\mathrm{d}x} = p'$$

这样方程（8.31）就变为

$$p' = f(x, p) .$$

这是一个关于变量 x, p 一阶微分方程. 设其通解为

$$p = \varphi(x, C_1) ,$$

由 $p = \dfrac{\mathrm{d}y}{\mathrm{d}x}$，又得到一个一阶微分方程

$$\frac{\mathrm{d}y}{\mathrm{d}x} = \varphi(x, C_1).$$

对上式两边同时积分，便可得方程（8.31）的通解

$$y = \int \varphi(x, C_1)\mathrm{d}x + C_2.$$

例 2 求微分方程

$$(1 + x^2)y'' = 2xy'$$

满足初始条件

$$y|_{x=0} = 1, \quad y'|_{x=0} = 3$$

的特解.

解 易知原方程是 $y'' = f(x, y')$ 型，故设 $y' = p$，代入原方程并分离变量后，有

$$\frac{\mathrm{d}p}{p} = \frac{2x}{1 + x^2}\mathrm{d}x,$$

两端同时积分，得

$$\ln|p| = \ln(1 + x^2) + \ln|C_1|,$$

即

$$p = y' = C_1(1 + x^2).$$

由初始条件 $y'|_{x=0} = 3$，得

$$C_1 = 3,$$

所以

$$y' = 3(1 + x^2).$$

上式两端积分，得

$$y = x^3 + 3x + C_2,$$

由初始条件 $y|_{x=0} = 1$，得

$$C_2 = 1,$$

故满足初始条件的方程特解为

$$y = x^3 + 3x + 1.$$

三、$y'' = f(y, y')$ 型的微分方程

微分方程

$$y'' = f(y, y') \tag{8.32}$$

的特点是：方程中不显含自变量 x. 为了求出它的解，我们令 $y' = p$，并利用复合函数的求导法，把 y'' 化为对 y 的导数，即

$$y'' = \frac{\mathrm{d}p}{\mathrm{d}x} = \frac{\mathrm{d}p}{\mathrm{d}y}\frac{\mathrm{d}y}{\mathrm{d}x} = p\frac{\mathrm{d}p}{\mathrm{d}y}.$$

这样方程（8.32）就变为

$$p\frac{\mathrm{d}p}{\mathrm{d}y} = f(y,p).$$

这是一个关于变量 y,p 的一阶微分方程. 设它的通解为

$$y' = p = \varphi(y,C_1),$$

分离变量并积分，便得方程（8.32）的通解

$$\int \frac{\mathrm{d}y}{\varphi(y,C_1)} = x + C_2.$$

例 3 求微分方程

$$yy'' - (y')^2 = 0$$

的通解.

解 易知原方程是 $y'' = f(y,y')$ 型，故设 $y' = p(y)$，则

$$y'' = p\frac{\mathrm{d}p}{\mathrm{d}y}.$$

代入原方程，得

$$yp\frac{\mathrm{d}p}{\mathrm{d}y} - p^2 = 0,$$

即

$$p\left(y\frac{\mathrm{d}p}{\mathrm{d}y} - p\right) = 0,$$

由 $p \neq 0, y \neq 0$，可得

$$y\frac{\mathrm{d}p}{\mathrm{d}y} - p = 0,$$

将上式分离变量后，再在两端同时积分，可得

$$p = C_1 y,$$

所以

$$\frac{\mathrm{d}y}{\mathrm{d}x} = C_1 y.$$

将上式分离变量后，再在两端同时积分，可得原方程的通解

$$y = C_2 \mathrm{e}^{C_1 x}.$$

习题 8.4

A 组

1. 求下列各微分方程的通解.

（1）$y' + y = e^{-x}$；

（2）$y' + 2xy = 4x$；

（3）$y'' = 1 + (y')^2$；

（4）$y'' = y' + x$；

（5）$xy'' + y' = 0$；

（6）$yy'' + 2(y')^2 = 0$.

2. 求下列各微分方程满足初始条件的特解.

（1）$y^3 y'' + 1 = 0, y|_{x=1} = 1, y'|_{x=1} = 0$；

（2）$y'' - a(y')^2 = 0, y|_{x=0} = 0, y'|_{x=0} = -1$；

（3）$y''' = e^{ax}, y|_{x=1} = y'|_{x=1} = y''|_{x=1} = 0$；

（4）$y'' = 3\sqrt{y}, y|_{x=0} = 1, y'|_{x=0} = 2$.

B 组

1. 求下列各微分方程的通解.

（1）$y'' = \dfrac{1}{1+x^2}$；

（2）$y'' = \dfrac{1}{\sqrt{y}}$；

（3）$y'' = (y')^3 + y'$.

2. 试求满足方程 $y'' = x$，经过点 $M(0,1)$，且在该点与直线 $y = \dfrac{x}{2} + 1$ 相切的积分曲线.

3. 设有一质量为 m 的物体，在空中由静止开始下落，如果空气阻力为 $R = cv$（其中 c 为常数，v 为物体运动的速度），试求物体下落的距离 s 与时间 t 的函数关系.

8.5　常见的微分方程模型

微分方程在物理学、力学、经济学和管理科学等实际问题中都具有广泛的应用，本节我们将集中讨论微分方程的实际应用，尤其是微分方程在经济学中的应用. 读者可从中感受到应用数学建模的理论和方法解决实际问题的魅力.

一、衰变问题

镭、铀等放射性元素因不断放射出各种射线而使其质量逐渐减少，物理学中将这种现象称为**放射性物质的衰变**. 根据实验得知，衰变速度与现存物质的质量成正比，求放射性元素在时刻 t 的质量.

用 x 表示该放射性物质在时刻 t 的质量，则 $\dfrac{\mathrm{d}x}{\mathrm{d}t}$ 表示质量 x 在时刻 t 的衰变速度，于是"衰变速度与现存的质量成正比"可表示为

$$\frac{\mathrm{d}x}{\mathrm{d}t} = -kx . \tag{8.33}$$

这是一个以 x 为未知函数的一阶微分方程，它就是放射性元素**衰变的数学模型**，其中 $k>0$ 是比例常数，称为**衰变常数**，因元素的不同而异．方程右端的负号表示当时间 t 增加时，放射性物质的质量 x 减少．

求解方程（8.33），可得其通解

$$x = Ce^{-kt}$$

若已知当 $t = t_0$ 时，$x = x_0$，将该初始条件代入通解 $x = Ce^{-kt}$，可得

$$C = x_0 e^{-kt_0} ,$$

则方程（8.33）的特解为

$$x = x_0 e^{-k(t-t_0)} .$$

上式反映了某种放射性元素衰变的规律．

在物理学中，我们称放射性物质从最初的质量到衰变为该质量自身的一半所花费的时间为**半衰期**，不同物质的半衰期差别极大．如铀的普通同位素（^{238}U）的半衰期约为 50 亿年；通常的镭（^{226}Ra）具有上述放射性物质的特征，然而其半衰期却不依赖于该物质的初始量，一克镭（^{226}Ra）衰变成半克所需要的时间与一吨镭（^{226}Ra）衰变成半吨所需要的时间相等，都是 1600 年．正是由于这种特定的现象，考古学家在确定考古发现日期时，都会使用著名的碳-14 检验法．

二、Logistic 方程

Logistic 方程是一种在许多领域有着广泛应用的数学模型．下面我们借助树的增长来建立该模型．

假设一棵树生长的最大高度为 H（m），在 t（年）时的高度为 $h = h(t)$，则有

$$\frac{\mathrm{d}h}{\mathrm{d}t} = kh(H-h) . \tag{8.34}$$

其中 k（$k>0$）是比例常数．这个方程称为 **Logistic 方程**，它是可分离变量的一阶微分方程．

下面来求解方程（8.34），首先分离变量得

$$\frac{\mathrm{d}h}{h(H-h)} = k\mathrm{d}t ,$$

两边同时积分，得

$$\int \frac{\mathrm{d}h}{h(H-h)} = \int k\mathrm{d}t ,$$

解得

$$\frac{1}{H}[\ln h - \ln(H-h)] = kt + C_1 ,$$

或

$$\frac{h}{H-h} = \mathrm{e}^{kHt + C_1 H} = C_2 \mathrm{e}^{kHt} ,$$

故原方程的通解为

$$h = h(t) = \frac{C_2 H \mathrm{e}^{kHt}}{1 + C_2 \mathrm{e}^{kHt}} = \frac{H}{1 + C \mathrm{e}^{-kHt}} . \tag{8.35}$$

其中 $C(C = \dfrac{1}{C_2} = \mathrm{e}^{-C_1 H} > 0)$ 是正常数.

这里，函数 $h(t)$ 的图像称为 Logistic 曲线. 由于它的形状，一般也称其为 S 曲线. 可以看到，它基本符合我们描述的树的生长情形. 在（8.35）中，令 $t \to +\infty$，有

$$\lim_{t \to +\infty} h(t) = H$$

这说明树的生长有一个限制. 因此，这种生长模式也称为**限制性增长模式**.

Logistic 方程广泛运用于社会生活中的每一个角落，包括生物种群的繁殖、信息的传播、新技术的推广、传染病的扩散以及某些商品的销售等.

三、价格调整模型

通常情况下，某种商品的价格变化主要服从市场供求关系. 一般商品供给量 S 是价格 P 的单调递增函数，商品需求量 Q 是价格 P 的单调递减函数，为简单起见，分别设该商品的供给函数与需求函数分别为

$$S(P) = a + bP, \quad Q(P) = \alpha - \beta P . \tag{8.36}$$

其中 a, b, α, β 均为常数，且 $b > 0$，$\beta > 0$.

当供给量与需求量相等时，由（8.36）可得供求平衡时的价格

$$P_e = \frac{\alpha - a}{\beta + b} .$$

同时称 P_e 为**均衡价格**.

一般地说，当某种商品供不应求，即 $S < Q$ 时，该商品价格上涨；当供大于求，即 $S > Q$ 时，该商品价格跌落. 因此，假设时刻 t 的价格 $P(t)$ 的变化率与超额需求量 $Q - S$ 成正比，于是可使用微分方程

$$\frac{\mathrm{d}P}{\mathrm{d}t} = k[Q(P) - S(P)] \quad (k > 0)$$

来反映价格的调整速度.

将（8.36）代入上面的微分方程，可得

$$\frac{\mathrm{d}P}{\mathrm{d}t} = \lambda(P_e - P).$$ （8.37）

其中常数 $\lambda = (b+\beta)k > 0$，方程（8.37）的通解为

$$P(t) = P_e + C\mathrm{e}^{-\lambda t}.$$

假设初始价格 $P(0) = P_0$，代入上式，得 $C = P_0 - P_e$. 于是，上述价格调整模型的解为

$$P(t) = P_e + (P_0 - P_e)\mathrm{e}^{-\lambda t}.$$

由 $\lambda > 0$ 可知，当 $t \to +\infty$ 时，$P(t) \to P_e$. 这说明随着时间的不断推延，商品的实际价格 $P(t)$ 将逐渐趋近于均衡价格 P_e.

例 1 某商品的需求函数与供给函数分别为

$$Q_d = a - bP, \quad Q_s = -c + dP.$$

（其中 a,b,c,d 均为正常数）. 假设商品价格 $P = P(t)$ 是时间 t 的函数，已知初始价格 $P(0) = P_0$，且在任一时刻 t，价格 $P(t)$ 的变化率与这一时刻的超额需求 $Q_d - Q_s$ 成正比（比例常数 $k > 0$）. 试求：

（1）供需相等时的价格 P_e（即均衡价格）；

（2）价格 $P(t)$ 的表达式，并分析价格 $P(t)$ 随时间的变化情况.

解 （1）供需相等时的价格 P_e，即满足条件 $Q_d = Q_s$ 的 P 值，令 $a - bP = -c + dP$，解出 P 得

$$P_e = \frac{a+c}{b+d}.$$

（2）由题意有

$$\frac{\mathrm{d}P}{\mathrm{d}t} = k(Q_d - Q_s)$$

整理可得一阶线性微分方程

$$\frac{\mathrm{d}P}{\mathrm{d}t} + k(b+d)P = k(a+c).$$ （8.38）

由一阶非齐次线性微分方程的求解公式，可得方程的通解

$$P(t) = \left[\frac{a+c}{b+d}\mathrm{e}^{k(b+d)t} + C\right]\mathrm{e}^{-k(b+d)t} = \frac{a+c}{b+d} + C\mathrm{e}^{-k(b+d)t}.$$

将初始条件 $P(0) = P_0$ 代入上式，可解得

$$C = P_0 - \frac{a+c}{b+d} = P_0 - P_e.$$

所以，价格 $P(t)$ 的表达式为

$$P(t) = P_e + (P_0 - P_e)e^{-k(b+d)t}.$$

由于 $P'(t) = -k(P_0 - P_e)(b+d)e^{-k(b+d)t} < 0$ 在 $t > 0$ 时恒成立，故当供求平衡时，商品价格保持不变；否则，随着时间的增长，商品价格将会不断下降．

四、追迹问题

设开始时甲、乙水平距离为 1 单位，乙从 A 点沿垂直于 OA 的直线以等速 v_0 向正北行走；甲从乙的左侧 O 点出发，始终对准乙以 $mv_0(n > 1)$ 的速度追赶．试求追迹曲线方程，并回答乙行走多远时会被甲追到．

建立直角坐标系，设所求追迹曲线方程为 $y = y(x)$．经过时刻 t，甲在追迹曲线上的点为 $P(x, y)$，乙在点 $B(1, v_0 t)$，于是

$$\tan\theta = y' = \frac{v_0 t - y}{1 - x}. \tag{8.39}$$

由题设，曲线的弧长 OP 为

$$\int_0^x \sqrt{1 + y'^2}\,\mathrm{d}x = nv_0 t,$$

解出 $v_0 t$ 代入（8.39），可得

$$(1 - x)y' + y = \frac{1}{n}\int_0^x \sqrt{1 + y'^2}\,\mathrm{d}x,$$

两边对 x 求导，整理得

$$(1 - x)y'' = \frac{1}{n}\sqrt{1 + y'^2}. \tag{8.40}$$

这就是**追迹问题**的数学模型．

这是一个不显含 y 的二阶可降阶微分方程，设 $y' = p(x)$，则

$$y'' = p'(x) = \frac{\mathrm{d}p}{\mathrm{d}x}$$

代入方程（8.40），整理可得

$$\frac{\mathrm{d}p}{\sqrt{1 + p^2}} = \frac{\mathrm{d}x}{n(1 - x)}.$$

显然这是一个可分离变量的微分方程，则两边积分得

$$\ln(p + \sqrt{1 + p^2}) = -\frac{1}{n}\ln|1 - x| + \ln|C_1|,$$

即

$$p + \sqrt{1 + p^2} = \frac{C_1}{\sqrt[n]{1 - x}}$$

将初始条件 $y'|_{x=0} = p|_{x=0} = 0$ 代入上式，得 $C_1 = 1$. 于是

$$y' + \sqrt{1+y'^2} = \frac{1}{\sqrt[n]{1-x}} . \qquad (8.41)$$

两边同乘 $y' - \sqrt{1+y'^2}$，化简得

$$y' - \sqrt{1+y'^2} = -\sqrt[n]{1-x} , \qquad (8.42)$$

将（8.41）与（8.42）相加，可得

$$y' = \frac{1}{2}\left(\frac{1}{\sqrt[n]{1-x}} - \sqrt[n]{1-x} \right) ,$$

两边积分，得

$$y = \frac{1}{2}\left[-\frac{n}{n-1}(1-x)^{\frac{n-1}{n}} + \frac{n}{n+1}(1-x)^{\frac{n+1}{n}} \right] + C_2 ,$$

代入初始条件 $y|_{x=0} = 0$，得 $C_2 = \dfrac{n}{n^2-1}$，故所求追迹曲线方程为

$$y = \frac{n}{2}\left[\frac{(1-x)^{\frac{n+1}{n}}}{n+1} - \frac{(1-x)^{\frac{n-1}{n}}}{n+1} \right] + \frac{n}{n^2-1} \quad (n>1).$$

所以，当甲追到乙时，曲线上点 P 的横坐标 $x=1$，此时 $y = \dfrac{n}{n^2-1}$，即乙行走至距离 A 点 $\dfrac{n}{n^2-1}$ 个单位距离时会被甲追到.

习题 8.5

1. 质量为 m 的质点受变力 F 的作用沿 Ox 轴做直线运动，设 $F = F(t)$ 在满足当 $t=0$ 时，$F(0) = F_0$，且随着时间 t 的增加，变力 F 均匀地减小，直到 $t=T$ 时，$F(T) = 0$.如果开始时，质点位于原点，且初速度为零. 试求该质点的运动规律.

2. 设有一条均匀、柔软的绳索，两端固定，绳索仅受重力的作用而下垂. 试问该绳索在平衡状态时是怎样的曲线？

3. 设一个离地面很高的物体，受地球引力的作用由静止开始落向地面. 求它落到地面的速度和所需的时间（不计空气阻力）.

4. 已知某种商品的需求价格弹性为 $\varepsilon = \dfrac{p}{Q}e^p - 1$，其中 p 为价格，Q 为需求量，且当 $p=1$ 时，需求量 $Q=1$. 试求需求函数关系.

5. 设某厂生产某种产品，随着产量的增加，其总成本的增长率量与常数 2 之和成正比，与总成本成反比，且当产量为 0 时，成本为 1.试求总成本函数.

8.6 数学实验：用 MATLAB 求解微分方程

实验目的：掌握运用 MATLAB 求解微分方程.

基本 MATLAB 命令格式

$dsolve('equation')$ %求常微分方程 equation 的通解

其中 equation 为微分方程，Dy 表示 $\mathrm{d}y/\mathrm{d}x$（x 为缺省的自变量），Dny 表示 y 对 x 求 n 阶导数.

$dsolve('equation','cond1,cond2,\cdots','var')$ %求常微分方程 equation 的特解

其中 $equation$ 为微分方程，$cond1$，$cond2$，$\cdots$ 为初始条件，var 是自变量.

例 1 求一阶线性微分方程 $y'=ay$ 的通解.

解 在 MATLAB 命令框中输入指令

clear all；

Dslove（'Dy = a*y'）

运行结果为

ans = exp（a*x）*C1

例 2 求一阶线性微分方程 $y'=ay$ 满足初始条件 $y(0)=1$ 的特解.

解 在 MATLAB 命令框中输入指令

clear all；

Dslove（'Dy = a*y'，'y(0)=1'）

运行结果为

ans = exp（a*x）

例 3 求二阶微分方程 $y''=-a^2y$ 的通解.

解 在 MATLAB 命令框中输入指令

clear all；

Dslove（'D2y = -a^2*y'）

运行结果为

ans = C1*cos（a*x）+ C2*sin（a*x）

习题 8.6

使用 MATLAB 求解下列微分方程.

（1）$y'=1+y^2$；

（2）$xy''+y'=0$；

（3）$y''=\dfrac{1}{1+x^2}$；

（4）$xy'+2y=0$，初始条件：$y(2)=1$；

（5）$y''-3y=0$，初始条件：$y(0)=1, y'(0)=2$.

第 9 章　向量代数与空间解析几何

向量作为数学工具被广泛地应用于工程技术中. 本章首先以向量作为基本工具讨论空间中的平面和直线, 把几何问题代数化, 然后介绍空间曲线和曲面代数方程.

9.1　向量及其运算

一、向量的概念

既有大小又有方向的量, 称为**向量**（或**矢量**）.

在数学上, 往往以有向线段表示向量, 其方向表示向量的方向, 其长度表示向量的大小. 以 A 为起点、B 为终点的有向线段所表示的向量, 记作 $\overrightarrow{AB}$（如图 9.1）. 有时也用一个黑体字来表示向量, 如 a, r, v, F 或 $\vec{a}, \vec{r}, \vec{v}, \vec{F}$ 等.

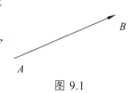

图 9.1

向量的大小称为向量的**模**. 向量 $\overrightarrow{AB}$, a, $\vec{a}$ 的模依次记作 $|\overrightarrow{AB}|$, $|a|$, $|\vec{a}|$.

在实际问题中, 有些向量与其起点有关（例如质点运动的速度与该质点的位置有关, 力与力的作用点的位置有关）, 有些向量与其起点无关. 由于一切向量是具有大小和方向的, 所以在数学上我们只研究与起点无关的向量, 并称为**自由向量**（简称向量）, 即只考虑向量的大小和方向, 而不考虑起点的位置.

如果两个向量 a 和 b 的大小相同方向一致, 就说这两个**向量相等**, 记作 $a = b$. 也就是说, 经过平行移动后能完全重合的向量是相等的.

模等于 1 的向量叫作**单位向量**. 模等于零的向量叫作**零向量**, 记作 0 或 $\vec{0}$. 零向量的起点与终点重合, 它的方向是任意的. 与向量 a 模相等而方向相反的向量称为 a 的负向量, 记作 $-a$.

若将向量 a, b 平移, 使它们的起点重合, 则它们的有向线段的夹角 $\theta(0 \leqslant \theta \leqslant \pi)$ 称为向量 a 和 b 的夹角（如图 9.2）, 记作 $(\overset{\wedge}{a, b})$.

对两个非零向量, 如果它们的方向相同或者方向相反, 就称这两个**向量平行**. 向量 a 与 b 平行, 记作 $a /\!/ b$. 零向量平行于任意向量.

当两个平行向量的起点放在同一点时, 它们的终点和公共起点应在一条直线上, 就称两向量共线. 若 a 与 b 的夹角为 $\dfrac{\pi}{2}$, 则称 a 与 b **垂直**或**正交**, 记作 $a \perp b$.

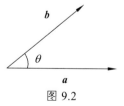

图 9.2

　　类似的还有向量共面的概念. 设有 k（$k \geqslant 3$）个向量，当把它们的起点放在同一点时，如果 k 个终点和公共起点在一个平面上，就称这 k 个向量**共面**.

二、向量的线性运算

1. 向量的加减法

　　向量的加法运算规定如下：

　　设有两个向量 $\boldsymbol{a}$ 与 $\boldsymbol{b}$，任取一点 A，作 $\overrightarrow{AB} = \boldsymbol{a}$，再以 B 为起点，作 $\overrightarrow{BC} = \boldsymbol{b}$，连接 AC（如图 9.3），那么向量 $\overrightarrow{AC} = \boldsymbol{c}$ 称为向量 $\boldsymbol{a}$ 与 $\boldsymbol{b}$ 的和，记作 $\boldsymbol{a} + \boldsymbol{b}$，即 $\boldsymbol{c} = \boldsymbol{a} + \boldsymbol{b}$.

　　此方法称为三角形法则.

　　向量的平行四边形法则：当向量 $\boldsymbol{a}$ 与 $\boldsymbol{b}$ 不平行时，作 $\overrightarrow{AB} = \boldsymbol{a}$，$\overrightarrow{AD} = \boldsymbol{b}$，以 AB，AD 为边作一平行四边形 $ABCD$，连接对角线 AC（如图 9.4），显然，向量 $\overrightarrow{AC}$ 即等于向量 $\boldsymbol{a}$ 与 $\boldsymbol{b}$ 的和 $\boldsymbol{a} + \boldsymbol{b}$.

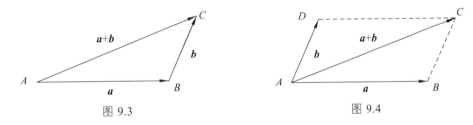

图 9.3　　　　　　　　　　　　　图 9.4

　　向量加法符合下列运算规律：

　　（1）交换律：$\boldsymbol{a} + \boldsymbol{b} = \boldsymbol{b} + \boldsymbol{a}$；

　　（2）结合律：$(\boldsymbol{a} + \boldsymbol{b}) + \boldsymbol{c} = \boldsymbol{a} + (\boldsymbol{b} + \boldsymbol{c})$.

　　由图 9.4 易得交换律：$\boldsymbol{a} + \boldsymbol{b} = \overrightarrow{AB} + \overrightarrow{BC} = \overrightarrow{AC} = \boldsymbol{c}$，$\boldsymbol{b} + \boldsymbol{a} = \overrightarrow{AD} + \overrightarrow{DC} = \overrightarrow{AC} = \boldsymbol{c}$.

　　由图 9.5 易证结合律. 由加法的交换律和结合律，n 个向量 $\boldsymbol{a}_1, \boldsymbol{a}_2, \cdots, \boldsymbol{a}_n(n \geqslant 3)$ 相加可以写成 $\boldsymbol{a}_1 + \boldsymbol{a}_2 + \cdots + \boldsymbol{a}_n$（见图 9.6）. 由三角形法则，可推出 n 个向量相加的法则如下：以前一向量的终点作为次一向量的起点，相继作向量 $\boldsymbol{a}_1, \boldsymbol{a}_2, \cdots, \boldsymbol{a}_n(n \geqslant 3)$，再以第一向量的起点为起点、最后一向量的终点为终点作一向量，这一向量即为所求之和.

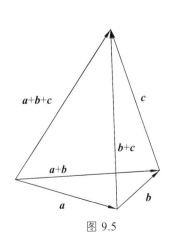

图 9.5

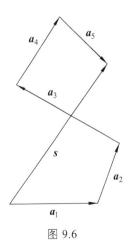

图 9.6

我们规定，两个向量 **b** 与 **a** 的差 **b** – **a** = **b** + (– **a**)．即把向量 – **a** 加到 **b** 上，便得 **a** 与 **b** 的差 **b** – **a**（图 9.7（a））．

特别地，当 **b** = **a** 时，有 **a** – **a** = **a** + (– **a**) = **0**．

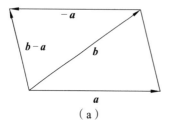 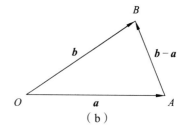

图 9.7

显然，任意给定向量 $\overrightarrow{AB}$ 及点 O，有

$$\overrightarrow{AB} = \overrightarrow{AO} + \overrightarrow{OB} = \overrightarrow{OB} - \overrightarrow{OA}.$$

因此，若把向量 **a** 与 **b** 移到同一点 O，则从 **a** 的终点 A 向 **b** 的终点 B 所引向量 $\overrightarrow{AB}$ 便是向量 **a** 与 **b** 的差 **b-a**（图 9.7（b））．

由三角形两边之和大于第三边的原理，有

$$|\boldsymbol{a} + \boldsymbol{b}| \leq |\boldsymbol{a}| + |\boldsymbol{b}| \quad \text{及} \quad |\boldsymbol{a} - \boldsymbol{b}| \leq |\boldsymbol{a}| + |\boldsymbol{b}|.$$

其中等号在 **a** 与 **b** 同向或反向时成立．

2. 向量与数的乘法

向量 **a** 与实数 λ 的乘积记作 $\lambda\boldsymbol{a}$，规定 $\lambda\boldsymbol{a}$ 是一个向量，它的模$|\lambda\boldsymbol{a}| = |\lambda||\boldsymbol{a}|$，它的方向当 $\lambda > 0$ 时与 **a** 相同，当 $\lambda < 0$ 时与 **a** 相反，当 $\lambda = 0$ 时，$|\lambda\boldsymbol{a}| = 0$，即 $\lambda\boldsymbol{a}$ 为零向量，这时它的方向可以是任意的．

特别地，当 $\lambda = \pm 1$ 时，有

$$1\boldsymbol{a} = \boldsymbol{a}, \quad (-1)\boldsymbol{a} = -\boldsymbol{a}.$$

向量与数的乘积符合下列运算规律：

（1）结合律：$\lambda(\mu\boldsymbol{a}) = \mu(\lambda\boldsymbol{a}) = (\lambda\mu)\boldsymbol{a}$；

（2）分配律：$(\lambda + \mu)\boldsymbol{a} = \lambda\boldsymbol{a} + \mu\boldsymbol{a}$，

$$\lambda(\boldsymbol{a} + \boldsymbol{b}) = \lambda\boldsymbol{a} + \lambda\boldsymbol{b}.$$

例 1 在平行四边形 $ABCD$ 中，设 $\overrightarrow{AB} = \boldsymbol{a}$，$\overrightarrow{AD} = \boldsymbol{b}$．试用 **a** 和 **b** 表示向量 $\overrightarrow{MA}$，$\overrightarrow{MB}$，$\overrightarrow{MC}$ 和 $\overrightarrow{MD}$，这里 M 是平行四边形对角线的交点（如图 9.8）．

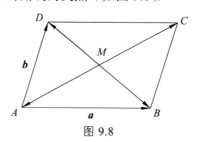

图 9.8

解　由于平行四边形的对角线互相平行，所以

$$\boldsymbol{a} + \boldsymbol{b} = \overrightarrow{AC} = 2\overrightarrow{AM},$$

即

$$-(\boldsymbol{a} + \boldsymbol{b}) = 2\overrightarrow{MA},$$

于是

$$\overrightarrow{MA} = -\frac{1}{2}(\boldsymbol{a} + \boldsymbol{b}).$$

因为 $\overrightarrow{MC} = -\overrightarrow{MA}$，所以

$$\overrightarrow{MC} = \frac{1}{2}(\boldsymbol{a} + \boldsymbol{b}).$$

又因为 $\boldsymbol{a} + \boldsymbol{b} = \overrightarrow{BD} = 2\overrightarrow{MD}$，所以

$$\overrightarrow{MD} = \frac{1}{2}(\boldsymbol{b} - \boldsymbol{a}).$$

由于 $\overrightarrow{MB} = -\overrightarrow{MD}$，所以

$$\overrightarrow{MB} = \frac{1}{2}(\boldsymbol{a} - \boldsymbol{b}).$$

设 $\boldsymbol{e}_a$ 表示与非零向量 $\boldsymbol{a}$ 同方向的单位向量，则 $|\boldsymbol{a}|\boldsymbol{e}_a$ 与 $\boldsymbol{e}_a$ 同向，即 $|\boldsymbol{a}|\boldsymbol{e}_a$ 与 $\boldsymbol{a}$ 同向，因此，$\boldsymbol{a} = |\boldsymbol{a}|\boldsymbol{e}_a$.

我们规定，当 $\lambda \neq 0$ 时，$\dfrac{\boldsymbol{a}}{\lambda} = \dfrac{1}{\lambda}\boldsymbol{a}$，则与 $\boldsymbol{a}$ 同方向的单位向量可写为 $\dfrac{\boldsymbol{a}}{|\boldsymbol{a}|} = \boldsymbol{e}_a$，即向量除以它的模为原向量的单位向量.

命题 1　设向量 $\boldsymbol{a} \neq 0$，那么，向量 $\boldsymbol{b}$ 平行于 $\boldsymbol{a}$ 的充分必要条件是：存在唯一的实数 λ，使 $\boldsymbol{b} = \lambda\boldsymbol{a}$.

命题 2　若向量 $\boldsymbol{a}$，$\boldsymbol{b}$，$\boldsymbol{c}$ 共面，而 $\boldsymbol{a}$，$\boldsymbol{b}$ 不共线，则存在实数 λ 和 μ，使得 $\boldsymbol{c} = \lambda\boldsymbol{a} + \mu\boldsymbol{b}$.

命题 3　若向量 $\boldsymbol{a}$，$\boldsymbol{b}$，$\boldsymbol{c}$ 不共面，则对任一向量 $\boldsymbol{d}$，存在实数 λ，μ，ν，使得 $\boldsymbol{d} = \lambda\boldsymbol{a} + \mu\boldsymbol{b} + \nu\boldsymbol{c}$.

三、向量的数量积（点积、内积）

设一物体在常力作用 $\boldsymbol{F}$ 下沿直线从点 M_1 移动到点 M_2. 以 $\boldsymbol{s}$ 表示位移 $\overrightarrow{M_1M_2}$. 由物理学知识，力 $\boldsymbol{F}$ 所做的功为 $W = |\boldsymbol{F}||\boldsymbol{s}|\cos\theta$，其中 θ 为 $\boldsymbol{F}$ 与 $\boldsymbol{s}$ 的夹角（如图 9.9）.

由此，我们可以看到有时要对两个向量 $\boldsymbol{a}$ 与 $\boldsymbol{b}$ 做这样的运算，其结果为一数值，等于两个向量的模与它们夹角余弦的乘积. 我们称这样的运算为向量 $\boldsymbol{a}$ 与 $\boldsymbol{b}$ 的**数量积**、**点积**或**内积**，记作 $\boldsymbol{a} \cdot \boldsymbol{b}$（如图 9.10），即

$$\boldsymbol{a} \cdot \boldsymbol{b} = |\boldsymbol{a}| \cdot |\boldsymbol{b}|\cos\theta.$$

由此定义，力做的功可以表示为

$$W = \boldsymbol{F} \cdot \boldsymbol{s}.$$

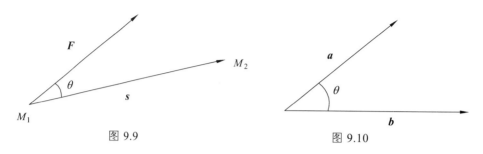

图 9.9   图 9.10

设非零向量 a 所在的直线为 l，且 $\widehat{(a,b)}=\theta$．用有向线段 $\overrightarrow{AB}$ 表示向量 b，过点 A 和点 B 作平面垂直于直线 l，并与 l 分别交于点 A' 和点 B'，它们分别是点 A 和点 B 在 l 上的投影，称有向线段 $\overrightarrow{A'B'}$ 为向量 b 在向量 a 上的投影向量．容易看出 $\overrightarrow{A'B'} = (|\overrightarrow{AB}|\cos\theta)e_a = (|b|\cos\theta)e_a$．称此式中的实数 $|b|\cos\theta$ 为向量 b 在向量 a 上的投影，并记作 $\mathbf{Prj}_a b$．当 $0 \leqslant \theta \leqslant \dfrac{\pi}{2}$ 时，$\mathbf{Prj}_A b$ 等于 b 在 a 上投影向量的长度；当 $\dfrac{\pi}{2} < \theta \leqslant \pi$ 时，$\mathbf{Prj}_a b$ 等于 b 在 a 上投影向量的长度的相反数；当 $\theta = \dfrac{\pi}{2}$ 时，$\mathbf{Prj}_a b$ 等于零．投影具有唯一性．由数量积的定义，立即得到

$$a \cdot b = |a|\,\mathbf{Prj}_a b.$$

投影具有下列性质：

$$\mathbf{Prj}_a(\lambda b) = \lambda\mathbf{Prj}_a b, \quad \mathbf{Prj}_a(b+c) = \mathbf{Prj}_a b + \mathbf{Prj}_a c.$$

数量积符合下列运算规律：

（1）交换律：$a \cdot b = b \cdot a$．

（2）数乘交换律：$(\lambda a)\cdot(\mu b) = \lambda\mu(a \cdot b)$．

（3）分配律：$(a+b)\cdot c = a \cdot c + b \cdot c$．

数量积的运算性质如下：

（1）$a \cdot a = |a|^2$．这是因为 $a \cdot a = |a|^2\cos 0 = |a|^2$ 或 $|a| = \sqrt{a \cdot a}$．

（2）$\cos\theta = \dfrac{a \cdot b}{|a||b|} \quad (0 \leqslant \theta \leqslant \pi)$．

（3）对于两个非零向量 a，b，$a \cdot b = 0 \Leftrightarrow a \perp b$．这是因为 $a \cdot b = 0 \Leftrightarrow \cos\theta = 0 \Leftrightarrow \theta = \dfrac{\pi}{2}$．

由于零向量的方向可以看作是任意的，故可以认为零向量与任何向量都垂直．因此，上述结论可以叙述为：$a \cdot b = 0 \Leftrightarrow a \perp b$．

例 2　设液体流过平面 S 上面积为 A 的一个区域，液体在这区域上各点处的速度均为 v（常向量）．设 n 为垂直于 S 的单位向量（如图 9.11（a）），计算单位时间内经过这区域流向 n 所指向一侧的液体的质量 P（液体的密度为 ρ）．

解　该斜柱体的斜高为 $|v|$（图 9.11（b）），斜高与地面垂线的夹角为 v 与 n 的夹角 θ，所以这斜柱体的高为 $|v|\cos\theta$，体积为

$$A|v|\cos\theta = Av \cdot n.$$

从而，单位时间内经过这区域流向 n 所指向一侧的液体的质量为

$$P = \rho Av \cdot n.$$

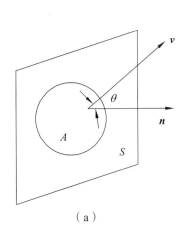
（a）

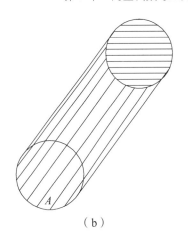
（b）

图 9.11

四、向量的向量积（叉积、外积）

设 O 为一根杠杆 L 的支点. 某力 F 作用于这杠杆上 P 点处. F 与 $\overrightarrow{OP}$ 的夹角为 θ（如图 9.12）. 由力学规定，力 F 对支点 O 的力矩是一向量 M，它的模

$$|M| = |OQ||F| = |\overrightarrow{OP}||F|\sin\theta,$$

而 M 的方向垂直于 $\overrightarrow{OP}$ 与 F 所确定的平面，M 的指向是按右手规则从 $\overrightarrow{OP}$ 以不超过 π 的角转向 F 来确定的（如图 9.13）.

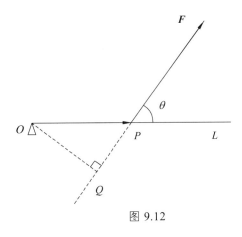

图 9.12

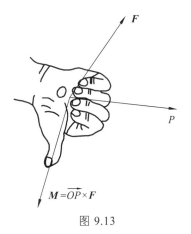

图 9.13

设向量 c 由两个向量 a, b 按下列方式给出：

c 的模 $|c| = |a||b|\sin\theta$，其中 θ 为 a, b 间的夹角；

c 的方向垂直于 a, b 所决定的平面，c 的指向按右手规则从 a 转向 b 来决定（如图 9.14），那么，向量 c 叫作向量 a 与 b 的**向量积**，即

$$c = a \times b.$$

因此上面的力矩 M 等于 $\overrightarrow{OP}$ 与 F 的向量积，即

$$M = \overrightarrow{OP} \times F.$$

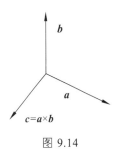

图 9.14

向量积的几何意义为：

（1）$a \times b$ 的模 $|a \times b|$ 是以 a、b 为邻边的平行四边形的面积；

（2）$a \times b$ 与一切既平行于 a 又平行于 b 的平面垂直.

向量积满足下列运算规律：

（1）$a \times b = -b \times a$.（反交换律）

（2）$(a + b) \times c = a \times c + b \times c$.

（3）$(\lambda a) \times b = a \times (\lambda b) = \lambda (a \times b)$.（$\lambda$ 为数）

向量积的性质如下：

（1）$a \times a = 0$. 这是因为夹角 $\theta = 0$，所以 $|a \times a| = |a|^2 \sin 0 = 0$.

（2）对于两个非零向量 a 与 b：如果 $a \times b = 0$，那么 $a // b$；反之，如果 $a // b$，那么 $a \times b = 0$.

这是因为 $a \times b = 0$，但 $|a| \neq 0$. $|b| \neq 0$，所以 $\sin\theta = 0$，于是 $\theta = 0$ 或 $\theta = \pi$；反之，如果 $a // b$，那么 $\theta = 0$ 或 π，于是 $\sin\theta = 0$，从而 $|a \times b| = 0$，即 $a \times b = 0$.

由于零向量可以认为是与任意向量平行的，所以上述结论可叙述为

$$a // b \Leftrightarrow a \times b = 0.$$

例 3　设 $\triangle ABC$ 的三条边分别是 a, b, c（图 9.15），试用向量运算证明正弦定理

$$\frac{a}{\sin A} = \frac{b}{\sin B} = \frac{c}{\sin C}.$$

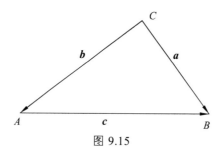

图 9.15

证明　注意到 $\overrightarrow{CB} = \overrightarrow{CA} + \overrightarrow{AB}$，故

$$\begin{aligned}
\overrightarrow{CB} \times \overrightarrow{CA} &= (\overrightarrow{CA} + \overrightarrow{AB}) \times \overrightarrow{CA} \\
&= \overrightarrow{CA} \times \overrightarrow{CA} + \overrightarrow{AB} \times \overrightarrow{CA} \\
&= \overrightarrow{AB} \times \overrightarrow{CA} \\
&= \overrightarrow{AB} \times (\overrightarrow{CB} + \overrightarrow{BA}) \\
&= \overrightarrow{AB} \times \overrightarrow{CB},
\end{aligned}$$

于是　　　　　　　　$\overrightarrow{CB} \times \overrightarrow{CA} = \overrightarrow{AB} \times \overrightarrow{CA} = \overrightarrow{AB} \times \overrightarrow{CB}$，

从而　　　　　　　$|\overrightarrow{CB} \times \overrightarrow{CA}| = |\overrightarrow{AB} \times \overrightarrow{CA}| = |\overrightarrow{AB} \times \overrightarrow{CB}|$，

即　　　　　　　　$ab\sin C = cb\sin A = ca\sin B$，

所以　　　　　　　　$\dfrac{a}{\sin A} = \dfrac{b}{\sin B} = \dfrac{c}{\sin C}$.

五、向量的混合积

设已知三个向量 a, b 和 c. 如果先作两个向量 a 和 b 的向量积 $a \times b$，再把所得的向量与第三个向量 c 作数量积 $(a \times b) \cdot c$，这样得到的数量叫作三向量 a, b, c 的**混和积**，记作 $[abc]$.

向量的混和积 $[a \ b \ c] = (a \times b) \cdot c$ 是这样的一个数，它的绝对值表示以向量 a, b, c 为棱的平行六面体的体积. 如果向量 a, b, c 组成右手系（即 c 的指向按右手规则从 a 转向 b 来确定），那么混和积的符号是正的；如果 a, b, c 组成左手系（即 c 的指向按左手规则从 a 转向 b 来确定），那么混和积的符号是负的.

当 $[abc] = 0$ 时，平行六面体的体积为零，此时该六面体的三条棱落在同一平面上，即 a, b, c 共面；反之，当 a, b, c 共面时，$(a \times b) \perp c$，此时 $\theta = \dfrac{\pi}{2}$，由混合积的定义，立即得到 $[abc] = 0$. 于是，三向量 a, b, c 共面的充要条件是 $[abc] = 0$.

六、空间直角坐标系

在空间取定一点 O 和三个两两垂直的单位向量 i, j, k，就确定了三条都以 O 为原点的两两垂直的数轴，依次记为 x 轴（横轴）、y 轴（纵轴）和 z 轴（竖轴），统称坐标轴. 它们构成一个空间直角坐标系，称为 $Oxyz$ 坐标系或 $[O, i, j, k]$ 坐标系（如图 9.16），x 轴、y 轴、z 轴组成右手系（如图 9.17）.

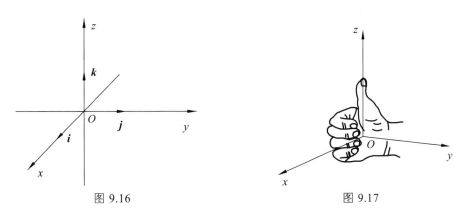

图 9.16　　　　　　　　　　　　图 9.17

三条坐标轴中的任意两条可以确定一个平面，这样定出的三个平面统称为坐标面. x 轴、y 轴确定的称 xOy 面，y 轴、z 轴确定的称 yOz 面，z 轴、x 轴确定的称 zOx 面. 三个坐标面分空间为八个部分，每一部分叫作一个卦限，含有 x 轴、y 轴、z 轴正半轴的叫第一卦限，其他第二、第三、第四卦限在 xOy 面上方，按逆时针方向确定. 第一卦限下面的为第五，第二卦限下的为第六，第三卦限下的为第七，第四卦限下的为第八. 如图 9.18 所示.

设 M 是空间的一点，过点 M 分别作平面垂直于三条坐标轴，并依次与 x 轴、y 轴、z 轴交于 P, Q, R 三点，P, Q, R 三点在 x 轴、y 轴、z 轴上的坐标分别为 x, y, z，这样点 M 就和有序数组 (x, y, z) 建立了一一对应的关系. 我们称有序数组 (x, y, z) 为点 M 的坐标，x, y, z 称为点 M 的横坐标、纵坐标和竖坐标，并将点 M 记作 $M(x, y, z)$（如图 9.19）. 特别地，有 $P(x, 0, 0), Q(0, y, 0), R(0, 0, z), O(0, 0, 0)$.

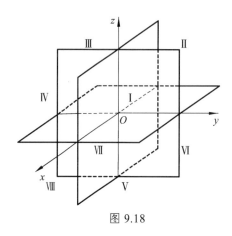

图 9.18

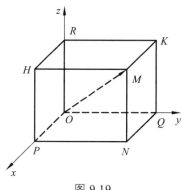

图 9.19

设 $M_1(x_1,y_1,z_1)$ 和 $M_2(x_2,y_2,z_2)$ 是空间中的两点. 过 M_1 和 M_2 各做三个垂直于 x 轴、y 轴、z 轴的平面. 这 6 个平面围成一个长方体，M_1M_2 为其对角线，该长方体的三条棱的长度分别为 $|x_2-x_1|$，$|y_2-y_1|$，$|z_2-z_1|$，于是得到 $M_1(x_1,y_1,z_1)$ 和 $M_2(x_2,y_2,z_2)$ 两点间的距离

$$\sqrt{(x_2-x_1)^2+(y_2-y_1)^2+(z_2-z_1)^2}.$$

特别地，点 $M(x,y,z)$ 于坐标原点 $O(0,0,0)$ 的距离为 $|\overrightarrow{MO}|=\sqrt{x^2+y^2+z^2}$.

例 4 已知点 $A(4,1,7)$，$B(-3,5,0)$，在 y 轴上求一点 M，使得 $|MA|=|MB|$.

解 因为点 M 在 y 轴上，故设其坐标为 $M(0,y,0)$，则由两点间的距离公式，有

$$\sqrt{(4-0)^2+(1-y)^2+(7-0)^2}=\sqrt{(-3-0)^2+(5-y)^2+(0-0)^2}.$$

解得 $y=-4$，故所求点为 $M(0,-4,0)$.

例 5 求证以 $M_1(4,3,1)$，$M_2(7,1,2)$，$M_3(5,2,3)$ 三点为顶点的三角形是一个等腰三角形.

解 因为

$$|\overrightarrow{M_1M_2}|^2=(7-4)^2+(1-3)^2+(2-1)^2=14,$$
$$|\overrightarrow{M_2M_3}|^2=(5-7)^2+(2-1)^2+(3-2)^2=6,$$
$$|\overrightarrow{M_3M_1}|^2=(4-5)^2+(3-2)^2+(1-3)^2=6,$$

所以 $|\overrightarrow{M_2M_3}|=|\overrightarrow{M_3M_1}|$，即 $\triangle M_1M_2M_3$ 为等腰三角形.

任给向量 r，对应存在点 M，使 $\overrightarrow{OM}=r$，以 $\overrightarrow{OM}$ 为对角线、三条坐标轴为棱作长方体 $RHMK-OPNQ$（如图 9.19），有

$$r=\overrightarrow{OM}=\overrightarrow{OP}+\overrightarrow{PN}+\overrightarrow{NM}=\overrightarrow{OP}+\overrightarrow{OQ}+\overrightarrow{OR}.$$

设 $\overrightarrow{OP}=x\boldsymbol{i}$，$\overrightarrow{OQ}=y\boldsymbol{j}$，$\overrightarrow{OR}=z\boldsymbol{k}$，则

$$r=x\boldsymbol{i}+y\boldsymbol{j}+z\boldsymbol{k}$$

此式称为向量 r 的坐标分解式，其中 $x\boldsymbol{i}$, $y\boldsymbol{j}$, $z\boldsymbol{k}$ 称为向量 r 沿三个坐标轴方向的分向量.

显然，任给向量 r，就确定了点 M 及 $\overrightarrow{OP}$, $\overrightarrow{OQ}$, $\overrightarrow{OR}$ 三个分量，进而确定了 x,y,z 三个有

序数；反之，给定三个有序数 x, y, z，也就确定了向量 r 与点 $M.$ 于是点 M、向量 r 与三个有序数 x, y, z 之间存在一一对应关系：

$$M \leftrightarrow r = \overrightarrow{OM} = x\boldsymbol{i} + y\boldsymbol{j} + z\boldsymbol{k} \leftrightarrow (x, y, z),$$

据此定义：有序数 x, y, z 称为向量 r（在坐标系 $Oxyz$ 中）的坐标，记作 $r = (x, y, z)$.

向量 $r = \overrightarrow{OM}$ 称为点 M 关于原点 O 的向径. 上述定义表明，一个点与该点的向径有相同的坐标. 记号 (x, y, z) 既表示点 M，又表示向量 $\overrightarrow{OM}$.

如点 M 在 yOz 面上，则 $x = 0$；如点 M 在 zOx 面上，则 $y = 0$；如点在 xOy 面上，则 $z = 0$. 如点 M 在 x 轴上，则 $y = z = 0$；如点在 y 轴上，则 $z = x = 0$；如点在 z 轴上，则 $x = y = 0$. 如点 M 为原点，则 $x = y = z = 0$.

七、向量运算的坐标表示

利用向量的坐标，可得向量的加法、减法以及向量与数的乘法的运算规律.

设　　　　　　　　　　$\boldsymbol{a} = (a_x, a_y, a_z)$，$\boldsymbol{b} = (b_x, b_y, b_z)$，

即　　　　　　　　　　$\boldsymbol{a} = a_x\boldsymbol{i} + a_y\boldsymbol{j} + a_z\boldsymbol{k}$，$\boldsymbol{b} = b_x\boldsymbol{i} + b_y\boldsymbol{j} + b_z\boldsymbol{k}$

利用向量的运算规律，有

$$\boldsymbol{a} + \boldsymbol{b} = (a_x + b_x)\boldsymbol{i} + (a_y + b_y)\boldsymbol{j} + (a_z + b_z)\boldsymbol{k},$$

$$\boldsymbol{a} - \boldsymbol{b} = (a_x - b_x)\boldsymbol{i} + (a_y - b_y)\boldsymbol{j} + (a_z - b_z)\boldsymbol{k},$$

$$\lambda\boldsymbol{a} = (\lambda a_x)\boldsymbol{i} + (\lambda a_y)\boldsymbol{j} + (\lambda a_z)\boldsymbol{k} \quad (\lambda\ \text{为实数}),$$

即

$$\boldsymbol{a} + \boldsymbol{b} = (a_x + b_x,\ a_y + b_y,\ a_z + b_z),$$

$$\boldsymbol{a} - \boldsymbol{b} = (a_x - b_x,\ a_y - b_y,\ a_z - b_z),$$

$$\lambda\boldsymbol{a} = (\lambda a_x,\ \lambda a_y,\ \lambda a_z).$$

由此可见，对向量进行加法、减法及数乘，只需对向量的各个坐标分别进行相应的数量运算. 9.1 节命题 1 指出，当向量 $\boldsymbol{a} \neq \boldsymbol{0}$ 时，向量 $\boldsymbol{b} // \boldsymbol{a}$ 等价于 $\boldsymbol{b} = \lambda\boldsymbol{a}$，坐标表示式 $(b_x, b_y, b_z) = \lambda(a_x, a_y, a_z)$ 就相当于向量 $\boldsymbol{b}$ 与 $\boldsymbol{a}$ 的对应坐标成比例，即

$$\frac{b_x}{a_x} = \frac{b_y}{a_y} = \frac{b_z}{a_z}.$$

例 6　设两点 $M_1(x_1, y_1, z_1)$，$M_2(x_2, y_2, z_2)$，求向量 $\overrightarrow{M_1M_2}$ 的坐标表示式.

解　由于 $\overrightarrow{M_1M_2} = \overrightarrow{OM_2} - \overrightarrow{OM_1}$，而 $\overrightarrow{OM_1} = (x_1, y_1, z_1)$，$\overrightarrow{OM_2} = (x_2, y_2, z_2)$，于是

$$\overrightarrow{OM_2} - \overrightarrow{OM_1} = (x_2, y_2, z_2) - (x_1, y_1, z_1) = (x_2 - x_1, y_2 - y_1, z_2 - z_1),$$

即　　　　　　　　　　$$\overrightarrow{M_1M_2} = (x_2 - x_1, y_2 - y_1, z_2 - z_1).$$

例 7 已知两点 $A(4,0,5)$ 和 $B(7,1,3)$，求与 $\overrightarrow{AB}$ 方向相同的单位向量 e.

解 因为

$$\overrightarrow{AB} = \overrightarrow{OB} - \overrightarrow{OA} = (7,1,3) - (4,0,5) = (3,1,-2),$$

所以

$$|\overrightarrow{AB}| = \sqrt{3^2+1^2+(-2)^2} = \sqrt{14},$$

于是

$$e = \frac{\overrightarrow{AB}}{|\overrightarrow{AB}|} = \frac{1}{\sqrt{14}}(3,1,-2).$$

例 8 求解以向量为未知元的线性方程组

$$\begin{cases} 5x - 3y = a \\ 3x - 2y = b \end{cases},$$

其中 $a = (2,1,2)$，$b = (-1,1,-2)$.

解 解此方程组，得

$$x = 2a - 3b, \quad y = 3a - 5b.$$

以 a,b 代入，得

$$x = 2(2,1,2) - 3(-1,1,-2) = (7,-1,10),$$

$$y = 3(2,1,2) - 5(-1,1,-2) = (11,-2,16).$$

例 9 已知两点 $A(x_1,y_1,z_1)$ 和 $B(x_2,y_2,z_2)$ 以及实数 $\lambda \neq -1$，在直线 AB 上求点 M，使 $\overrightarrow{AM} = \lambda\overrightarrow{MB}$.

解 如图 9.20 所示. 由于

$$\overrightarrow{AM} = \overrightarrow{OM} - \overrightarrow{OA}, \quad \overrightarrow{MB} = \overrightarrow{OB} - \overrightarrow{OM},$$

因此

$$\overrightarrow{OM} - \overrightarrow{OA} = \lambda(\overrightarrow{OB} - \overrightarrow{OM}),$$

从而

$$\overrightarrow{OM} = \frac{1}{1+\lambda}(\overrightarrow{OA} + \lambda\overrightarrow{OB}),$$

以 $\overrightarrow{OA}$，$\overrightarrow{OB}$ 的坐标（即点 A、点 B 的坐标）代入，得

$$\overrightarrow{OM} = \left(\frac{x_1+\lambda x_2}{1+\lambda}, \frac{y_1+\lambda y_2}{1+\lambda}, \frac{z_1+\lambda z_2}{1+\lambda}\right).$$

本例中，点 M 称为定比分点，特别地，当 $\lambda=1$ 时，线段 AB 的中点为

$$M\left(\frac{x_1+x_2}{2}, \frac{y_1+y_2}{2}, \frac{z_1+z_2}{2}\right).$$

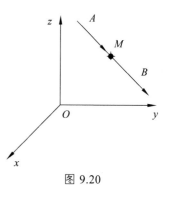

图 9.20

八、利用向量的坐标运算，计算向量的模、方向角

设向量 $r = (x,y,z)$，作 $\overrightarrow{OM} = r$，则点 M 的坐标为 $M(x,y,z)$，由两点间距离公式，立即得到

$$|r| = \sqrt{x^2+y^2+z^2}.$$

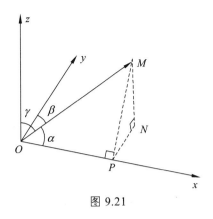

图 9.21

非零向量 r 与三条坐标轴的夹角 α, β, γ 称为向量 r 的方向角. 从图 9.21 可看出,设 $r = (x, y, z)$,由于 x 是有向线段 $\overrightarrow{OP}$ 的值, $\overrightarrow{MP} \perp \overrightarrow{OP}$,故

$$\cos\alpha = \frac{x}{|\overrightarrow{OM}|} = \frac{x}{|r|},$$

类似地, $\cos\beta = \dfrac{y}{|r|}$, $\cos\gamma = \dfrac{z}{|r|}$.

从而
$$(\cos\alpha, \cos\beta, \cos\gamma) = \left(\frac{x}{|r|}, \frac{y}{|r|}, \frac{z}{|r|}\right) = \frac{1}{|r|}(x, y, z) = \frac{r}{|r|} = e_r.$$

$\cos\alpha, \cos\beta, \cos\gamma$ 称为向量 r 的方向余弦. 上式表明,以向量 r 的方向余弦为坐标的向量就是与 r 同方向的单位向量 e_r,并由此可得

$$\cos^2\alpha + \cos^2\beta + \cos^2\gamma = 1.$$

例 10　已知两点 $M_1(2, 2, \sqrt{2})$ 和 $M_2(1, 3, 0)$,计算向量 $\overrightarrow{M_1M_2}$ 的模、方向余弦和方向角.

解
$$\overrightarrow{M_1M_2} = (1 - 2, 3 - 2, 0 - \sqrt{2}) = (-1, 1, -\sqrt{2}),$$

$$|\overrightarrow{M_1M_2}| = \sqrt{(-1)^2 + 1^2 + (-\sqrt{2})^2} = \sqrt{1 + 1 + 2} = \sqrt{4} = 2,$$

$$\cos\alpha = -\frac{1}{2}, \cos\beta = \frac{1}{2}, \cos\gamma = -\frac{\sqrt{2}}{2},$$

$$\alpha = \frac{2\pi}{3}, \beta = \frac{\pi}{3}, \gamma = \frac{3\pi}{4}.$$

下面我们来推导数量积的坐标表示式.

设 $a = a_x i + a_y j + a_z k$, $b = b_x i + b_y j + b_z k$,按数量积的运算规律,可得

$$\begin{aligned}
a \cdot b &= (a_x i + a_y j + a_z k) \cdot (b_x i + b_y j + b_z k) \\
&= a_x i \cdot (b_x i + b_y j + b_z k) + a_y j \cdot (b_x i + b_y j + b_z k) + a_z k \cdot (b_x i + b_y j + b_z k) \\
&= a_x b_x i \cdot i + a_x b_y i \cdot j + a_x b_z i \cdot k + \\
&\quad\ a_y b_x j \cdot i + a_y b_y j \cdot j + a_y b_z j \cdot k + \\
&\quad\ a_z b_x k \cdot i + a_z b_y k \cdot j + a_z b_z k \cdot k.
\end{aligned}$$

由于 $\boldsymbol{i}, \boldsymbol{j}, \boldsymbol{k}$ 互相垂直，所以 $\boldsymbol{i} \cdot \boldsymbol{j} = \boldsymbol{j} \cdot \boldsymbol{k} = \boldsymbol{k} \cdot \boldsymbol{i} = 0$，$\boldsymbol{j} \cdot \boldsymbol{i} = \boldsymbol{k} \cdot \boldsymbol{j} = \boldsymbol{i} \cdot \boldsymbol{k} = 0$；又由于 $\boldsymbol{i}, \boldsymbol{j}, \boldsymbol{k}$ 的模均为 1，所以 $\boldsymbol{i} \cdot \boldsymbol{i} = \boldsymbol{j} \cdot \boldsymbol{j} = \boldsymbol{k} \cdot \boldsymbol{k} = 1$. 故

$$\boldsymbol{a} \cdot \boldsymbol{b} = a_x b_x + a_y b_y + a_z b_z.$$

这就是两个向量数量积的坐标表示式.

由于 $\boldsymbol{a} \cdot \boldsymbol{b} = |\boldsymbol{a}| \cdot |\boldsymbol{b}| \cos\theta$，所以当 $\boldsymbol{a}, \boldsymbol{b}$ 都是非零向量时，有

$$\cos\theta = \frac{\boldsymbol{a} \cdot \boldsymbol{b}}{|\boldsymbol{a}||\boldsymbol{b}|}.$$

将向量的坐标表示式代入上式，得

$$\cos\theta = \frac{a_x b_x + a_y b_y + a_z b_z}{\sqrt{a_x^2 + a_y^2 + a_z^2} + \sqrt{b_x^2 + b_y^2 + b_z^2}}.$$

这就是两向量夹角余弦的坐标表示式.

由此可得，$\boldsymbol{a} \perp \boldsymbol{b}$ 的充要条件是 $a_x b_x + a_y b_y + a_z b_z = 0$.

例 11 已知三点 $M(1,1,1)$，$A(2,2,1)$ 和 $B(2,1,2)$，求 $\angle AMB$.

解 作向量 $\overrightarrow{MA}$，$\overrightarrow{MB}$，则 $\angle AMB$ 为向量 $\overrightarrow{MA}$ 与 $\overrightarrow{MB}$ 的夹角. 这时 $\overrightarrow{MA} = (1,1,0)$，$\overrightarrow{MB} = (1,0,1)$，从而

$$\overrightarrow{MA} \cdot \overrightarrow{MB} = 1 \times 1 + 1 \times 0 + 0 \times 1 = 1,$$

$$|\overrightarrow{MA}| = \sqrt{1^2 + 1^2 + 0^2} = \sqrt{2},$$

$$|\overrightarrow{MB}| = \sqrt{1^2 + 0^2 + 1^2} = \sqrt{2}.$$

得

$$\cos\angle AMB = \frac{\overrightarrow{MA} \cdot \overrightarrow{MB}}{|\overrightarrow{MA}||\overrightarrow{MB}|} = \frac{1}{\sqrt{2}\sqrt{2}} = \frac{1}{2},$$

故

$$\angle AMB = \frac{\pi}{3}$$

例 12 设立方体的一条对角线为 OM，一条棱为 OA，且 $|OA| = a$，求 $\overrightarrow{OA}$ 在方向 $\overrightarrow{OM}$ 上的投影 $\mathbf{Prj}_{\overrightarrow{OM}} \overrightarrow{OA}$.

解 如图 9.22 所示. 记 $\angle MOA = \varphi$，有

$$\cos\varphi = \frac{|OA|}{|OM|} = \frac{1}{\sqrt{3}},$$

于是

$$\mathbf{Prj}_{\overrightarrow{OM}} \overrightarrow{OA} = \overrightarrow{OA} \cos\varphi = \frac{a}{\sqrt{3}}.$$

下面我们来推导向量积的坐标表示式.

设 $\boldsymbol{a} = a_x \boldsymbol{i} + a_y \boldsymbol{j} + a_z \boldsymbol{k}$，$\boldsymbol{b} = b_x \boldsymbol{i} + b_y \boldsymbol{j} + b_z \boldsymbol{k}$. 按向量积的运算规律，可得

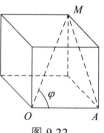

图 9.22

$$a \times b = (a_x i + a_y j + a_z k) \times (b_x i + b_y j + b_z k)$$
$$= a_x i \times (b_x i + b_y j + b_z k) + a_y j \times (b_x i + b_y j + b_z k) + a_z k \times (b_x i + b_y j + b_z k)$$
$$= a_x b_x (i \times i) + a_x b_y (i \times j) + a_x b_z (i \times k) +$$
$$a_y b_x (j \times i) + a_y b_y (j \times j) + a_y b_z (j \times k) +$$
$$a_z b_x (k \times i) + a_z b_y (k \times j) + a_z b_z (k \times k).$$

由于
$$i \times i = j \times j = k \times k = 0,\ i \times j = k,\ j \times k = i,\ k \times i = j,$$
$$j \times i = -k,\ k \times j = -i,\ i \times k = -j$$

所以
$$a \times b = (a_y b_z - a_z b_y) i + (a_z b_x - a_x b_z) j + (a_x b_y - a_y b_x) k.$$

为了帮助记忆，我们可利用三阶行列式，则上式可以写成

$$a \times b = \begin{vmatrix} i & j & k \\ a_x & a_y & a_z \\ b_x & b_y & b_z \end{vmatrix}.$$

例 13　设 $a = (2, 1, -1)$，$b = (1, -1, 2)$，计算 $a \times b$.

解
$$a \times b = \begin{vmatrix} i & j & k \\ 2 & 1 & -1 \\ 1 & -1 & 2 \end{vmatrix} = i - 5j - 3k.$$

例 14　已知 $\triangle ABC$ 的顶点分别是 $A(1, 2, 3)$，$B(3, 4, 5)$ 和 $C(2, 4, 7)$，求 $\triangle ABC$ 的面积.

解　由向量积运算，可知 $\triangle ABC$ 的面积

$$S_{\triangle ABC} = \frac{1}{2} |\overrightarrow{AB}| |\overrightarrow{AC}| \sin \angle A = \frac{1}{2} |\overrightarrow{AB} \times \overrightarrow{AC}|.$$

由于 $|\overrightarrow{AB}| = (2, 2, 2)$，$|\overrightarrow{AC}| = (1, 2, 4)$，因此

$$\overrightarrow{AB} \times \overrightarrow{AC} = \begin{vmatrix} i & j & k \\ 2 & 2 & 2 \\ 1 & 2 & 4 \end{vmatrix} = 4i - 6j + 2k,$$

于是
$$S_{\triangle ABC} = \frac{1}{2} |4i - 6j + 2k| = \frac{1}{2} \sqrt{4^2 + (-6)^2 + 2^2} = \sqrt{14}.$$

例 15　设刚体以等角速度 ω 绕 l 轴旋转，计算刚体上一点 M 的线速度.

解　刚体绕 l 轴旋转时，我们可以用 l 轴上的一个向量 ω 表示角速度，它的大小等于角速度的大小，它的方向由右手规则确定：以右手握住 l 轴，当右手的四个手指的转向与刚体的旋转方向一致时，大拇指的指向就是 ω 的方向（如图 9.23）.

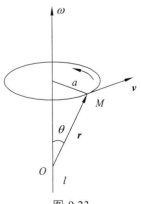

图 9.23

设在旋转轴 l 轴上任取一点 O 做向量 $r = \overrightarrow{OM}$，并以 θ 表示 ω 与 r 的夹角，那么

$$a = |r|\sin\theta$$

设线速度为 v，由物理学上线速度与角速度的关系可知，v 的大小为

$$|v| = |\omega|a = |\omega||r|\sin\theta,$$

v 的方向垂直于通过点 M 与 l 轴的平面，即 v 垂直于 ω 与 r；又由于 v 的指向是使 ω，r，v 符合右手规则，因此有 $v = \omega \times r$.

类似地，可得向量混合积的表达式. 设 $a = (a_x, a_y, a_z)$，$b = (b_x, b_y, b_z)$，$c = (c_x, c_y, c_z)$，则

$$[a\,b\,c] = \begin{vmatrix} a_x & a_y & a_z \\ b_x & b_y & b_z \\ c_x & c_y & c_z \end{vmatrix}.$$

例 16 已知不在一平面上的四点：$A(x_1, y_1, z_1)$，$B(x_2, y_2, z_2)$，$C(x_3, y_3, z_3)$，$D(x_4, y_4, z_4)$. 求四面体 $ABCD$ 的体积.

解 由立体几何知识，四面体的体积 V_T 等于以向量 $\overrightarrow{AB}$，$\overrightarrow{AC}$ 和 $\overrightarrow{AD}$ 为棱的平行六面体的体积的六分之一，因而

$$V_T = \frac{1}{6}|[\overrightarrow{AB}\ \overrightarrow{AC}\ \overrightarrow{AD}]|.$$

由于

$$\overrightarrow{AB} = (x_2 - x_1, y_2 - y_1, z_2 - z_1),$$

$$\overrightarrow{AC} = (x_3 - x_1, y_3 - y_1, z_3 - z_1),$$

$$\overrightarrow{AD} = (x_4 - x_1, y_4 - y_1, z_4 - z_1),$$

所以

$$V_T = \pm\frac{1}{6}\begin{vmatrix} x_2 - x_1 & y_2 - y_1 & z_2 - z_1 \\ x_3 - x_1 & y_3 - y_1 & z_3 - z_1 \\ x_4 - x_1 & y_4 - y_1 & z_4 - z_1 \end{vmatrix}.$$

上式中符号的选择必须和行列式的符号一致.

习题 9.1

A 组

1. 在空间直角坐标系中，指出下列各点分别在哪个卦限.

（A）$(2, -3, 4)$ （B）$(2, 3, -4)$

（C）$(2, -3, -4)$ （D）$(-2, -3, 4)$

2. 若 $A(1, -1, 3)$，$B(1, 3, 0)$，则 AB 的中点坐标为 $\left(1, 1, \dfrac{3}{2}\right)$，$|AB| = $ _____ .

3. 求 (a,b,c) 点分别关于各坐标面、各坐标轴、坐标原点的对称点坐标.

4. 若点 M 的坐标为 (x,y,z)，则向径 $\overrightarrow{OM}$ 用坐标可表示为_____.

5. 一边长为 a 的立方体放置在 xOy 面上，其下底面的中心在坐标原点，底面的顶点在 x 轴和 y 轴上，求该立方体各顶点的坐标.

6. 已知 $A(-1,2,-4)$，$B(6,-2,t)$，且 $\overrightarrow{AB}=9$，求：

（1）t；（2）线段 AB 的中点坐标.

7. 设已知两点 $M_1(4,\sqrt{2},1)$ 和 $M_2(3,0,2)$，计算 $\overrightarrow{M_1M_2}$ 的模、方向余弦、方向角及单位向量.

8. 若 α,β,γ 为向量 $\vec{a}$ 的方向角，则 $\cos^2\alpha+\cos^2\beta+\cos^2\gamma=$ _____，$\sin^2\alpha+\sin^2\beta+\sin^2\gamma=$ _____.

9. 设 $\vec{m}=(3,5,8)$，$\vec{n}=(2,-4,-7)$ 和 $\vec{p}=(5,1,-4)$，求向量 $\vec{a}=4\vec{m}+3\vec{n}-\vec{p}$ 在 x 轴上的投影及在 y 轴上的分向量.

10. 已知点 P 的向径 $\overrightarrow{OP}$ 为单位向量，且与 z 轴的夹角为 $\dfrac{\pi}{6}$，另外两个方向角相等，求点 P 的坐标.

B 组

1. 已知向量 $\vec{a}$ 与各坐标轴成相等的锐角，若 $|\vec{a}|=2\sqrt{3}$，求 $\vec{a}$ 的坐标.

2. 下列关系式错误的是（　　）.

（A）$\vec{a}\cdot\vec{b}=\vec{b}\cdot\vec{a}$ 　　　　　（B）$\vec{a}\times\vec{b}=-\vec{b}\times\vec{a}$

（C）$\vec{a}^2=|\vec{a}|^2$ 　　　　　（D）$\vec{a}\times\vec{a}=0$

3. 设 $\vec{a}=(3,-1,2)$，$\vec{b}=(1,2,-1)$，求 $\vec{a}\cdot\vec{b}$ 与 $\vec{a}\times\vec{b}$.

4. 设 $\vec{a}=(2,-3,2),\vec{b}=(-1,1,2),\vec{c}=(1,0,3)$，求 $(\vec{a}\times\vec{b})\cdot\vec{c}$.

5. 确定下列各组向量间的位置关系.

（1）$\vec{a}=(1,1,-2)$ 与 $\vec{b}=(-2,-2,4)$；

（2）$\vec{a}=(2,-3,1)$ 与 $\vec{b}=(4,2,-2)$.

6. 求向量 $\vec{a}=(4,-3,4)$ 在向量 $\vec{b}=(2,2,1)$ 上的投影.

7. 已知 $\overrightarrow{OA}=\vec{i}+3\vec{k}$，$\overrightarrow{OB}=\vec{j}+3\vec{k}$，求 $\triangle OAB$ 的面积.

8. $\triangle ABC$ 三顶点在平面直角坐标系中的坐标分别为 $A(x_1,y_1),B(x_2,y_2),C(x_3,y_3)$，则如何用向量积的方法来求出 $\triangle ABC$ 的面积？

9. 试找出一个与 $\vec{a}=(1,2,1),\vec{b}=(0,1,1)$ 同时垂直的向量.

10. 已知三点 $M_1(2,2,1),M_2(1,1,1),M_3(2,1,2)$，求：

（1）$\angle M_1M_2M_3$；

（2）与 $\overrightarrow{M_1M_2},\overrightarrow{M_2M_3}$ 同时垂直的单位向量.

11. 已知 $A(1,0,0),B(0,2,1)$，试在 z 轴上求一点 C，使 $\triangle ABC$ 的面积最小.

9.2 空间的平面与直线

一、平　面

垂直于平面的任一非零向量称为平面的法向量. 平面上的任一向量均垂直于平面的法向量.

设已知平面上的一点 $M_0(x_0, y_0 z_0)$ 及其法向量 $\boldsymbol{n} = (A, B, C)$，下面求平面的方程.

设 $M(x, y, z)$ 为平面 π 上异于点 M_0 的任一点（如图 9.24），那么向量 $\overrightarrow{M_0M} \perp \boldsymbol{n}$，从而 $\boldsymbol{n} \cdot \overrightarrow{M_0M} = 0$. 由于 $\boldsymbol{n} = (A, B, C)$，$\overrightarrow{M_0M} = (x - x_0, y - y_0, z - z_0)$，所以

$$A(x - x_0) + B(y - y_0) + C(z - z_0) = 0. \tag{9.1}$$

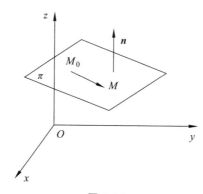

图 9.24

这就是平面 π 上任一点 M 的坐标 x, y, z 满足的方程. 反过来，不在平面 π 上点的坐标 x, y, z 显然不满足方程（9.1），方程（9.1）称为平面的点法式方程.

例 1　已知空间两点 $M_1(1, 2, -1)$ 和 $M_2(3, -1, 2)$，求经过点 M_1 且与直线 M_1M_2 垂直的平面方程.

解　显然，$\overrightarrow{M_1M_2}$ 就是平面的一个法向量

$$\overrightarrow{M_1M_2} = (3 - 1, -1 - 2, 2 + 1) = (2, -3, 3).$$

由点法式方程，可得所求平面的方程

$$2(x - 1) - 3(y - 2) + 3(z + 1) = 0,$$

即

$$2x - 3y + 3z + 7 = 0.$$

例 2　求过三点 $M_1(2, -1, 4)$，$M_2(-1, 3, -2)$ 和 $M_3(0, 2, 3)$ 的平面的方程.

解　先找出这平面的法线向量 $\boldsymbol{n}$. 由于向量 $\boldsymbol{n}$ 与向量 $\overrightarrow{M_1M_2}$，$\overrightarrow{M_1M_3}$ 都垂直，而 $\overrightarrow{M_1M_2} = (-3, 4, -6)$，$\overrightarrow{M_1M_3} = (-2, 3, -1)$，所以可取它们的向量积为 $\boldsymbol{n}$，即

$$n = \overrightarrow{M_1M_2} \times \overrightarrow{M_1M_3} = \begin{vmatrix} \boldsymbol{i} & \boldsymbol{j} & \boldsymbol{k} \\ -3 & 4 & -6 \\ -2 & 3 & -1 \end{vmatrix} = 14\boldsymbol{i} + 9\boldsymbol{j} - \boldsymbol{k}.$$

根据平面的点法式方程（9.1），可得所求平面的方程

$$14(x - 2) + 9(y + 1) - (z - 4) = 0,$$

即

$$14x + 9y - z - 15 = 0.$$

本例也可以按下面的方法来解.

设 $M(x, y, z)$ 是平面上的任意一点，则向量 $\overrightarrow{M_1M}$，$\overrightarrow{M_1M_2}$，$\overrightarrow{M_1M_3}$ 共面，由混合积的几何意义可得

$$[\overrightarrow{M_1M}\ \overrightarrow{M_1M_2}\ \overrightarrow{M_1M_3}] = 0,$$

即

$$\begin{vmatrix} x-2 & y+1 & z-4 \\ -1-2 & 3+1 & -2-4 \\ 0-2 & 2+1 & 3-4 \end{vmatrix} = 0,$$

化简得

$$14x + 9y - z - 15 = 0.$$

一般地，过已知不共线三点 $M_1(x_1, y_1, z_1)$，$M_2(x_2, y_2, z_2)$，$M_3(x_3, y_3, z_3)$ 的平面方程为

$$\begin{vmatrix} x-x_1 & y-y_1 & z-z_1 \\ x_2-x_1 & y_2-y_1 & z_2-z_1 \\ x_3-x_1 & y_3-y_1 & z_3-z_1 \end{vmatrix} = 0.$$

该方程称为平面的三点式方程.

由点法式方程可知，平面的方程可以使用三元一次方程来表示. 反过来，设有一次方程

$$Ax + By + Cz + D = 0. \tag{9.2}$$

任取满足该方程的一组数 x_0，y_0，z_0，即

$$Ax_0 + By_0 + Cz_0 + D = 0. \tag{9.3}$$

由（9.2）－（9.3），得

$$A(x - x_0) + B(y - y_0) + C(z - z_0) = 0. \tag{9.4}$$

与点法式相比，（9.4）为过点 $M_0(x_0, y_0\ z_0)$、法向量为 $n = (A, B, C)$ 的平面方程. 由于（9.4）与（9.2）同解，可知任一三元一次方程（9.2）的图形总是一个平面. 方程（9.2）称为平面的一般方程，其中 x, y, z 的系数就是该平面的一个法线向量 n 的坐标，即 $n = (A, B, C)$.

当 $D = 0$ 时，方程（9.2）成为 $Ax + By + Cz = 0$，它表示一个过原点的平面.

当 $A = 0$ 时，方程（9.2）成为 $By + Cz + D = 0$，法线向量 $n = (0, B, C)$ 垂直于 x 轴，它表示一个平行于 x 轴的平面.

同样，方程 $Ax + Cz + D = 0$ 和 $Ax + By + D = 0$，分别表示一个平行于 y 轴的平面和一个平行于 z 轴的平面.

当 $A = B = 0$ 时，方程（9.2）成为 $Cz + D = 0$ 或 $z = -\dfrac{D}{C}$，法线向量 $\boldsymbol{n} = (0, 0, C)$ 同时垂直于 x 轴和 y 轴，它表示一个平行于 xOy 面的平面.

同样，方程 $Ax + D = 0$ 和 $By + D = 0$ 分别表示一个平行于 yOz 面的平面和一个平行于 xOz 面的平面.

例 3 设一平面与 x，y，z 轴的交点依次为 $P(a, 0, 0)$，$Q(0, b, 0)$，$R(0, 0, c)$（如图 9.25），求该平面的方程（其中 $a \neq 0$，$b \neq 0$，$c \neq 0$）.

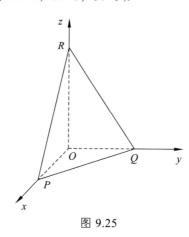

图 9.25

解 设所求平面的方程为

$$Ax + By + Cz + D = 0.$$

因 $P(a, 0, 0)$，$Q(0, b, 0)$，$R(0, 0, c)$ 三点都在平面上，所以点 P, Q, R 的坐标都满足方程（9.2），即

$$\begin{cases} aA + D = 0 \\ bB + D = 0, \\ cC + D = 0 \end{cases}$$

得

$$A = -\dfrac{D}{a}, \quad B = -\dfrac{D}{b}, \quad C = -\dfrac{D}{c}.$$

以此代入（9.2）并除以 D（$D \neq 0$），便得所求的平面方程

$$\frac{x}{a} + \frac{y}{b} + \frac{z}{c} = 1. \tag{9.5}$$

方程（9.5）叫作平面的截距式方程，而 a, b, c 依次叫作平面在 x, y, z 轴上的截距.

例 4 求平面通过 z 轴及点 $(1, 2, -3)$ 的平面方程.

解 因平面通过 z 轴，故可设其方程为

$$Ax + By = 0.$$

又因点（1, 2, − 3）在平面上，将其坐标代入方程，则有

$$A + 2B = 0, \quad 即 \; A = − 2B.$$

故所求平面方程为

$$− 2Bx + By = 0, \quad 即 \; 2x − y = 0.$$

例 5　设平面 π 的方程为 $3x − 2y + z + 5 = 0$，求经过坐标原点且与 π 平行的平面方程.

解　显然，所求平面与平面 π 有相同的法向量 $\boldsymbol{n} = (3, − 2, 1)$，又因为所求平面经过原点，故它的方程为

$$3x − 2y + z = 0.$$

二、空间直线

空间直线可以看作是空间两平面的交线，如果两个相交的平面的方程分别为

$$A_1x + B_1y + C_1z + D_1 = 0 \; 和 \; A_2x + B_2y + C_2z + D_2 = 0$$

那么直线上的任一点必同时满足这两个平面的方程，即满足方程组

$$\begin{cases} A_1x + B_1y + C_1z + D_1 = 0 \\ A_2x + B_2y + C_2z + D_2 = 0 \end{cases}. \tag{9.6}$$

反过来，不在直线上的点，不可能同时在两个平面上，所以它的坐标不满足方程组（9.6）. 因此，直线可以使用方程组（9.6）表示. 方程组称为空间直线的一般方程.

平行于一已知直线的任一非零向量称为直线的方向向量.

假设直线过 $M_0(x_0, y_0 \, z_0)$，且其方向向量为 $\boldsymbol{s} = (m, n, p)$，下面来求它的方程.

设 $M(x, y, z)$ 为直线上的任一异于 $M_0(x_0, y_0 \, z_0)$ 的点，则 $\overrightarrow{M_0M} \, /\!/ \boldsymbol{s}$，如图 9.26 所示，从而两向量的坐标成比例. 由于 $\overrightarrow{M_0M} = (x − x_0, y − y_0, z − z_0)$，$\boldsymbol{s} = (m, n, p)$，故有

$$\frac{x − x_0}{m} = \frac{y − y_0}{n} = \frac{z − z_0}{p}. \tag{9.7}$$

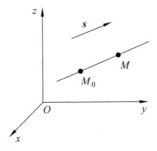

图 9.26

显然，如果点 M 不在直线上，则 $\overrightarrow{M_0M}$ 不平行于 s，从而两向量的坐标不成比例. 因此，方程组（9.7）就是直线的方程，叫作直线的对称式方程或点向式方程.

任一方向向量 s 的坐标 (m, n, p) 叫作该直线的一组方向数，而向量 s 的方向余弦叫作该直线的方向余弦.

由直线的对称式方程容易导出直线的参数式方程. 如设

$$\frac{x-x_0}{m} = \frac{y-y_0}{n} = \frac{z-z_0}{p} = t,$$

那么

$$\begin{cases} x = x_0 + mt \\ y = y_0 + nt \\ z = z_0 + pt \end{cases} \tag{9.8}$$

方程组（9.8）就是直线的参数式方程.

例 6 求经过两点 $M_1(x_1, y_1, z_1)$ 和 $M_2(x_2, y_2, z_2)$ 的直线方程.

解 该直线的方向向量可取 $\boldsymbol{n} = \overrightarrow{M_1M_2} = (x_2-x_1, y_2-y_1, z_2-z_1)$. 由点法式方程立即得到所求直线的方程

$$\frac{x-x_1}{x_2-x_1} = \frac{y-y_1}{y_2-y_1} = \frac{z-z_1}{z_2-z_1}.$$

该方程称为直线的两点式方程.

例 7 用直线的对称式方程及参数式方程表示直线

$$\begin{cases} x+y+z+1=0 \\ 2x-y+3z+4=0 \end{cases} \tag{9.9}$$

解 易得 $(1, 0, -2)$ 为直线上的一点. 直线的方向向量为两平面的法线向量的向量积，从而

$$\boldsymbol{s} = \begin{vmatrix} \boldsymbol{i} & \boldsymbol{j} & \boldsymbol{k} \\ 1 & 1 & 1 \\ 2 & -1 & 3 \end{vmatrix} = 4\boldsymbol{i} - \boldsymbol{j} - 3\boldsymbol{k}.$$

因此，所给直线的对称式方程为

$$\frac{x-1}{4} = \frac{y}{-1} = \frac{z+2}{-3}.$$

令

$$\frac{x-1}{4} = \frac{y}{-1} = \frac{z+2}{-3} = t,$$

则所给直线的参数方程为

$$\begin{cases} x = 1 + 4t \\ y = -t \\ z = -2 - 3t \end{cases}$$

二、点、平面、直线的位置关系

1. 点到平面的距离

设 $P_0(x_0, y_0, z_0)$ 是平面 $Ax + By + Cz + D = 0$ 外一点，求 P_0 到这平面的距离（图 9.27）.

在平面上任取一点 $P_1(x_1, y_1, z_1)$，并作一法线向量 $\boldsymbol{n}$，由图 9.27，并考虑到 $\overrightarrow{P_1P_0}$ 与 $\boldsymbol{n}$ 的夹角也可能是钝角，得所求距离 $d = |\mathbf{Prj}_n \overrightarrow{P_1P_0}|$.

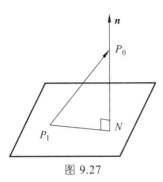

图 9.27

设 $\boldsymbol{e}_n$ 为与向量 $\boldsymbol{n}$ 同方向的单位向量，那么有

$$\mathbf{Prj}_n \overrightarrow{P_1P_0} = \overrightarrow{P_1P_0} \cdot \boldsymbol{e}_n,$$

而

$$\boldsymbol{e}_n = \left(\frac{A}{\sqrt{A^2+B^2+C^2}}, \frac{B}{\sqrt{A^2+B^2+C^2}}, \frac{C}{\sqrt{A^2+B^2+C^2}} \right),$$

$$\overrightarrow{P_1P_0} = (x_0 - x_1, y_0 - y_1, z_0 - z_1),$$

所以

$$\mathbf{Prj}_n \overrightarrow{P_1P_0} = \left(\frac{A}{\sqrt{A^2+B^2+C^2}}, \frac{B}{\sqrt{A^2+^2+C^2}}, \frac{C}{\sqrt{A^2+^2+C^2}} \right) \cdot (x-x_0, y-y_0, z-z_0)$$

$$= \frac{Ax_0 + By_0 + Cz_0 - (Ax_1 + By_1 + Cz_1)}{\sqrt{A^2+B^2+C^2}}.$$

由于

$$Ax_1 + By_1 + Cz_1 + D = 0,$$

所以

$$\mathbf{Prj}_n \overrightarrow{P_1P_0} = \frac{Ax_0 + By_0 + Cz_0 + D}{\sqrt{A^2+B^2+C^2}}.$$

由此可得，点 $P_0(x_0, y_0, z_0)$ 到平面 $Ax + By + Cz + D = 0$ 的距离公式为

$$d = \frac{|Ax_0 + By_0 + Cz_0 + D|}{\sqrt{A^2+B^2+C^2}}.$$

例 8 求两个平行平面 $\pi_1 : z = 2x - 2y + 1$，$\pi_2 : 4x - 4y - 2z + 3 = 0$ 之间的距离.

解 在平面 π_1 上任取一点 $M(0,0,1)$，则两平面间的距离 d 就是点 M 到 π_2 的距离，于是

$$d = \frac{4 \times 0 - 4 \times 0 - 2 \times 1 + 3}{\sqrt{4^2 + (-4)^2 + (-2)^2}} = \frac{1}{6}.$$

2. 点到直线的距离

设直线 L 的方程是 $\dfrac{x-x_0}{m} = \dfrac{y-y_0}{n} = \dfrac{z-z_0}{p}$，$M_1(x_1, y_1, z_1)$ 是空间一点，则 $M_0(x_0, y_0, z_0)$ 在直线 L 上，且 L 的方向向量 $\boldsymbol{s} = (m, n, p)$.

过 M_0 点作一向量 $\overrightarrow{M_0 M}$，使 $\overrightarrow{M_0 M} = \boldsymbol{s} = (m, n, p)$，以 $\overrightarrow{M_0 M_1}$ 和 $\overrightarrow{M_0 M}$ 为邻边作平行四边形（如图 9.28），不难看出 M_1 到 L 的距离 d 等于这个平行四边形底边上的高.

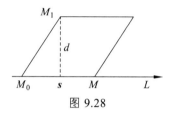

图 9.28

由向量积的定义知，该平行四边形的面积

$$S = |\overrightarrow{M_0 M_1} \times \overrightarrow{M_0 M}| = |\overrightarrow{M_0 M_1} \times \boldsymbol{s}|.$$

又因为

$$S = |\overrightarrow{M_0 M}| \cdot d = |\boldsymbol{s}| \cdot d,$$

于是点 M_1 到直线 L 的距离为

$$d = \frac{|\overrightarrow{M_0 M_1} \times \boldsymbol{s}|}{|\boldsymbol{s}|}. \tag{9.10}$$

例 9　求点 $M(1, 2, 3)$ 到直线 L：$x - 2 = \dfrac{y-2}{-3} = \dfrac{z}{5}$ 的距离.

解　由直线方程知，点 $M_0(2, 2, 0)$ 在 L 上，且 L 的方向向量 $\boldsymbol{s} = (1, -3, 5)$，从而

$$\overrightarrow{M_0 M} = (-1, 0, 3),$$

$$\overrightarrow{M_0 M} \times \boldsymbol{s} = \begin{vmatrix} \boldsymbol{i} & \boldsymbol{j} & \boldsymbol{k} \\ -1 & 0 & 3 \\ 1 & -3 & 5 \end{vmatrix} = 9\boldsymbol{i} + 8\boldsymbol{j} + 3\boldsymbol{k}.$$

代入（9.10），得点 M 到 L 的距离为

$$d = \frac{|\overrightarrow{M_0 M_1} \times \boldsymbol{s}|}{|\boldsymbol{s}|} = \frac{\sqrt{9^2 + 8^2 + 3^2}}{\sqrt{1^2 + (-3)^2 + 5^2}} = \sqrt{\frac{22}{5}}.$$

3. 两平面之间的夹角

两平面的法线向量的夹角（通常指锐角）称为两平面的夹角.

设平面 π_1 和 π_2 的法线向量依次为 $\boldsymbol{n}_1 = (A_1, B_1, C_1)$ 和 $\boldsymbol{n}_2 = (A_2, B_2, C_2)$，那么平面 π_1 和 π_2 的夹角 θ（图 9.29）应是 $(\widehat{\boldsymbol{n}_1, \boldsymbol{n}_2})$ 和 $(\widehat{-\boldsymbol{n}_1, \boldsymbol{n}_2}) = \pi - (\widehat{\boldsymbol{n}_1, \boldsymbol{n}_2})$，两者中的锐角，因此，$\cos \theta =$

$|\cos(\widehat{n_1, n_2})|$. 按两向量夹角余弦的坐标表示式，平面 π_1 和平面 π_2 的夹角 θ 可由

$$\cos\theta = \frac{|A_1A_2 + B_1B_2 + C_1C_2|}{\sqrt{A_1^2 + B_1^2 + C_1^2}\sqrt{A_2^2 + B_2^2 + C_2^2}} \tag{9.11}$$

来确定.

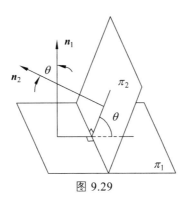

图 9.29

从两向量垂直、平行的充分必要条件立即推得下列结论：

π_1，π_2 互相垂直相当于 $A_1A_2 + B_1B_2 + C_1C_2 = 0$;

π_1，π_2 互相平行或重合相当于 $\dfrac{A_1}{A_2} = \dfrac{B_1}{B_2} = \dfrac{C_1}{C_2}$.

例 10　一平面通过两点 $M_1(1, 1, 1)$ 和 $M_2(0, 1, -1)$ 且垂直于平面 $x + y + z = 0$，求它的方程.

解　设所求平面的一个法线向量为 $\boldsymbol{n} = (A, B, C)$.

因 $\overrightarrow{M_1M_2} = (-1, 0, -2)$ 在所求平面上，它必与 $\boldsymbol{n}$ 垂直，所以有

$$-A - 2C = 0. \tag{9.12}$$

又因所求平面垂直于已知平面 $x + y + z = 0$，所以有

$$A + B + C = 0. \tag{9.13}$$

由（9.12）、（9.13）得到

$$A = -2C, \quad B = C.$$

由平面的点法式方程，平面方程为

$$A(x - 1) + B(y - 1) + C(z - 1) = 0.$$

将 $A = -2C$，$B = C$ 代入上式，并约去 $C(C \neq 0)$，便得

$$-2(x - 1) + (y - 1) + (z - 1) = 0 \quad 或 \quad 2x - y - z = 0.$$

这就是所求的平面方程.

4. 两直线的夹角

两直线的法线向量的夹角（通常指锐角）叫作两直线的夹角.

设直线 L_1 和 L_2 的法线向量依次为 $s_1 = (m_1, n_1, p_1)$，$s_2 = (m_2, n_2, p_2)$，那么 L_1 和 L_2 的夹角 φ 应是（$\widehat{s_1, s_2}$）和（$-\widehat{s_1, s_2}$）$= \pi - $（$\widehat{s_1, s_2}$）两者中的锐角，因此 $\cos \varphi = |\cos(\widehat{s_1, s_2})|$，从而直线 L_1 和 L_2 的夹角 φ 可由

$$\cos \varphi = \frac{|m_1 m_2 + n_1 n_2 + p_1 p_2|}{\sqrt{m_1^2 + n_1^2 + p_1^2}\sqrt{m_2^2 + n_2^2 + p_2^2}} \qquad (9.14)$$

来确定.

两直线 L_1，L_2 互相垂直相当于 $m_1 m_2 + n_1 n_2 + p_1 p_2 = 0$；

两直线 L_1，L_2 互相平行或重合相当于 $\dfrac{m_1}{m_2} = \dfrac{n_1}{n_2} = \dfrac{p_1}{p_2}$.

例 11 求直线 L_1：$\dfrac{x-1}{1} = \dfrac{y}{-4} = \dfrac{z+3}{1}$ 和 L_2：$\dfrac{x}{2} = \dfrac{y+2}{-2} = \dfrac{z}{-1}$ 的夹角.

解 直线 L_1 的方向向量 $s_1 = (1, -4, 1)$，L_2 的方向向量 $s_2 = (2, -2, -1)$. 设直线 L_1 和 L_2 的夹角为 φ，那么由公式（9.14）得

$$\cos \varphi = \frac{|1 \times 2 + (-4) \times (-2) + 1 \times (-1)|}{\sqrt{1^2 + (-4)^2 + 1^2} \cdot \sqrt{2^2 + (-2)^2 + (-1)^2}} = \frac{1}{\sqrt{2}},$$

故 $\varphi = \dfrac{\pi}{4}$.

5. 直线与平面的夹角

当直线与平面不垂直时，直线与它在平面上的投影直线的夹角 $\varphi\left(0 \leqslant \varphi < \dfrac{\pi}{2}\right)$ 称为直线与平面的夹角（图 9.30）；当直线与平面垂直时，规定直线与平面的夹角为 $\dfrac{\pi}{2}$.

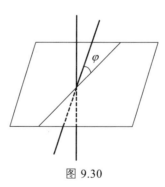

图 9.30

设直线的方向向量为 $s = (m, n, p)$，平面的法线向量为 $\boldsymbol{n} = (A, B, C)$，直线与平面的夹角为 φ，那么 $\varphi = \dfrac{\pi}{2} - (\widehat{s, \boldsymbol{n}})$，因此 $\sin \varphi = \left|\cos(\widehat{s, \boldsymbol{n}})\right|$，从而有

$$\sin \varphi = \frac{|Am + Bn + Cp|}{\sqrt{A^2 + B^2 + C^2}\sqrt{m^2 + n^2 + p^2}}. \qquad (9.15)$$

直线垂直于平面相当于 $\dfrac{A}{m} = \dfrac{B}{n} = \dfrac{C}{p}$；

直线平行于平面或直线在平面上相当于 $Am + Bn + Cp = 0$.

例 12　求过点 $(1, -2, 4)$ 且与平面 $2x - 3y + z - 4 = 0$ 垂直的直线方程.

解　因为直线垂直于平面，所以平面的法线向量即为直线的方向向量，从而所求直线的方程为

$$\frac{x-1}{2} = \frac{y+2}{-3} = \frac{z-4}{1}.$$

6. 平面束

设直线 L 满足方程组

$$\begin{cases} A_1 x + B_1 y + C_1 z + D_1 = 0 & (9.16) \\ A_2 x + B_2 y + C_2 z + D_2 = 0 & (9.17) \end{cases}$$

其中系数 A_1, B_1, C_1 与 A_2, B_2, C_2 不成比例. 建立三元一次方程

$$A_1 x + B_1 y + C_1 z + D_1 + \lambda(A_2 x + B_2 y + C_2 z + D_2) = 0, \qquad (9.18)$$

因为 A_1, B_1, C_1 与 A_2, B_2, C_2 不成比例，所以 $A_1 + \lambda A_2$，$B_1 + \lambda B_2$，$C_1 + \lambda C_2$ 不全为零，故方程（9.18）表示一个平面，且直线 L 上的点满足方程（9.18），反之，过直线 L 的平面一定在（9.18）所表示的平面中，通过定直线的所有平面的全体称为**平面束**，而方程（9.18）就作为通过直线 L 的平面束方程.（但需要注意的是，不论 λ 取何值，方程（9.17）都不能表示平面 $A_2 x + B_2 y + C_2 z + D_2 = 0$，所以方程（9.17）事实上表示缺少了这张平面的平面束.）

例 13　求直线 $\begin{cases} x + y - z - 1 = 0 \\ x - y + z + 1 = 0 \end{cases}$ 在平面 $x + y + z = 0$ 上的投影直线的方程.

解　过直线 $\begin{cases} x + y - z - 1 = 0 \\ x - y + z + 1 = 0 \end{cases}$ 的平面束的方程为

$$(x + y - z - 1) + \lambda(x - y + z + 1) = 0,$$

即

$$(1 + \lambda)x + (1 - \lambda)y + (-1 + \lambda)z + (-1 + \lambda) = 0, \qquad (9.19)$$

其中 λ 为待定系数. 该平面与平面 $x + y + z = 0$ 垂直的条件是

$$(1 + \lambda) \cdot 1 + (1 - \lambda) \cdot 1 + (-1 + \lambda) \cdot 1 = 0,$$

即

$$\lambda = -1.$$

代入（9.19）式，得投影平面的方程

$$2y - 2z - 2 = 0,$$

即

$$y - z - 1 = 0,$$

所以投影直线的方程为

$$\begin{cases} y - z - 1 = 0 \\ x + y + z = 0 \end{cases}.$$

7. 实例应用

例 14　求与两平面 $x - 4z = 3$ 和 $2x - y - 5z = 1$ 的交线平行且过点$(- 3, 2, 5)$的直线方程.

解　因为所求直线与两平面的交线平行，所以其方向向量 s 一定同时垂直于两平面的法向量 n_1, n_2，所以可以取

$$s = n_1 \times n_2 = \begin{vmatrix} i & j & k \\ 1 & 0 & -4 \\ 2 & -1 & -5 \end{vmatrix} = - (4i + 3j + k),$$

因此所求直线方程为

$$\frac{x+3}{4} = \frac{y-2}{3} = \frac{z-5}{1}.$$

例 15　求直线 $\dfrac{x-2}{1} = \dfrac{y-3}{1} = \dfrac{z-4}{2}$ 与平面 $2x + y + z - 6 = 0$ 的交点.

解　所给直线的参数方程为

$$x = 2 + t, \ y = 3 + t, \ z = 4 + 2t,$$

代入平面方程，得

$$2(2 + t) + (3 + t) + (4 + 2t) - 6 = 0,$$

得 $t = - 1$，代入参数方程，故交点为

$$x = 1, \ y = 2, \ z = 2.$$

例 16　求过点（2, 1, 3）且与直线 $\dfrac{x+1}{3} = \dfrac{y-1}{2} = \dfrac{z}{-1}$ 垂直相交的直线方程.

解　过点（2, 1, 3）且垂直于已知直线的平面方程为

$$3(x - 2) + 2(y - 1) - (z - 3) = 0. \tag{9.20}$$

已知直线的参数方程为

$$x = - 1 + 3t, \ y = 1 + 2t, \ z = - t. \tag{9.21}$$

将（9.21）代入（9.20）求得 $t = \dfrac{3}{7}$，从而求得直线与平面的交点为 $\left(\dfrac{2}{7}, \dfrac{13}{7}, -\dfrac{3}{7}\right)$.

以点（2, 1, 3）为起点、点 $\left(\dfrac{2}{7}, \dfrac{13}{7}, -\dfrac{3}{7}\right)$ 为终点的向量为

$$\left(\frac{2}{7} - 2, \frac{13}{7} - 1, -\frac{3}{7} - 3\right) = -\frac{6}{7}(2, -1, 4).$$

这就是所求直线的方向向量，故所求直线的方程为

$$\frac{x-2}{2} = \frac{y-1}{-1} = \frac{z-3}{4}.$$

习题 9.2

A 组

1. 求过三点 $M_1(2,-1,4), M_2(-1,3,-2), M_3(0,2,3)$ 的平面方程. 若 $A(x_1, y_1, z_1), B(x_2, y_2, z_2),$ $C(x_3, y_3, z_3)$ 不共线, 你能给出过此三点的平面方程吗?

2. 指出下列平面方程的位置特点, 并作示意图:

（1）$y-3=0$；（2）$3y+2z=0$；（3）$x-2y+3z-8=0$.

3. 判定下列两平面之间的位置关系:

（1）$x+2y-4z=0$ 与 $2x+4y-8z=1$.

（2）$2x-y+3z=1$ 与 $3x-2z=4$.

4. 求两平面 $x-y+2z-6=0$ 和 $2x+y+z-5=0$ 的夹角.

5. 点 $(1,2,3)$ 到平面 $3x+4y-12z+12=0$ 的距离是 _____.

6. 求 $Ax+By+Cz+D_1=0$ 与 $Ax+By+Cz+D_2=0$ 之间的距离.

7. 求满足下列条件的平面方程:

（1）平行 y 轴, 且过点 $P(1,-5,1)$ 和 $Q(3,2,-1)$.

（2）过点 $(1,2,3)$ 且平行于平面 $2x+y+2z+5=0$.

（3）过点 $M_1(1,1,1)$ 和 $M_2(0,1,-1)$ 且垂直于平面 $x+y+z=0$.

8. 过点 $M_1(x_1, y_1, z_1), M_2(x_2, y_2, z_2)$ 的直线方程为 _____.

9. 用对称式方程及参数式方程表示直线 $\begin{cases} x+y+z+1=0 \\ 2x-y+3z+4=0 \end{cases}$.

10. 判别下列各直线之间的位置关系:

（1）$L_1: -x+1 = \dfrac{y+1}{2} = \dfrac{z+1}{3}$ 与 $L_2: \begin{cases} x=1+2t \\ y=2+t \\ z=3 \end{cases}$.

（2）$L_1: -x = \dfrac{y}{2} = \dfrac{z}{3}$ 与 $L_2: \begin{cases} 2x+y-1=0 \\ 3x+z-2=0 \end{cases}$.

B 组

1. 求原点到 $\dfrac{x-1}{2} = y-2 = \dfrac{z-3}{2}$ 的距离.

2. 求直线 $x-2 = y-3 = \dfrac{z-4}{2}$ 与平面 $2x+y+z-6=0$ 的交点.

3. 求点 $M(5,0,-3)$ 在平面 π: $x+y-2z+1=0$ 上的投影.

4. 设 L: $\dfrac{x-1}{-\sqrt{2}} = \dfrac{y+1}{1} = \dfrac{z+1}{-1}$ 与 π: $2x+\sqrt{2}y-\sqrt{2}z=2$, 则（ ）.

（A）$L \perp \pi$ （B）$L /\!/ \pi, L \bigcap \pi = \varnothing$

（C）$L \bigcap \pi = L$ （D）L 与 π 夹角为 $\dfrac{\pi}{4}$

5. 求过点 $(2,0,-3)$ 且与直线 $\begin{cases} 2x-2y+4z-7=0 \\ 3x+5y-2z+1=0 \end{cases}$ 垂直的平面方程.

6. 求过点 $(0,2,4)$ 且与两平面 $x+2z=1$ 和 $y-3z=2$ 平行的直线方程.

7. 求过点 $M(3,1,-2)$ 且通过 $\dfrac{x-4}{5}=\dfrac{y+3}{2}=\dfrac{z}{1}$ 的平面方程.

8. 已知直线 $L_1:x-1=\dfrac{y-2}{0}=\dfrac{z-3}{-1}$，直线 $L_2:\dfrac{x+2}{2}=\dfrac{y-1}{1}=\dfrac{z}{1}$，求过 L_1 且平行 L_2 的平面方程.

9. 求点 $M(4,1,-6)$ 关于直线 $L:\dfrac{x-1}{2}=\dfrac{y}{3}=\dfrac{z+1}{-1}$ 的对称点.

10. 求直线 $\begin{cases} x+y-z-1=0 \\ x-y+z+1=0 \end{cases}$ 在平面 $x+y+z=0$ 上的投影的直线方程.

9.3 曲面与曲线

一、曲面、曲线的方程

如果曲面 S 与三元方程

$$F(x,\,y,\,z)=0 \tag{9.22}$$

有下述关系：

（1）曲面 S 上任一点的坐标都满足方程（9.22）；

（2）不在曲面 S 上的点的坐标都不满足方程（9.22）.

那么，方程（9.22）就叫作曲面 S 的方程，而曲面 S 就叫作方程（9.22）的图形（图 9.31）.

例 1 建立球心在点 $M_0(x_0,y_0,z_0)$、半径为 R 的球面的方程.

解 设 $M(x,y,z)$ 是球面上的任一点（图 9.32），那么 $|M_0M|=R$. 由于

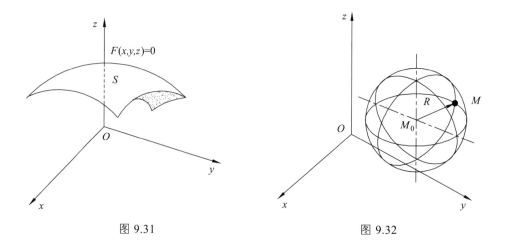

图 9.31 　　　　　　　　　图 9.32

$$|M_0M| = \sqrt{(x-x_0)^2+(y-y_0)^2+(z-z_0)^2},$$

所以
$$(x-x_0)^2+(y-y_0)^2+(z-z_0)^2 = R^2. \tag{9.23}$$

这就是球心在点 $M_0(x_0,y_0,z_0)$、半径为 R 的球面的方程.

如果球心在原点，这时 $x_0=y_0=z_0=0$，从而球面方程为

$$x^2+y^2+z^2 = R^2.$$

例2 设有点 $A(1,2,3)$ 和 $B(2,-1,4)$，求线段 AB 的垂直平分面的方程.

解 由题意知，所求平面就是与 A 和 B 等距离的点的几何轨迹. 设 $M(x,y,z)$ 为所求平面上的任一点，由于 $|AM|=|BM|$，所以

$$\sqrt{(x-1)^2+(y-2)^2+(z-3)^2} = \sqrt{(x-2)^2+(y+1)^2+(z-4)^2}.$$

等式两边平方，然后化简得

$$2x-6y+2z-7 = 0.$$

在空间几何中关于曲面的研究，有下列两个基本问题：

（1）已知一曲面作为点的几何轨迹时，建立该曲面的方程；

（2）已知坐标 x,y 和 z 之间的方程时，研究该方程所表示的曲面的形状.

例3 方程 $x^2+y^2+z^2-2x+4y=0$ 表示怎样的曲面？

解 通过配方，原方程可以改写成 $(x-1)^2+(y+2)^2+z^2=5$，与（9.23）式比较，知原方程表示球心在点 $M_0(1,-2,0)$、半径为 $R=\sqrt{5}$ 的球面.

一般地，设三元二次方程

$$Ax^2+Ay^2+Az^2+Dx+Ey+Fz+G = 0,$$

这个方程的特点是缺 xy,yz,zx 各项，而且平方系数相同，只要将方程经过配方可以化成方程（9.23）的形式，那么它的图形就是一个球面.

空间曲线可以看作两个曲面的交线. 设 $F(x,y,z)=0$ 和 $G(x,y,z)=0$ 是两个曲面的方程，它们的交线为 C（图9.33）.因为曲线 C 上的任何点的坐标应同时满足这两个曲面的方程，所以应满足方程组

$$\begin{cases} F(x,y,z)=0 \\ G(x,y,z)=0 \end{cases}. \tag{9.24}$$

反过来，如果点 M 不在曲线 C 上，那么它不可能同时在两个曲面上，所以它的坐标不满足方程组（9.24）. 因此，曲线 C 可以用方程组（9.24）来表示. 方程组（9.24）叫作**空间曲线 C 的一般方程**.

例4 方程组 $\begin{cases} x^2+y^2+z^2=4 \\ z=1 \end{cases}$ 表示怎样的曲线？

解 方程组中第一个方程表示球心在原点、半径为 2 的球面；方程组中的第二个方程表示一个垂直于 z 轴的平面，因此他们的交线为一个圆，如图9.34所示.

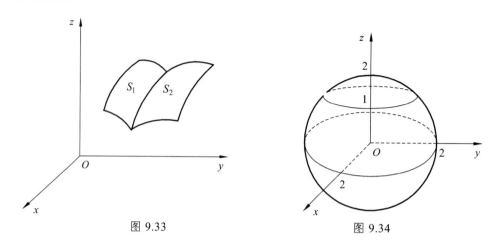

图 9.33　　　　　　　　　　　　　图 9.34

设方程组

$$\begin{cases} x = x(t) \\ y = y(t) , \\ z = z(t) \end{cases} \tag{9.25}$$

当给定 $t = t_1$ 时，就得到 C 上的一个点 (x_1, y_1, z_1)；随着 t 的变动，便可得曲线 C 上的全部点. 方程组（9.25）叫作**空间曲线的参数方程**.

例 5　如果空间一点 M 在圆柱面 $x^2 + y^2 = a^2$ 上以角速度 ω 绕 z 轴旋转，同时又以线速度 v 沿平行于 z 轴的正方向上升（其中 ω，v 都是常数），那么点 M 构成的图形叫作螺旋线. 试建立其参数方程.

解　取时间 t 为参数. 设当 $t = 0$ 时，动点位于 x 轴上的一点 $A(a, 0, 0)$ 处. 经过时间 t，动点由 A 运动到 $M(x, y, z)$（图 9.35）. 记 M 在 xOy 面上的投影为 M'，M' 的坐标为 $(x, y, 0)$.

由于动点在圆柱面上以角速度 ω 绕 z 轴旋转，所以经过时间 t，$\angle AOM' = \omega t$. 从而

$$x = \left| OM' \right| \cos \angle AOM' = a \cos \omega t, \qquad y = \left| OM' \right| \sin \angle AOM' = a \sin \omega t.$$

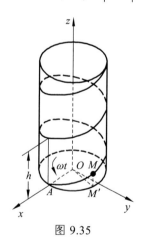

图 9.35

由于动点同时以线速度 v 沿平行于 z 轴的正方向上升，所以

$$z = M'M = vt.$$

因此螺旋线的参数方程为

$$\begin{cases} x = a\cos\omega t \\ y = a\sin\omega t \\ z = vt \end{cases}.$$

也可以用其他变量作参数，例如令 $\theta = \omega t$，则螺旋线的参数方程可写为

$$\begin{cases} x = a\cos\theta \\ y = a\sin\theta \\ z = b\theta \end{cases}.$$

这里 $b = \dfrac{v}{\omega}$，而参数为 θ.

当 OM' 转过一周时，螺旋线上的点 M 上升固定的高度 $h = 2\pi b$. 这个高度在工程技术上叫作螺距.

二、柱面、旋转曲面和锥面

1. 柱　面

例 6　方程 $x^2 + y^2 = R^2$ 在 xOy 面上表示圆心在原点 O、半径为 R 的圆，在空间中表示圆柱面（图 9.36），它可以看作是平行于 z 轴的直线 l 沿 xOy 面上的圆 $x^2 + y^2 = R^2$ 移动而形成的. 该曲面叫作圆柱面（图 9.36），xOy 面上的圆 $x^2 + y^2 = R^2$ 叫作它的准线，这平行于 z 轴的直线 l 叫作它的母线.

一般地，平行于定直线并沿定曲线 C 移动的直线 L 形成的轨迹叫作**柱面**，曲线 C 叫作柱面的**准线**，动直线叫作柱面的**母线**.

类似地，方程 $y^2 = 2x$，称为抛物柱面（图 9.37）.

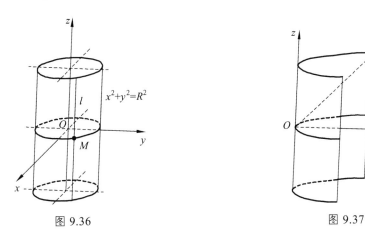

图 9.36　　　　　　　　　　　　图 9.37

又如，方程 $x - y = 0$ 表示母线平行于 z 轴的柱面，它的准线是 xOy 面上的直线 $x - y = 0$，所以它是过 z 轴的平面（图 9.38）.

一般地，只含 x, y 而缺 z 的方程 $F(x, y) = 0$ 在空间直角坐标系中表示母线平行于 z 轴的柱面，其准线是 xOy 面上的曲线 C：$F(x, y) = 0$（图 9.39）.

只含 x, z 而缺 y 的方程 $G(x, z) = 0$，只含 y, z 而缺 x 的方程 $H(y, z) = 0$ 分别表示母线平行于 y 轴和 x 轴的柱面.

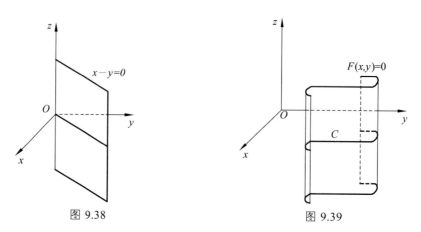

图 9.38　　　　　　　　　图 9.39

2. 旋转曲面

以一条平面曲线绕其平面上的一条直线旋转一周所成的曲面叫作**旋转曲面**，旋转曲线和定直线依次叫作旋转曲面的**母线**和**轴**.

设在 yOz 坐标面上有一已知曲线 C，它的方程为 $f(y, z) = 0$. 把这曲线绕 z 轴旋转一周，就得到一个以 z 轴为轴的旋转曲面（图 9.40）. 它的方程可以如下求得：

设 $M_1(0, y_1, z_1)$ 为曲线 C 上的任一点，那么有

$$f(y_1, z_1) = 0. \tag{9.26}$$

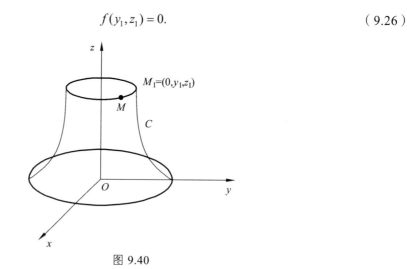

图 9.40

当曲线 C 绕 z 轴旋转时，点 M_1 绕 z 轴转到另一点 $M(x, y, z)$，这时 $z = z_1$ 保持不变，且点 M 到 z 轴的距离为

$$d = \sqrt{x^2 + y^2} = |y_1|.$$

将 $z_1 = z$ ，$y_1 = \pm\sqrt{x^2 + y^2}$ 代入（9.26）式，就有

$$f(\pm\sqrt{x^2 + y^2}, z) = 0.\tag{9.27}$$

这就是所求旋转曲面的方程.

同理，曲线 C 绕 y 轴旋转所成的旋转曲面的方程为

$$f(y, \pm\sqrt{x^2 + z^2}) = 0.\tag{9.28}$$

例 7　将 xOz 坐标面上的双曲线 $\dfrac{x^2}{a^2} - \dfrac{z^2}{c^2} = 1$ ，分别绕 z 轴和 x 轴旋转一周，求所生成的旋转曲面的方程.

解　绕 z 轴旋转所成的旋转曲面叫作**旋转单叶双曲面**（图 9.41），它的方程为

$$\frac{x^2 + y^2}{a^2} - \frac{z^2}{c^2} = 1.$$

绕 x 轴旋转所成的旋转曲面叫作**旋转双叶双曲面**（图 9.42），它的方程为

$$\frac{x^2}{a^2} - \frac{y^2 + z^2}{c^2} = 1.$$

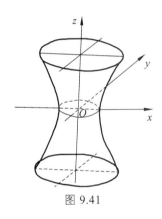

图 9.41

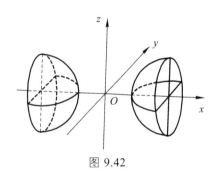

图 9.42

3. 锥　面

设有一条空间曲线 L 以及 L 外的一点 M_0 ，由 M_0 和 L 上全体点所在直线构成的曲面称为**锥面**（Cone），M_0 称为该锥面的**顶点**（Vertex），L 称为该锥面的**准线**（图 9.43）.

例 8　求顶点在原点，准线为 $\begin{cases} \dfrac{x^2}{a^2} + \dfrac{y^2}{b^2} = 1 \\ z = c \quad (c \neq 0) \end{cases}$ 的锥面方程.

解　设 $M(x, y, z)$ 为锥面上任一点，过原点与 M 的直线与平面 $z = c$ 交于点 $M_1(x_1, y_1, c)$（图 9.44），则有

$$\frac{x_1^2}{a^2} + \frac{y_1^2}{b^2} = 1.$$

由于 OM 与 OM_1 共线，故

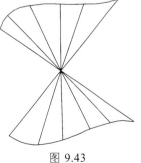

图 9.43

$$\frac{x}{x_1} = \frac{y}{y_1} = \frac{z}{c}.$$

即有 $x_1 = \dfrac{cx}{z}$，$y_1 = \dfrac{cy}{z}$，代入 $\dfrac{x_1^2}{a^2} + \dfrac{y_1^2}{b^2} = 1$，整理得

$$\frac{x^2}{a^2} + \frac{y^2}{b^2} = \frac{z^2}{c^2}. \qquad (9.29)$$

这就是所求锥面的方程，该锥面称为**椭圆锥面**.

当 $a = b$ 时，式（9.29）相应变为

$$\frac{x^2}{a^2} + \frac{y^2}{a^2} = \frac{z^2}{c^2}.$$

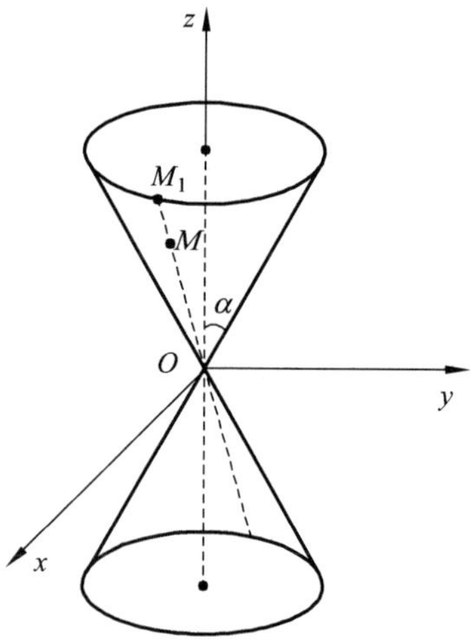

此时锥面称为**圆锥面**. 若记 $k = \dfrac{c}{a}$，圆锥面的方程为

$$z^2 = k^2(x^2 + y^2). \qquad (9.30)$$

圆锥也可认为是 yOz 平面上经过原点的直线 L：$z = ky$（$k > 0$）绕 z 轴旋转一周而成的曲面. 只需将 $z = ky$ 中的 y 换成 $\pm\sqrt{x^2 + y^2}$，即得圆锥面的方程

$$z = \pm k\sqrt{x^2 + y^2}.$$

即

$$z^2 = k^2(x^2 + y^2).$$

其中 $\alpha = \arctan\dfrac{1}{k}$ 称为圆锥面的半顶角.

图 9.44

三、二次曲面

通常，将三元二次方程 $F(x, y, z) = 0$ 所表示的曲面称为**二次曲面**. 把平面称为**一次曲面**. 二次曲面有九种，它们的标准方程如下：

（1）椭圆锥面 $\dfrac{x^2}{a^2} + \dfrac{y^2}{b^2} = z^2$（图 9.45）.

（2）椭球面 $\dfrac{x^2}{a^2} + \dfrac{y^2}{b^2} + \dfrac{z^2}{c^2} = 1$（图 9.46）.

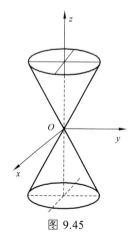

图 9.45

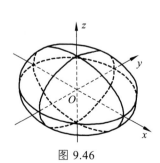

图 9.46

（3）单叶双曲面 $\dfrac{x^2}{a^2}+\dfrac{y^2}{b^2}-\dfrac{z^2}{c^2}=1$.

（4）双叶双曲面 $\dfrac{x^2}{a^2}-\dfrac{y^2}{b^2}-\dfrac{z^2}{c^2}=1$.

（5）椭圆抛物面 $\dfrac{x^2}{a^2}+\dfrac{y^2}{b^2}=z$ （图 9.47）.

（6）双曲抛物面 $\dfrac{x^2}{a^2}-\dfrac{y^2}{b^2}=z$ （图 9.48）.

（7）椭圆柱面 $\dfrac{x^2}{a^2}+\dfrac{y^2}{b^2}=1$.

（8）双曲柱面 $\dfrac{x^2}{a^2}-\dfrac{y^2}{b^2}=1$.

（9）抛物柱面 $x^2=ay$.

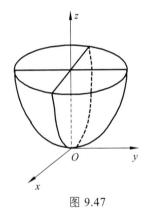

图 9.47

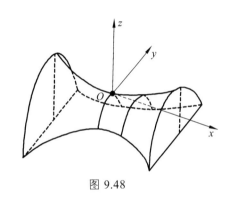

图 9.48

四、空间几何图形举例

设 Γ 是一空间曲线，π 是一平面，则称以 Γ 为准线，母线垂直于 π 的柱面为曲线 Γ 对平面 π 的投影柱面，称投影柱面与 π 的交线为 Γ 在 π 上的投影曲线或投影.

设空间曲线 C 的一般方程为

$$\begin{cases} F(x,y,z)=0 \\ G(x,y,z)=0 \end{cases},\qquad（9.31）$$

现在来研究由方程组（9.31）消去 z 后所得的方程

$$H(x,y)=0.\qquad（9.32）$$

由于方程（9.32）是由方程（9.31）消去 z 后所得的结果. 因此当 x,y 和 z 满足方程组（9.31）时，前两个数 x,y 必定满足方程（9.32），这说明曲线 C 上的所有点都在方程（9.32）所表示的曲面上.

而方程（9.32）为母线平行于 z 轴的柱面. 该柱面包含 C. 以 C 为准线、母线平行于 z 轴的柱面叫作曲线 C 关于 xOy 面的投影柱面，投影柱面与 xOy 面的交线叫作空间曲线 C 在

xOy 面的投影曲线，或简称投影. 因此，方程（9.32）所表示的柱面必定包含投影柱面，而方程 $\begin{cases} H(x,y)=0 \\ z=0 \end{cases}$ 所表示的曲线必定包含空间曲线 C 在 xOy 面上的投影.

同理，空间曲线 C 在 yOz 面及 zOx 面上的投影的曲线方程为

$$\begin{cases} R(x,y)=0 \\ x=0 \end{cases} \quad 及 \quad \begin{cases} T(x,z)=0 \\ y=0 \end{cases}.$$

例 9 已知两球面的方程为

$$x^2+y^2+z^2=1 \tag{9.33}$$

和

$$x^2+(y-1)^2+(z-1)^2=1, \tag{9.34}$$

求它们的交线 C 在 xOy 面上的投影方程.

解 （9.33）－（9.34）得

$$y+z=1.$$

将 $z=1-y$ 代入（9.33）或（9.34），得所求柱面方程

$$x^2+2y^2-2y=0.$$

于是投影方程为

$$\begin{cases} x^2+2y^2-2y=0 \\ z=0 \end{cases}.$$

例 10 设一个立体由上半球 $z=\sqrt{4-x^2-y^2}$ 和锥面 $z=\sqrt{3(x^2+y^2)}$ 所围成（图 9.49），求它在 xOy 面上的投影.

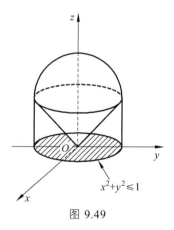

$$x^2+y^2 \leqslant 1$$

图 9.49

解 半球面和锥面的交线为

$$C: \begin{cases} z=\sqrt{4-x^2-y^2} \\ z=\sqrt{3(x^2+y^2)} \end{cases}.$$

消去 z，得到

$$\begin{cases} x^2 + y^2 = 1 \\ z = 0 \end{cases}.$$

这是 xOy 面上的一个圆，于是所求立体在 xOy 面上的投影，就是该圆在 xOy 面上的一个圆，即该圆在 xOy 面上所围的部分：$x^2 + y^2 \leqslant 1$.

习题 9.3

A 组

1. 以点（$1, 3, -2$）为球心，且通过坐标原点的球面方程为_____.

2. 方程 $x^2 + y^2 + z^2 - 2x + 4y + 2z = 0$ 表示_____曲面.

3. 1）将 xOy 坐标面上的 $y^2 = 2x$ 绕 x 轴旋转一周，生成的曲面方程为_____，曲面名称为_____.

2）将 xOy 坐标面上的 $x^2 + y^2 = 2x$ 绕 x 轴旋转一周，生成的曲面方程_____，曲面名称为_____.

3）将 xOy 坐标面上的 $4x^2 - 9y^2 = 36$ 绕 x 轴及 y 轴旋转一周，生成的曲面方程为_____，曲面名称为_____.

4）在平面解析几何中 $y = x^2$ 表示_____图形. 在空间解析几何中 $y = x^2$ 表示_____图形.

4. 将 xOy 坐标面上的圆 $x^2 + (y-1)^2 = 2$ 绕 Oy 轴旋转一周所生成的球面方程是_____，且球心坐标是_____，半径为_____.

5. 方程 $y^2 = z$ 在平面解析几何中表示_____，在空间解析几何中表示_____.

6. 以点（$1, 2, 3$）为球心，且过点（$0, 0, 1$）的球面方程是_____.

7. 在空间直角坐标系中方程 $\begin{cases} \dfrac{x^2}{9} - \dfrac{z^2}{4} = 1 \\ x - 2 = 0 \end{cases}$ 表示_____.

B 组

1. 曲面 $x^2 - y^2 = z$ 在 xOz 坐标面上的截痕是_____.

2. 双曲抛物面 $x^2 - \dfrac{y^2}{3} = 2z$ 与 xOy 坐标面的交线是_____.

3. 求球面 $x^2 + y^2 + z^2 = 9$ 与平面 $x + z = 1$ 的交线在 xOy 面上的投影方程.

4. 求曲线 $\begin{cases} y^2 + z^2 - 2x = 0 \\ z = 3 \end{cases}$ 在 xOy 坐标面上的投影曲线的方程，并指出原曲线是什么曲线？

5. 柱面的准线是 xOy 面上的圆周（中心在原点，半径为 1），母线平行于向量 $\boldsymbol{g} = \{1, 1, 1\}$，求此柱面的方程.

9.4 数学实验：用 MATLAB 绘制空间图形

实验目的：空间立体图形的绘制.

实验内容：掌握并运用 MATLAB 绘制空间曲线和空间曲面图形.

例 1 绘制空间螺旋曲线

$$\begin{cases} x = \cos(t) \\ y = \sin(t) \\ z = t \end{cases}.$$

程序如下：

```
t=(0:1/50:10)*pi;              %定义离散性自变量
plot3(cos(t),sin(t),t,'r')     %离散数据绘图
xlabel('x 轴')                  %定义坐标轴标签
ylabel('y 轴')
zlabel('z 轴')
title('三维螺旋曲线')           %定义图片标题
```

运行结果如下：

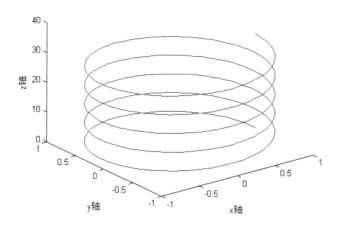

三维螺旋曲线

例 2 用球坐标绘制马鞍面 $z = xy$.

程序如下：

```
theta=linspace(-2*pi,2*pi,50);      %定义参数
phi=(linspace(-pi/2,pi/2,50))';
x=cos(phi)*cos(theta);              %定义参数方程
```

y=cos(phi)*sin(theta);

z=x.*y;

surf(x,y,z)   %绘制表面图

运行结果如下：

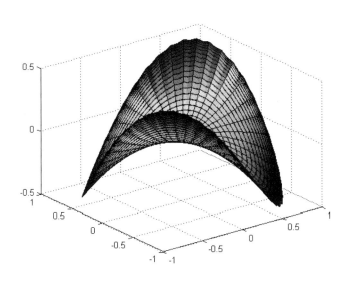

例 3　绘制曲面 $z = \dfrac{x^2}{4} + \dfrac{y^2}{16}$．

程序如下：

x=-5:1:5;   %以向量的形式先给出 x 和 y 的值

y=x;

[x,y]=meshgrid(x,y);   %产生网格点阵

z=x.^2/4+y.^2/16;   %定义函数

subplot(221)   %绘图分块，并确定位置

mesh(x,y,z);   %绘图函数

title('网格曲面图')

subplot(222)

meshc(x,y,z)

title('具有基本等高线的网格图')

subplot(223)

surf(x,y,z)

title('表面曲面图')

subplot(224)

surfc(x,y,z)

title('具有基本等高线的表面曲面图')

运行结果如下：

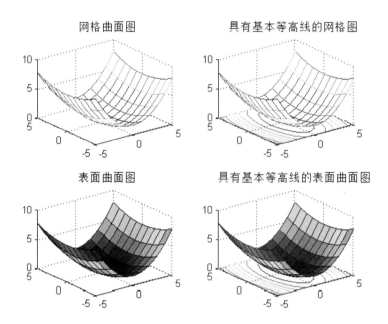

第 10 章　多元函数微分学及其应用

上册中我们讨论的函数都是只有一个自变量的函数，这种函数叫作一元函数．但在实际情形中，研究的问题往往牵涉到多方面的因素，从数量关系上来看，就是一个变量同时依赖于多个变量，因此有必要研究多元函数以及多元函数的微积分学．这就提出了多元函数以及多元函数的微分和积分问题．

本章将在一元函数微分学的基础上，讨论多元函数的微分法及其应用．我们以二元函数为研究对象，因为从一元函数到二元函数会产生新的问题，而从二元函数到二元以上的多元函数则可以类推．

10.1　多元函数的基本概念

为了将一元函数微积分推广到多元的情形，首先要将一元函数中基于 $\mathbf{R}^1$ 的点集和邻域等概念推广到 $\mathbf{R}^2$ 中；然后引入 n 维空间，以便推广到一般的 $\mathbf{R}^n$ 中．

一、平面点集与 n 维空间

1. 平面点集

由平面解析几何可知，当在平面上引入了一个直角坐标系后，平面上的点 P 与有序二元实数组 (x,y) 之间就建立了一一对应关系．于是，我们常把有序实数组 (x,y) 与平面上的点 P 视作是等同的．这种建立了坐标系的平面称为**坐标平面**．二元有序实数组 (x,y) 的全体，即 $\mathbf{R}^2 = \mathbf{R} \times \mathbf{R} = \{(x,y) \mid x, y \in \mathbf{R}\}$ 就表示坐标平面．

坐标平面上具有某种性质 P 的点的集合，称为**平面点集**，记作

$$E = \{(x,y) \mid x, y \text{具有性质} P\}.$$

例如，平面上以原点为中心、r 为半径的圆内所有点的集合是 $C = \{(x,y) \mid x^2 + y^2 < r^2\}$．

如果我们以点 P 表示 (x,y)、以 $|OP|$ 表示点 P 到原点 O 的距离，那么集合 C 可以表示成 $C = \{P \mid |OP| < r\}$．

邻域是平面点集中最常用的概念之一．设 $P_0(x_0, y_0)$ 是 xOy 平面上的一个点，δ 是某一正数．与点 $P_0(x_0, y_0)$ 距离小于 δ 的点 $P_0(x_0, y_0)$ 的全体，称为**点 P_0 的 δ 邻域**，记为 $U(P_0, \delta)$，即

$$U(P_0,\delta) = \{P \mid |PP_0| < \delta\} \quad \text{或} \quad U(P_0,\delta) = \{(x, y) \mid \sqrt{(x-x_0)^2 + (y-y_0)^2} < \delta\}.$$

邻域的几何意义：$U(P_0,\delta)$ 表示 xOy 平面上以点 $P_0(x_0,y_0)$ 为中心、δ ($\delta > 0$) 为半径的圆的内部的点 $P(x,y)$ 的全体.

点 P_0 的去心 δ 邻域，记作 $\overset{\circ}{U}(P_0,\delta)$，即

$$\overset{\circ}{U}(P_0, \delta) = \{P \mid 0 < |P_0P| < \delta\}.$$

注：如果不需要强调邻域的半径 δ，则用 $U(P_0)$ 表示点 P_0 的某个邻域，点 P_0 的去心邻域记作 $\overset{\circ}{U}(P_0)$.

以下利用邻域来描述点与点集之间的关系：

任意一点 $P \in \mathbf{R}^2$ 与任意一个点集 $E \subset \mathbf{R}^2$ 之间必有以下三种关系中的一种：

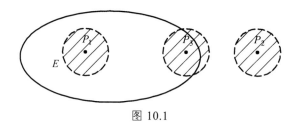

图 10.1

（1）**内点**：如果存在点 P 的某邻域 $U(P)$，使得 $U(P) \subset E$，则称 P 为 E 的内点（如图 10.1 中，P_1 为内点）；

（2）**外点**：如果存在点 P 的某邻域 $U(P)$，使得 $U(P) \cap E = \varnothing$，则称 P 为 E 的外点（如图 10.1 中，P_2 为外点）；

（3）**边界点**：如果点 P 的某邻域内既有属于 E 的点，也有不属于 E 的点，则称 P 为 E 的边界点（如图 10.1 中，P_3 为边界点）.

E 的全体边界点，称为 E 的**边界**，记作 ∂E.

显然，E 的内点必属于 E；E 的外点必定不属于 E；而 E 的边界点可能属于 E，也可能不属于 E.

点 P 与点集 E 的上述关系是按照"点 P 在 E 内或 E 外"来分类的. 此外，还可以按照点与点之间的凝聚程度来分类，将点分为聚点和孤立点.

（1）**聚点**：若点 P 的任何空心邻域 $\overset{\circ}{U}(P_0)$ 内总含有 E 中的点，则称 P 是 E 的聚点. 聚点本身，可能属于 E，也可能不属于 E.

（2）**孤立点**：若点 $P \in E$，但不是 E 的聚点，即存在某一 $\delta > 0$，使得

$$\overset{\circ}{U}(P_0,\delta) \cap E = \varnothing,$$

则称 P 是 E 的孤立点.

例如，设平面点集

$$E = \{(x,y) \mid 1 < x^2 + y^2 \leqslant 2\},$$

满足 $1 < x^2 + y^2 < 2$ 的一切点 (x, y) 都是 E 的内点；满足 $x^2 + y^2 = 1$ 的一切点 (x, y) 都是 E 的边界点，它们都不属于 E；满足 $x^2 + y^2 = 2$ 的一切点 (x, y) 也是 E 的边界点，它们都属于 E；点集 E 以及它的边界 ∂E 上的一切点都是 E 的聚点.

根据点集所属点的特征，再来定义一些重要的平面点集.

（1）开集和闭集.

开集：若点集 E 的点都是内点，则称 E 为开集.

闭集：若点集 E 的余集 E^c 为开集，则称 E 为闭集.

例如， $E = \{(x, y) | 1 < x^2 + y^2 < 1\}$ 为开集； $E = \{(x, y) | 0 \leqslant x^2 + y^2 \leqslant 1\}$ 为闭集； $E = \{(x, y) | 0 < x^2 + y^2 \leqslant 1\}$ 既非开集也非闭集.

（2）开区域和闭区域.

连通集：如果 E 内任何两点，都可用折线连接起来，且该折线上的点都属于 E，则称 E 为连通集.

区域或开区域：连通的开集称为区域或开区域.

闭区域：开区域连同它的边界一起所构成的点集称为闭区域.

例如 $E = \{(x, y) | 0 < x^2 + y^2 < 1\}$ 为开区域； $E = \{(x, y) | 0 \leqslant x^2 + y^2 \leqslant 1\}$ 为闭区域.

（3）有界集和无界集.

有界集：对于平面点集 E，如果存在某一正数 r，使得 $E \subset U(O, r)$，其中 O 是坐标原点，则称 E 为有界集.

无界集：一个集合如果不是有界集，就称这集合为无界集.

例如， $E = \{(x, y) | 0 \leqslant x^2 + y^2 \leqslant 1\}$ 是有界闭区域； $E = \{(x, y) | x + y > 1\}$ 是无界开区域； $E = \{(x, y) | x + y \geqslant 1\}$ 是无界闭区域.

2. n 维空间

设 n 为任一取定的自然数，我们用 $\mathbf{R}^n$ 表示 n 元有序数组 $(x_1, x_2, \cdots, x_n)$ 的全体所构成的集合，即

$$\mathbf{R}^n = \mathbf{R} \times \mathbf{R} \times \cdots \times \mathbf{R} = \{(x_1, x_2, \cdots, x_n) | x_i \in \mathbf{R}, i = 1, 2, \cdots, n\}.$$

$\mathbf{R}^n$ 中的元素 $(x_1, x_2, \cdots, x_n)$ 也用单个字母 $\boldsymbol{x}$ 来表示，即 $\boldsymbol{x} = (x_1, x_2, \cdots, x_n)$. 当所有的 $x_i (i = 1, 2, \cdots, n)$ 都为零时，称这样的元素为 $\mathbf{R}^n$ 中的零元，记为 $\boldsymbol{0}$ 或 O. 在解析几何中，通过直角坐标， $\mathbf{R}^2$（或 $\mathbf{R}^3$）中的元素分别与平面（或空间）中的点或向量建立一一对应，因而 $\mathbf{R}^n$ 中的元素 $\boldsymbol{x} = (x_1, x_2, \cdots, x_n)$ 也称为 $\mathbf{R}^n$ 中的一个点或一个 n 维向量， x_i 称为点 $\boldsymbol{x}$ 的第 i 个坐标或 n 维向量 $\boldsymbol{x}$ 的第 i 个分量. 特别地， $\mathbf{R}^n$ 中的零元 $\boldsymbol{0}$ 称为 $\mathbf{R}^n$ 中的坐标原点或 n 维零向量.

为了在集合 $\mathbf{R}^n$ 中的元素之间建立联系，在 $\mathbf{R}^n$ 中定义如下线性运算：

设 $\boldsymbol{x} = (x_1, x_2, \cdots, x_n)$， $\boldsymbol{y} = (y_1, y_2, \cdots, y_n)$ 为 $\mathbf{R}^n$ 中任意两个元素， $\lambda \in \mathbf{R}$，规定

$$\boldsymbol{x} + \boldsymbol{y} = (x_1 + y_1, x_2 + y_2, \cdots, x_n + y_n),$$

$$\lambda \boldsymbol{x} = (\lambda x_1, \lambda x_2, \cdots, \lambda x_n).$$

这样定义了线性运算的集合 $\mathbf{R}^n$，$\mathbf{R}^n$ 称为 n **维空间**.

为了探讨 n 维空间中的邻域与极限等概念，还要在 $\mathbf{R}^n$ 中给出距离的定义.

$\mathbf{R}^n$ 中点 $\boldsymbol{x} = (x_1, x_2, \cdots, x_n)$ 和点 $\boldsymbol{y} = (y_1, y_2, \cdots, y_n)$ 之间的距离，记作 $\rho(\boldsymbol{x}, \boldsymbol{y})$，规定

$$\rho(\boldsymbol{x}, \boldsymbol{y}) = \sqrt{(x_1 - y_1)^2 + (x_2 - y_2)^2 + \cdots + (x_n - y_n)^2}.$$

特殊地，当 $n = 1, 2, 3$ 时，上述规定即为数轴、平面、空间两点间的距离.

$\mathbf{R}^n$ 中元素 $\boldsymbol{x} = (x_1, x_2, \cdots, x_n)$ 与零元 $\boldsymbol{0}$ 之间的距离 $\rho(\boldsymbol{x}, \boldsymbol{0})$，记作 $\|\boldsymbol{x}\|$（在 $\mathbf{R}^1$，$\mathbf{R}^2$，$\mathbf{R}^3$ 中通常将 $\|\boldsymbol{x}\|$ 记作 $|\boldsymbol{x}|$），即

$$\|\boldsymbol{x}\| = \sqrt{x_1^2 + x_2^2 + \cdots + x_n^2}.$$

采用这一记号，结合向量的线性运算，便得

$$\|\boldsymbol{x} - \boldsymbol{y}\| = \sqrt{(x_1 - y_1)^2 + (x_2 - y_2)^2 + \cdots + (x_n - y_n)^2} = \rho(\boldsymbol{x}, \boldsymbol{y}).$$

下面给出 $\mathbf{R}^n$ 中邻域的定义.

设 $\boldsymbol{a} = (a_1, a_2, \cdots, a_n) \in \mathbf{R}^n$，$\delta$ 是某一正数，则 n 维空间内的点集

$$U(\boldsymbol{a}, \delta) = \{\boldsymbol{x} \mid \rho(\boldsymbol{x}, \boldsymbol{a}) < \delta, \boldsymbol{x} \in \mathbf{R}^n\},$$

就定义为 $\mathbf{R}^n$ 中点 $\boldsymbol{a}$ 的 δ 邻域. 以邻域为基础，可以定义点集的内点、外点、边界点和聚点，以及开集、闭集、区域等一系列概念.

二、多元函数的概念

例 1 圆柱体的体积 V 和它的底半径 r、高 h 之间具有关系：

$$V = \pi r^2 h,$$

当 r, h 在集合 $\{(r, h) \mid r > 0, h > 0\}$ 内取定一对值 (r, h) 时，V 对应的值就随之确定.

例 2 一定量的理想气体的压强 p、体积 V 和绝对温度 T 之间具有关系：

$$p = \frac{RT}{V},$$

其中 R 为常数，当 V, T 在集合 $\{(V, T) \mid V > 0, T > 0\}$ 内取定一对值 (V, T) 时，p 的值就随之确定.

例 3 设 R 是电阻 R_1, R_2 并联后的总电阻，由电学知识，它们之间具有关系：

$$R = \frac{R_1 R_2}{R_1 + R_2},$$

当 R_1, R_2 在集合 $\{(R_1, R_2) \mid R_1 > 0, R_2 > 0\}$ 内取定一对值 (R_1, R_2) 时，R 的值就随之确定.

上面三个例子，虽然其实际意义不同，但是它们都反映出一个共同特征，即多个变量之间的相互依赖关系，这种依赖关系反映到数学中便是多元函数，以下着重探讨二元函数.

定义 1　设 x, y, z 是三个变量，D 是 $\mathbf{R}^2$ 的一个非空子集，称映射 $f: D \to \mathbf{R}$ 为定义在 D 上的**二元函数**，记为

$$z = f(x, y), (x, y) \in D\ (\text{或} z = f(P), P \in D)$$

其中点集 D 称为该函数的**定义域**，x, y 称为**自变量**，z 称为**因变量**. 数集

$$f(D) = \{z \mid z = f(x, y), (x, y) \in D\}$$

称为该函数的**值域**.

此时，以 x 轴为横坐标，以 y 轴为纵坐标，以 $z = f(x, y)$ 为竖坐标，在空间上就确定一点 $M(x, y, z)$，当取遍 D 上的所有点时，就得到了一个空间点集

$$\{(x, y, z) \mid z = f(x, y), (x, y) \in D\}$$

这个空间点集便是二元函数 $z = f(x, y)$ 的图形. 通常二元函数的图形是一空间曲面，而函数的定义域 D 便是该曲面在 xOy 面上的投影（如图 10.2）.

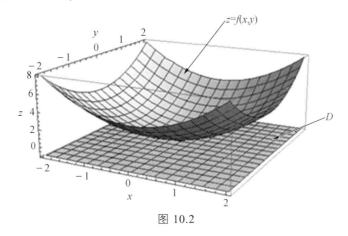

图 10.2

与二元函数的定义类似，可以给出三元函数 $u = f(x, y, z), (x, y, z) \in D$ 以及三元以上的函数的定义.

定义 2　设 $x_1, x_2, \cdots x_n, u$ 是变量，D 是 n 维空间 $\mathbf{R}^n$ 的一个非空子集，称映射 $f: D \to \mathbf{R}$ 为定义在 D 上的 n **元函数**，记为

$$u = f(x_1, x_2, \cdots, x_n), (x_1, x_2, \cdots, x_n) \in D,$$

或简记为

$$u = f(\boldsymbol{x}),\ \boldsymbol{x} = (x_1, x_2, \cdots, x_n) \in D,$$

也可记为

$$u = f(\boldsymbol{p}),\ \boldsymbol{p} = (x_1, x_2, \cdots, x_n) \in D.$$

关于 n 元函数的定义域，在实际问题中应该根据问题的实际意义具体确定. 如果是纯数学问题，则往往取使函数的表达式有意义的点集作为该函数的定义域，因而对这类函数，它的定义域不再特别标出. 例如：

函数 $z = \ln(x+y)$ 的定义域为 $\{(x,y) \,|\, x+y>0\}$（无界开区域）.

函数 $z = \arcsin(x^2+y^2)$ 的定义域为 $\{(x,y) \,|\, x^2+y^2 \leqslant 1\}$（有界闭区域）.

三、多元函数的极限

与一元函数的极限概念类似，若在 $P(x,y) \to P_0(x_0,y_0)$（点 P 以任何方式趋向于点 P_0）的过程中，对应的函数值 $f(x,y)$ 无限接近于一个确定的常数 A，则称 A 是函数 $f(x,y)$ 当 $(x,y) \to (x_0,y_0)$ 时的极限.

定义 3 设二元函数 $f(P) = f(x,y)$ 的定义域为 D，$P_0(x_0,y_0)$ 是 D 的聚点. 如果存在常数 A，对于 $\forall \varepsilon > 0$，$\exists \delta > 0$，使得当 $P(x,y) \in D \cap \mathring{U}(P_0,\delta)$ 时，都有

$$|f(P) - A| = |f(x,y) - A| < \varepsilon$$

成立，则称常数 A 为函数 $f(x,y)$ 当 $(x,y) \to (x_0,y_0)$ 时的极限，记为

$$\lim_{(x,y) \to (x_0,y_0)} f(x,y) = A \quad \text{或} \quad f(x,y) \to A((x,y) \to (x_0,y_0)),$$

也记作

$$\lim_{P \to P_0} f(P) = A \quad \text{或} \quad f(P) \to A(P \to P_0).$$

上述定义的极限也称为**二重极限**.

例 4 设 $f(x,y) = xy\dfrac{x^2-y^2}{x^2+y^2}$（如图 10.3），证明 $\lim\limits_{(x,y) \to (0,0)} f(x,y) = 0$.

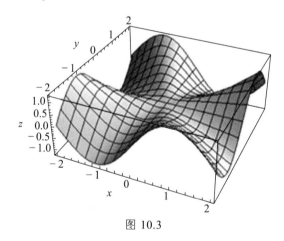

图 10.3

证 $f(x,y)$ 的定义域为 $D = \mathbf{R}^2 \setminus \{(0,0)\}$，点 $O(0,0)$ 为 D 的聚点. 令 $x = r\cos\theta$，$y = r\sin\theta$，$(x,y) \to (0,0)$ 等价于 $r \to 0$. 由于

$$\left| f(x,y) - 0 \right| = \left| xy\frac{x^2-y^2}{x^2+y^2} \right| = \frac{r^2}{4}\left| \sin 4\theta \right| \leqslant \frac{r^2}{4}$$

因此，对于 $\forall \varepsilon > 0$，$\exists \delta = 2\sqrt{\varepsilon}$，当 $0 < \sqrt{(x-0)^2+(y-0)^2} < \delta$，即 $P(x,y) \in D \cap \mathring{U}(0,\delta)$ 时，总有

$$| f(x,y) - 0 | < \varepsilon \,,$$

所以
$$\lim_{(x,y)\to(0,0)} f(x,y) = 0 \,.$$

注意：

（1）$\lim_{P\to P_0} f(P) = A$，是指 P 以任何方式趋于 P_0，包括沿任何直线、任何曲线趋于 P_0 时，函数 $f(P)$ 都必须趋于同一确定的常数 A.

（2）如果当 P 沿任意两条路线趋于 P_0 时，函数趋于不同的值，则可以断定函数在 P_0 处的极限不存在.

例 5　讨论 $f(x,y) = \dfrac{xy}{x^2 + y^2}$ 在 $(x,y) \to (0,0)$ 时的极限是否存在？（如图 10.4）

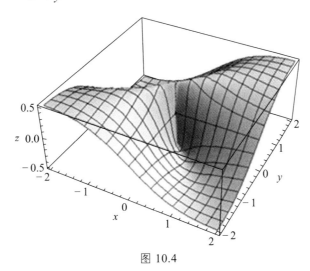

图 10.4

解　当点 $P(x,y)$ 沿 x 轴趋于点 $(0,0)$ 时，有
$$\lim_{(x,y)\to(0,0)} f(x,y) = \lim_{x\to 0} f(x,\,0) = \lim_{x\to 0} 0 = 0 \,,$$

当点 $P(x,y)$ 沿 y 轴趋于点 $(0,0)$ 时，有
$$\lim_{(x,y)\to(0,0)} f(x,y) = \lim_{y\to 0} f(0,\,y) = \lim_{y\to 0} 0 = 0 \,,$$

当点 $P(x,y)$ 沿直线 $y = kx$ 趋于点 $(0,0)$ 时，有
$$\lim_{\substack{(x,y)\to(0,0)\\ y=kx}} \frac{xy}{x^2 + y^2} = \lim_{x\to 0} \frac{kx^2}{x^2 + k^2 x^2} = \frac{k}{1 + k^2} \,.$$

这表明当动点沿斜率不同的直线趋于点 $(0,0)$ 时，其对应的极限值不同，因此函数 $f(x,y)$ 在点 $(0,0)$ 处的极限不存在.

以上关于二元函数的极限概念也可推广至多元函数，多元函数的极限运算法则与一元函数的情况类似.

例 6 求 $\lim\limits_{(x,y)\to(0,2)}\dfrac{\sin(xy)}{x}$.（如图 10.5）

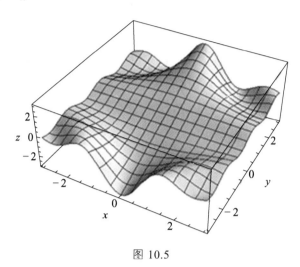

图 10.5

解 函数 $\dfrac{\sin(xy)}{x}$ 的定义域为 $D=\{(x,y)\,|\,x\neq 0,y\in\mathbf{R}\}$，$P_0(0,2)$ 为 D 的聚点. 由积的运算法则，得

$$\lim_{(x,y)\to(0,2)}\frac{\sin(xy)}{x}=\lim_{(x,y)\to(0,2)}\frac{\sin(xy)}{xy}\cdot y=\lim_{(x,y)\to(0,2)}\frac{\sin(xy)}{xy}\cdot\lim_{(x,y)\to(0,2)}y=2.$$

四、多元函数的连续性

定义 4 设二元函数 $f(P)=f(x,y)$ 的定义域为 D，$P_0(x_0,y_0)$ 为 D 的聚点，且 $P_0\in D$. 如果

$$\lim_{(x,y)\to(x_0,y_0)}f(x,y)=f(x_0,y_0),$$

则称函数 $f(x,y)$ 在点 $P_0(x_0,y_0)$ **连续**. 如果函数 $f(x,y)$ 在点 $P_0(x_0,y_0)$ 不连续，则称 $P_0(x_0,y_0)$ 为函数 $f(x,y)$ 的**间断点**.

如果函数 $f(x,y)$ 在 D 的每一点都连续，那么就称函数 $f(x,y)$ 在 D 上连续，或者称 $f(x,y)$ 是 D 上的**连续函数**.

二元函数的连续性概念可相应地推广到 n 元函数.

例 7 设 $f(x,y)=\cos x$，证明 $f(x,y)$ 是 $\mathbf{R}^2$ 上的连续函数.

证 设 $P_0(x_0,y_0)\in\mathbf{R}^2$，$\forall\varepsilon>0$，由于 $\cos x$ 在 x_0 处连续，故 $\exists\delta>0$，当 $|x-x_0|<\delta$ 时，有

$$|\cos x-\cos x_0|<\varepsilon,$$

以上述 δ 作 P_0 的 δ 邻域 $U(P_0,\delta)$，则当 $P(x,y)\in U(P_0,\delta)$ 时，显然

$$|f(x,y)-f(x_0,y_0)|=|\cos x-\cos x_0|<\varepsilon,$$

即 $f(x,y)=\cos x$ 在点 $P_0(x_0,y_0)$ 连续. 由 P_0 的任意性知，$\cos x$ 作为 x,y 的二元函数在 $\mathbf{R}^2$ 上连续

例 8　例 5 中讨论过函数 $f(x,y) = \dfrac{xy}{x^2+y^2}$ 在 $(x,y) \to (0,0)$ 处的极限情况，其定义域为 $D = \mathbf{R}^2 \setminus \{(0,0)\}$，$O(0,0)$ 是 D 的聚点. $f(x,y)$ 当 $(x,y) \to (0,0)$ 时的极限不存在，所以点 $(0,0)$ 是该函数的一个间断点.

又如，函数 $z = \sin\dfrac{1}{x^2+y^2-1}$（如图 10.6），其定义域为 $D = \{(x,y) \mid x^2+y^2 \neq 1\}$，圆周 $C = \{(x,y) \mid x^2+y^2 = 1\}$ 上的点都是 D 的聚点，而 $f(x,y)$ 在 C 上没有定义，当然 $f(x,y)$ 在 C 上各点都不连续，所以圆周 C 上各点都是该函数的间断点.

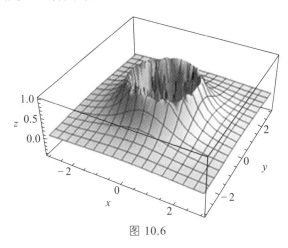

图 10.6

注：间断点可能是孤立点也可能是曲线上的点.

类似的讨论可知，一元基本初等函数看成二元函数或二元以上的多元函数时，它们在各自的定义区域内都是连续的. 所谓**定义区域**，指包含在定义域内的开区域或闭区域.

还可以证明，多元连续函数的和、差、积仍为连续函数；连续函数的商在分母不为零处仍连续；多元连续函数的复合函数也是连续函数.

与一元初等函数类似，**多元初等函数**是指，由常数及具有不同自变量的一元基本初等函数经过有限次的四则运算和复合运算而得到的，可用一个式子所表示的多元函数. 例如 $\dfrac{x+x^2-y^2}{1+y^2}$，$\sin(x+y)$，$\mathrm{e}^{x^2+y^2+z^2}$ 都是多元初等函数.

由多元初等函数的连续性知，如果要求多元连续函数在定义区域内一点的极限时，只要计算出函数在该点的函数值，即

$$\lim_{P \to P_0} f(P) = f(P_0).$$

例 9　求 $\displaystyle\lim_{(x,y)\to(1,2)} \dfrac{x+y}{x^2 y^2}$.（如图 10.7）

解　函数 $f(x,y) = \dfrac{x+y}{x^2 y^2}$ 是初等函数，它的定义域为

$$D = \{(x,y) \mid x \neq 0, y \neq 0\}.$$

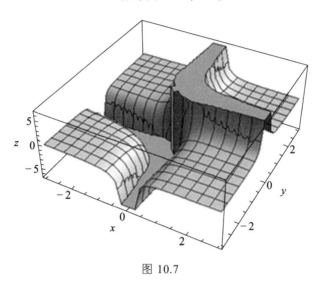

图 10.7

$P_0(1,2)$ 为 D 的内点，故存在 P_0 的某一邻域 $U(P_0) \subset D$，而任何邻域都是区域，所以 $U(P_0)$ 是 $f(x,y)$ 的一个定义区域，因此

$$\lim_{(x,y)\to(1,2)} f(x,y) = f(1,2) = \frac{3}{4}.$$

一般地，求 $\lim\limits_{P \to P_0} f(P)$ 时，如果 $f(P)$ 是初等函数，且 P_0 是 $f(P)$ 的定义域的内点，则 $f(P)$ 在点 P_0 处连续，于是

$$\lim_{P \to P_0} f(P) = f(P_0).$$

例 10 求 $\lim\limits_{(x,y)\to(0,\,0)} \dfrac{\sqrt{xy+1}-1}{xy}$.（如图 10.8）

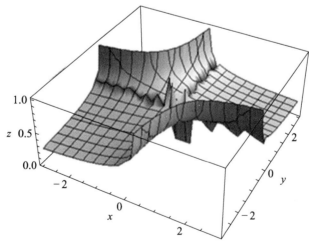

图 10.8

解 $\lim\limits_{(x,y)\to(0,\,0)}\dfrac{\sqrt{xy+1}-1}{xy}=\lim\limits_{(x,y)\to(0,\,0)}\dfrac{(\sqrt{xy+1}-1)(\sqrt{xy+1}+1)}{xy(\sqrt{xy+1}+1)}=\lim\limits_{(x,y)\to(0,\,0)}\dfrac{1}{\sqrt{xy+1}+1}=\dfrac{1}{2}.$

在有界闭区域 D 上的多元连续函数的性质与一元连续函数的性质类似，下面给出这些性质.

性质 1 （**有界性与最大值最小值定理**）在有界闭区域 D 上的多元连续函数，必定在 D 上有界，且能取得它的最大值和最小值.

性质 2 （**介值定理**）在有界闭区域 D 上的多元连续函数必取得介于最大值和最小值之间的任何值.

习题 10.1

A 组

1. 已知函数 $f(x,y)=x^2+y^2$，$\varphi(x,y)=x^2-y^2$，求 $f[\varphi(x,y),y^2]$.

2. 已知函数 $f(x,y)=x^2+y^2-xy\tan\dfrac{x}{y}$，求 $f(tx,ty)$.

3. 求下列函数的定义域.

（1） $f(x,y)=\dfrac{x^2(1-y)}{1-x^2-y^2}$；

（2） $z=\arcsin\dfrac{y}{x}$；

（3） $z=\ln(y^2-2x+1)$；

（4） $z=\arccos\dfrac{z}{\sqrt{x^2+y^2}}$.

4. 求下列极限.

（1） $\lim\limits_{(x,y)\to(0,0)}\dfrac{x^2\sin y}{x^2+y^2}$；

（2） $\lim\limits_{(x,y)\to(\infty,2)}\left(1+\dfrac{y}{x}\right)^{3x}$；

（3） $\lim\limits_{(x,y)\to(0,1)}\dfrac{1-xy}{x^2+y^2}$；

（4） $\lim\limits_{(x,y)\to(0,0)}\dfrac{2-\sqrt{xy+4}}{xy}$；

（5） $\lim\limits_{(x,y)\to(0,0)}\dfrac{xy}{\sqrt{2-\mathrm{e}^{xy}}-1}$；

（6） $\lim\limits_{(x,y)\to(2,0)}\dfrac{\tan xy}{xy}$；

（7） $\lim\limits_{(x,y)\to(1,0)}\dfrac{\ln(x+\mathrm{e}^y)}{\sqrt{x^2+y^2}}$；

（8） $\lim\limits_{(x,y)\to(0,0)}\dfrac{1-\cos(x^2+y^2)}{(x^2+y^2)\mathrm{e}^{x^2y^2}}$.

B 组

1. 证明极限下列极限不存在.

（1） $\lim\limits_{(x,y)\to(0,0)}\dfrac{x^2y}{x^4+y^2}$；

（2） $\lim\limits_{(x,y)\to(0,0)}\dfrac{x+y}{x-y}$；

（3） $\lim\limits_{(x,y)\to(0,0)}\dfrac{x^2y^2}{x^2y^2+(x-y)^2}$.

2. 证明 $\lim\limits_{(x,y)\to(0,0)} \dfrac{xy}{\sqrt{x^2+y^2}} = 0$.

3. 证明函数 $f(x,y) = \begin{cases} xy\sin\dfrac{1}{\sqrt{x^2+y^2}}, & (x,y)\neq(0,0) \\ 0, & (x,y)=(0,0) \end{cases}$ 在整个 xOy 面上连续.

4. 设 $F(x,y)=f(x)$，$f(x)$ 在点 x_0 处连续，证明：对任意 $y_0\in\mathbf{R}$，$F(x,y)$ 在点 (x_0,y_0) 处连续.

10.2 偏导数

一、偏导数的定义

对于二元函数 $z=f(x,y)$，如果只有自变量 x 变化，而自变量 y 固定（即看作常数），这时 z 就是关于 x 的一元函数，该函数对 x 的导数，就称为二元函数 $z=f(x,y)$ 对于 x 的偏导数.

定义 1 设函数 $z=f(x,y)$ 在点 (x_0,y_0) 的某一邻域内有定义，当 y 固定在 y_0 而 x 在 x_0 处有增量 Δx 时，相应地函数有增量（称为函数**对 x 的偏增量**）

$$f(x_0+\Delta x, y_0) - f(x_0, y_0),$$

如果极限

$$\lim_{\Delta x\to 0} \frac{f(x_0+\Delta x, y_0) - f(x_0, y_0)}{\Delta x},$$

存在，则称此极限为函数 $z=f(x,y)$ 在点 (x_0,y_0) 处**对 x 的偏导数**，记作

$$\frac{\partial z}{\partial x}\bigg|_{\substack{x=x_0\\y=y_0}}, \quad \frac{\partial f}{\partial x}\bigg|_{\substack{x=x_0\\y=y_0}}, \quad z_x\bigg|_{\substack{x=x_0\\y=y_0}} \quad \text{或} \quad f_x(x_0,y_0),$$

则

$$f_x(x_0,y_0) = \lim_{\Delta x\to 0} \frac{f(x_0+\Delta x, y_0) - f(x_0, y_0)}{\Delta x}.$$

类似地，当 x 固定在 x_0，而 y 在 y_0 处有增量 Δy 时，相应地函数有增量（称为函数**对 y 的偏增量**）

$$f(x_0, y_0+\Delta y) - f(x_0, y_0),$$

如果极限

$$\lim_{\Delta y\to 0} \frac{f(x_0, y_0+\Delta y) - f(x_0, y_0)}{\Delta y},$$

存在，则称此极限为函数 $z=f(x,y)$ 在点 (x_0,y_0) 处**对 y 的偏导数**，记作

$$\frac{\partial z}{\partial y}\bigg|_{\substack{x=x_0\\y=y_0}}, \quad \frac{\partial f}{\partial y}\bigg|_{\substack{x=x_0\\y=y_0}}, \quad z_y\bigg|_{\substack{x=x_0\\y=y_0}} \quad \text{或} \quad f_y(x_0,y_0).$$

定义 2　如果函数 $z = f(x, y)$ 在区域 D 内每一点 (x, y) 处对 x（或对 y）的偏导数都存在，那么这个偏导数就是 x, y 的二元函数，就称这个函数为 $z = f(x, y)$ 对 x（或对 y）的**偏导函数**（简称**导函数**），记作

$$\frac{\partial z}{\partial x}, \frac{\partial f}{\partial x}, z_x \quad 或 \quad f_x(x, y) \qquad \left(\frac{\partial z}{\partial y}, \frac{\partial f}{\partial y}, z_y \quad 或 \quad f_y(x, y) \right)$$

注：偏导数的记号 $\dfrac{\partial}{\partial x}, \dfrac{\partial}{\partial y}$ 是一个整体的记号，不能看作是分子分母之商.

偏导数的概念还可推广到二元以上的多元函数. 例如，三元函数 $u = f(x, y, z)$ 在点 (x, y, z) 处对 x 的偏导数定义为

$$f_x(x, y, z) = \lim_{\Delta x \to 0} \frac{f(x + \Delta x, y, z) - f(x, y, z)}{\Delta x},$$

其中 (x, y, z) 是函数 $u = f(x, y, z)$ 的定义域的内点. 它们的求法仍旧是一元函数的微分法问题.

二、偏导数的计算

由偏导数的定义可知，函数对哪个自变量求偏导数，就先把其他变量看作常量，从而转化为一元函数的求导问题. 以二元函数 $z = f(x, y)$ 为例，求 $\dfrac{\partial f}{\partial x}$ 时，只要把 y 暂时看作常量，而对 x 求导数；求 $\dfrac{\partial f}{\partial y}$ 时，只要把 x 暂时看作常量，而对 y 求导数.

例 1　求 $z = x^2 + y^2 + 4xy$ 在点 $(3, 1)$ 处的偏导数.

解　把 y 看作常量，有

$$\frac{\partial z}{\partial x} = 2x + 4y,$$

把 x 看作常量，有

$$\frac{\partial z}{\partial y} = 2y + 4x,$$

将点 $(3, 1)$ 代入上面的结果，可得

$$\left. \frac{\partial z}{\partial x} \right|_{\substack{x=3 \\ y=1}} = 2 \times 3 + 4 \times 1 = 10,$$

$$\left. \frac{\partial z}{\partial y} \right|_{\substack{x=3 \\ y=1}} = 2 \times 1 + 4 \times 3 = 14.$$

例 2　求 $z = x \sin(2x + y)$ 的偏导数.

解　$\dfrac{\partial z}{\partial x} = \sin(2x + y) + 2x \cos(2x + y),$

$\dfrac{\partial z}{\partial y} = x \cos(2x + y).$

例 3　求 $u = \sqrt{x^2 + y^2 + z^2}$ 的偏导数.

解　$\dfrac{\partial u}{\partial x} = \dfrac{x}{\sqrt{x^2 + y^2 + z^2}} = \dfrac{x}{u}$,

$\dfrac{\partial u}{\partial y} = \dfrac{y}{\sqrt{x^2 + y^2 + z^2}} = \dfrac{y}{u}$,

$\dfrac{\partial u}{\partial z} = \dfrac{z}{\sqrt{x^2 + y^2 + z^2}} = \dfrac{z}{u}$.

三、偏导数的几何意义

二元函数 $z = f(x, y)$ 在点 (x_0, y_0) 的偏导数的几何意义如下.

设 $M_0 = (x_0, y_0, f(x_0, y_0))$ 为曲面 $z = f(x, y)$ 上的一点. 过点 M_0 作平面 $y = y_0$，它与曲面的交线 $\begin{cases} y = y_0 \\ z = f(x, y) \end{cases}$ 是平面 $y = y_0$ 上的一条曲线，故交线的方程为 $z = f(x, y_0)$，则其导数 $\dfrac{\mathrm{d}}{\mathrm{d}x} f(x, y_0) \Big|_{x = x_0}$，即偏导数 $f_x(x_0, y_0)$ 就是该曲线在点 M_0 处的切线 $M_0 T_x$ 对 x 轴的斜率（如图 10.9）. 同样地，偏导数 $f_y(x_0, y_0)$ 的几何意义就是平面 $x = x_0$ 与曲面的交线 $\begin{cases} x = x_0 \\ z = f(x, y) \end{cases}$ 在点 M_0 处的切线 $M_0 T_y$ 对 y 轴的斜率.

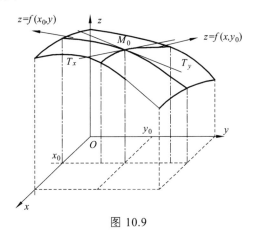

图 10.9

四、偏导数与连续性

对于一元函数，如果函数在某点处导数存在，则它在该点处必连续. 但对于多元函数，即使各偏导数在某点都存在，也不能保证函数在该点连续. 这是因为，各偏导数存在只能保证点 P 沿着平行于坐标轴的方向趋于 P_0 时，函数 $f(P)$ 趋于 $f(P_0)$，但是不能保证点 P 按任何方式趋于 P_0 时，函数 $f(P)$ 都能趋于 $f(P_0)$. 例如，函数

$$f(x, y) = \begin{cases} \dfrac{xy}{x^2 + y^2}, & x^2 + y^2 \neq 0 \\ 0, & x^2 + y^2 = 0 \end{cases}$$

在点 $(0,0)$ 处对 x, y 的偏导数分别为

$$f_x(0,0) = \lim_{\Delta x \to 0} \frac{f(0+\Delta x, 0) - f(0,0)}{\Delta x} = \lim_{\Delta x \to 0} 0 = 0,$$

$$f_y(0,0) = \lim_{\Delta y \to 0} \frac{f(0, 0+\Delta y) - f(0,0)}{\Delta y} = \lim_{\Delta y \to 0} 0 = 0$$

但是例 8 中已经得出该函数在 $(0,0)$ 处并不连续.

五、高阶偏导数

定义 3 设函数 $z = f(x,y)$ 在区域 D 内具有偏导数

$$\frac{\partial z}{\partial x} = f_x(x,y), \quad \frac{\partial z}{\partial y} = f_y(x,y),$$

那么在区域 D 内 $f_x(x,y)$, $f_y(x,y)$ 都是 x,y 的函数. 如果这两个函数的偏导数也存在，则称它们是函数 $z = f(x,y)$ 的**二阶偏导数**. 按照对变量求导次序的不同，有下列四个二阶偏导数：

$$\frac{\partial}{\partial x}\left(\frac{\partial z}{\partial x}\right) = \frac{\partial^2 z}{\partial x^2} = f_{xx}(x,y), \quad \frac{\partial}{\partial y}\left(\frac{\partial z}{\partial x}\right) = \frac{\partial^2 z}{\partial x \partial y} = f_{xy}(x,y),$$

$$\frac{\partial}{\partial x}\left(\frac{\partial z}{\partial y}\right) = \frac{\partial^2 z}{\partial y \partial x} = f_{yx}(x,y), \quad \frac{\partial}{\partial y}\left(\frac{\partial z}{\partial y}\right) = \frac{\partial^2 z}{\partial y^2} = f_{yy}(x,y).$$

类似地，可以定义更高阶的偏导数. 二阶及二阶以上的偏导数统称为**高阶偏导数**. 既有关于 x 又有关于 y 的高阶偏导数称为**混合偏导数**，如 $\dfrac{\partial^2 z}{\partial x \partial y}$, $\dfrac{\partial^2 z}{\partial y \partial x}$.

例 4 设 $z = x^2 y^2 - 4x^2 y - xy$，求 $\dfrac{\partial^2 z}{\partial x^2}$, $\dfrac{\partial^3 z}{\partial x^3}$, $\dfrac{\partial^2 z}{\partial y \partial x}$ 和 $\dfrac{\partial^2 z}{\partial x \partial y}$.

解 $\dfrac{\partial z}{\partial x} = 2xy^2 - 8xy - y$, $\dfrac{\partial z}{\partial y} = 2x^2 y - 4x^2 - x$,

$\dfrac{\partial^2 z}{\partial x^2} = 2y^2 - 8y$, $\dfrac{\partial^3 z}{\partial x^3} = 0$,

$\dfrac{\partial^2 z}{\partial x \partial y} = 4xy - 8x - 1$, $\dfrac{\partial^2 z}{\partial y \partial x} = 4xy - 8x - 1$.

例 5 设 $z = y^x$，求 $\dfrac{\partial^2 z}{\partial y \partial x}$ 和 $\dfrac{\partial^2 z}{\partial x \partial y}$.

解 $\dfrac{\partial z}{\partial x} = y^x \ln y$, $\dfrac{\partial z}{\partial y} = xy^{x-1}$,

$\dfrac{\partial^2 z}{\partial y \partial x} = y^{x-1}(1 + x \ln y)$, $\dfrac{\partial^2 z}{\partial x \partial y} = y^{x-1}(1 + x \ln y)$.

我们看到，在例 4 和例 5 中，两个二阶混合偏导数都相等，即 $\dfrac{\partial^2 z}{\partial y \partial x} = \dfrac{\partial^2 z}{\partial x \partial y}$. 这并非偶然，事实上，存在下述定理.

定理 1 如果函数 $z = f(x, y)$ 的两个二阶混合偏导数 $\dfrac{\partial^2 z}{\partial y \partial x}$ 及 $\dfrac{\partial^2 z}{\partial x \partial y}$ 在区域 D 内连续，那么在该区域内这两个二阶混合偏导数必相等. 即二阶混合偏导数在连续的条件下与求导的次序无关.

该定理的结论对 n 元函数的混合偏导数也成立.

例 6 设 $f(x, y, z) = x^2 y + y^2 z + z^2 x$，求各二阶偏导数.

解 $\dfrac{\partial f}{\partial x} = 2xy + z^2$, $\dfrac{\partial f}{\partial y} = x^2 + 2yz$, $\dfrac{\partial f}{\partial z} = y^2 + 2xz$,

$\dfrac{\partial^2 f}{\partial x^2} = 2y$, $\dfrac{\partial^2 f}{\partial y^2} = 2z$, $\dfrac{\partial^2 f}{\partial z^2} = 2x$,

$\dfrac{\partial^2 f}{\partial x \partial y} = \dfrac{\partial^2 f}{\partial y \partial x} = 2x$, $\dfrac{\partial^2 f}{\partial y \partial z} = \dfrac{\partial^2 f}{\partial z \partial y} = 2y$, $\dfrac{\partial^2 f}{\partial x \partial z} = \dfrac{\partial^2 f}{\partial z \partial x} = 2z$.

例 7 验证函数 $z = \ln\sqrt{x^2 + y^2}$ 满足拉普拉斯方程 $\dfrac{\partial^2 z}{\partial x^2} + \dfrac{\partial^2 z}{\partial y^2} = 0$.（如图 10.10）

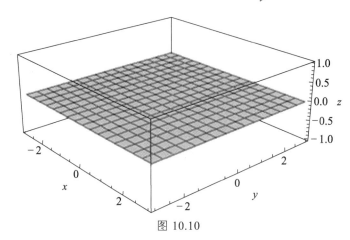

图 10.10

证 因为 $z = \ln\sqrt{x^2 + y^2} = \dfrac{1}{2}\ln(x^2 + y^2)$，所以

$$\frac{\partial z}{\partial x} = \frac{x}{x^2 + y^2}, \quad \frac{\partial z}{\partial y} = \frac{y}{x^2 + y^2},$$

$$\frac{\partial^2 z}{\partial x^2} = \frac{(x^2 + y^2) - x \cdot 2x}{(x^2 + y^2)^2} = \frac{y^2 - x^2}{(x^2 + y^2)^2},$$

$$\frac{\partial^2 z}{\partial y^2} = \frac{(x^2 + y^2) - y \cdot 2y}{(x^2 + y^2)^2} = \frac{x^2 - y^2}{(x^2 + y^2)^2}.$$

因此

$$\frac{\partial^2 z}{\partial x^2} + \frac{\partial^2 z}{\partial y^2} = \frac{y^2 - x^2}{(x^2 + y^2)^2} + \frac{x^2 - y^2}{(x^2 + y^2)^2} = 0.$$

习题 10.2

A 组

1. 求下列函数的偏导数.

（1）$z = x^3 y - y^3 x$；

（2）$s = \dfrac{u^2 + v^2}{uv}$；

（3）$z = \sqrt{\ln(xy)}$；

（4）$z = \sin(xy) + \cos^2(xy)$；

（5）$z = \ln \tan \dfrac{x}{y}$

（6）$z = (x + xy)^y$；

（7）$u = x^{\frac{y}{z}}$；

（8）$u = \arctan(x - y)^z$.

2. 设 $f(x, y) = xy + (y - 1)^2 \arcsin \sqrt{\dfrac{x}{y}}$，求 $f_x(x, 1)$.

3. 设 $z = x \ln(xy)$，求 $\dfrac{\partial^3 z}{\partial x^2 \partial y}, \dfrac{\partial^3 z}{\partial x \partial y^2}$.

4. 求空间曲线 Γ：$\begin{cases} z = x^2 + y^2 \\ y = \dfrac{1}{2} \end{cases}$ 在点 $\left(\dfrac{\sqrt{3}}{2}, \dfrac{1}{2}, 1 \right)$ 处切线与 x 轴正向夹角.

5. 求空间曲线 Γ：$\begin{cases} z = \dfrac{x^2 + y^2}{4} \\ y = 4 \end{cases}$ 在点 $(2, 4, 5)$ 处切线与 x 轴正向夹角.

B 组

1. 设 $z = xy + x \mathrm{e}^{\frac{y}{x}}$，证明 $x \dfrac{\partial z}{\partial x} + y \dfrac{\partial z}{\partial y} = xy + z$.

2. 设 $T = 2\pi \sqrt{\dfrac{l}{g}}$，证明 $l \dfrac{\partial T}{\partial l} + g \dfrac{\partial T}{\partial g} = 0$.

3. 设 $z = \mathrm{e}^{-\left(\frac{1}{x} + \frac{1}{y} \right)}$，证明 $x^2 \dfrac{\partial z}{\partial x} + y^2 \dfrac{\partial z}{\partial y} = 2z$.

4. 设 $u = \sqrt{x^2 + y^2 + z^2}$，证明 $\dfrac{\partial^2 u}{\partial x^2} + \dfrac{\partial^2 u}{\partial y^2} + \dfrac{\partial^2 u}{\partial z^2} = \dfrac{2}{u}$.

5. 判断下面的函数在点 $(0, 0)$ 处是否连续?是否可导（偏导）?并说明理由.

$$f(x, y) = \begin{cases} x \sin \dfrac{1}{x^2 + y^2}, & x^2 + y^2 \neq 0 \\ 0, & x^2 + y^2 = 0 \end{cases}$$

6. 设函数 $f(x, y)$ 在点 (a, b) 处的偏导数存在，求 $\lim\limits_{x \to 0} \dfrac{f(a + x, b) - f(a - x, b)}{x}$.

10.3　全微分

一、全微分的定义

在定义二元函数 $z = f(x,y)$ 的偏导数时，给出了偏增量的概念，称

$$f(x + \Delta x, y) - f(x,y) , \quad f(x, y + \Delta y) - f(x,y)$$

分别是函数 $z = f(x,y)$ 在点 (x,y) 处对 x, y 的偏增量，而当自变量 x, y 在点 (x,y) 处皆有增量 $\Delta x, \Delta y$ 时，称

$$\Delta z = f(x + \Delta x, y + \Delta y) - f(x,y)$$

为函数 $z = f(x,y)$ 在点 (x,y) 处的全增量，记为 Δz.

一般地，计算全增量 Δz 比较复杂，我们希望用 $\Delta x, \Delta y$ 的线性函数来近似代替 Δz，从而引入如下定义.

定义 1　若函数 $z = f(x,y)$ 在点 (x,y) 的某一邻域内有定义，如果函数在点 (x,y) 处的全增量

$$\Delta z = f(x + \Delta x, y + \Delta y) - f(x,y)$$

可表示为

$$\Delta z = A\Delta x + B\Delta y + o(\rho) \ (\rho = \sqrt{(\Delta x)^2 + (\Delta y)^2}) ,$$

其中 A, B 不依赖 $\Delta x, \Delta y$ 而仅与 x, y 有关，则称函数 $z = f(x,y)$ 在点 (x,y) **可微分**，并称 $A\Delta x + B\Delta y$ 为函数 $z = f(x,y)$ 在点 (x,y) 的全微分，记作 $\mathrm{d}z$，即

$$\mathrm{d}z = A\Delta x + B\Delta y .$$

与一元函数类似，自变量的增量等于自变量的微分，即

$$\Delta x = \mathrm{d}x, \Delta y = \mathrm{d}y,$$

于是，函数 $z = f(x,y)$ 在点 (x,y) 的全微分也可写为

$$\mathrm{d}z = A\mathrm{d}x + B\mathrm{d}y.$$

如果函数在区域 D 内每一点处都可微分，那么称这函数在 D 内可微分.

根据全微分的定义，若函数 $z = f(x,y)$ 在点 (x,y) 处可微分，则

$$\Delta z = f(x + \Delta x, y + \Delta y) - f(x,y) = A\Delta x + B\Delta y + o(\rho) .$$

上式中，当 $(\Delta x, \Delta y) \to f(0,0)$ 时，有

$$\lim_{(\Delta x, \Delta y) \to (0,0)} \Delta z = 0 ,$$

即

$$\lim_{(\Delta x, \Delta y) \to (0,0)} f(x + \Delta x, y + \Delta y) = f(x,y) ,$$

所以 $z = f(x, y)$ 在点 (x, y) 处连续.

因此，若函数 $z = f(x, y)$ 在点 (x, y) 处可微分，则 $f(x, y)$ 在点 (x, y) 处连续，即对应的几何图形必是连续不断的曲面.

二、可微分的条件

下面讨论函数 $z = f(x, y)$ 在点 (x, y) 处可微的条件.

定理 1（必要条件） 如果函数 $z = f(x, y)$ 在点 (x, y) 可微分，则函数在该点的偏导数 $\dfrac{\partial z}{\partial x}, \dfrac{\partial z}{\partial y}$ 必定存在，且函数 $z = f(x, y)$ 在点 (x, y) 的全微分为

$$\mathrm{d}z = \frac{\partial z}{\partial x}\mathrm{d}x + \frac{\partial z}{\partial y}\mathrm{d}y .$$

证 设函数 $z = f(x, y)$ 在点 $P(x, y)$ 可微分. 于是，对于点 P 的某个邻域内的任意一点 $P'(x + \Delta x, y + \Delta y)$，有

$$\Delta z = f(x + \Delta x, y + \Delta y) - f(x, y) = A\Delta x + B\Delta y + o(\rho).$$

特别地，当 $\Delta y = 0$ 时，上式仍然成立，此时 $\rho = |\Delta x|$，所以

$$\Delta z = f(x + \Delta x, y) - f(x, y) = A\Delta x + o(|\Delta x|).$$

上式两边各除以 Δx，再令 $\Delta x \to 0$，就得

$$\lim_{\Delta x \to 0} \frac{f(x + \Delta x, y) - f(x, y)}{\Delta x} = A ,$$

从而偏导数 $\dfrac{\partial z}{\partial x}$ 存在，且 $\dfrac{\partial z}{\partial x} = A$.

同理 $\dfrac{\partial z}{\partial y} = B$，所以 $\mathrm{d}z = \dfrac{\partial z}{\partial x}\mathrm{d}x + \dfrac{\partial z}{\partial y}\mathrm{d}y$.

例 1 讨论函数 $f(x, y) = \begin{cases} \dfrac{xy}{\sqrt{x^2 + y^2}}, & x^2 + y^2 \neq 0 \\ 0, & x^2 + y^2 = 0 \end{cases}$ 在点 $(0,0)$ 处的可微性.

解 由定义可知

$$f_x(0,0) = \lim_{\Delta x \to 0} \frac{f(0 + \Delta x, 0) - f(0,0)}{\Delta x} = \frac{\dfrac{\Delta x \times 0}{\sqrt{(\Delta x)^2 + 0}} - 0}{\Delta x} = 0 ,$$

同理，$f_y(0,0) = 0$. 所以

$$\Delta z - [f_x(0,0)\Delta x + f_y(0,0)\Delta y] = \frac{\Delta x \times \Delta y}{\sqrt{(\Delta x)^2 + (\Delta y)^2}} .$$

如果考虑点 $P(x_0, y_0)$ 沿着直线 $y = x$ 趋于 $(0,0)$，则

$$\lim_{(\Delta x,\Delta y)\to(0,0)} \frac{[f_x(0,0)\Delta x + f_y(0,0)\Delta y]}{\rho} = \frac{\Delta x \times \Delta y}{(\Delta x)^2+(\Delta y)^2} = \frac{(\Delta x)^2}{(\Delta x)^2+(\Delta x)^2} = \frac{1}{2}.$$

即 $\Delta z - [f_x(0,0)\Delta x + f_y(0,0)\Delta y]$ 不是较 ρ 高阶的无穷小. 因此函数在点 $(0,0)$ 处的全微分不存在, 即函数在点 $(0,0)$ 处是不可微分的.

由定理 1 和例 1 可知, 偏导数存在是可微分的必要而非充分条件. 但是, 如果再假定函数的各个偏导数连续, 则可以证明函数是可微分的, 即有如下定理.

定理 2（充分条件） 如果函数 $z = f(x,y)$ 的偏导数 $\dfrac{\partial z}{\partial x}$, $\dfrac{\partial z}{\partial y}$ 在点 (x,y) 连续, 则函数在该点可微分.

证 全增量

$$\Delta z = f(x+\Delta x, y+\Delta y) - f(x,y)$$
$$= [f(x+\Delta x, y+\Delta y) - f(x, y+\Delta y)] + [f(x, y+\Delta y) - f(x,y)].$$

第一个方括号是函数 $f(x, y+\Delta y)$ 关于 x 的偏增量. 第二个方括号是函数 $f(x+\Delta x, y)$ 关于 y 的偏增量. 对它们分别应用拉格朗日中值定理, 得

$$\Delta z = f_x(x+\theta_1\Delta x, y+\Delta y)\Delta x + f_y(x, y+\theta_2\Delta y)\Delta y,$$

其中 $0 < \theta_1, \theta_2 < 1$. 由于 f_x, f_y 在点 (x_0, y_0) 处连续, 因此有

$$f_x(x+\theta_1\Delta x, y+\Delta y) = f_x(x,y) + \alpha,$$
$$f_y(x, y+\theta_2\Delta y) = f_y(x,y) + \beta,$$

当 $(\Delta x, \Delta y) \to (0,0)$ 时, 有 $\alpha \to 0, \beta \to 0$. 从而有

$$\Delta z = f_x(x,y)\Delta x + f_y(x,y)\Delta y + \alpha\Delta x + \beta\Delta y.$$

容易看出

$$\frac{\alpha\Delta x + \beta\Delta y}{\sqrt{(\Delta x)^2+(\Delta y)^2}} \leqslant |\alpha| + |\beta|,$$

故 $\alpha\Delta x + \beta\Delta y$ 是比 $\rho = \sqrt{(\Delta x)^2+(\Delta y)^2}$ 更高阶的无穷小. 所以 $z = f(x,y)$ 在点 (x,y) 处可微.

定理 1 和定理 2 的结论可推广到三元及三元以上的多元函数.

二元函数的全微分等于它的两个偏微分之和称为二元函数的微分符合**叠加原理**. 叠加原理也适用于二元以上的函数, 例如函数 $u = f(x,y,z)$ 的全微分为

$$\mathrm{d}u = \frac{\partial u}{\partial x}\mathrm{d}x + \frac{\partial u}{\partial y}\mathrm{d}y + \frac{\partial u}{\partial z}\mathrm{d}z .$$

例 2 计算函数 $z = x^2 y + xy^2$ 的全微分.

解 因为 $\dfrac{\partial z}{\partial x} = 2xy+y^2$, $\dfrac{\partial z}{\partial y} = x^2+2xy$, 所以

$$\mathrm{d}z = (2xy+y^2)\mathrm{d}x + (x^2+2xy)\mathrm{d}y .$$

例 3　计算函数 $u = xe^{yz} + e^{-z}$ 的全微分.

解　因为 $\dfrac{\partial u}{\partial x} = e^{xy}$, $\dfrac{\partial u}{\partial y} = xze^{yz}$, $\dfrac{\partial u}{\partial z} = xye^{yz} - e^{-z}$, 所以

$$du = e^{xy}dx + xze^{yz}dy + (xye^{yz} - e^{-z})dz.$$

例 4　计算函数 $u = y\cos x$ 在点 $\left(\dfrac{\pi}{3},\, 1\right)$ 处的全微分.

解　因为 $\dfrac{\partial u}{\partial x}\bigg|_{\substack{x=\frac{\pi}{3}\\y=1}} = -\dfrac{\sqrt{3}}{2}$, $\dfrac{\partial u}{\partial y}\bigg|_{\substack{x=\frac{\pi}{3}\\y=1}} = \dfrac{1}{2}$, 所以

$$du\bigg|_{\substack{x=\frac{\pi}{3}\\y=1}} = -\dfrac{\sqrt{3}}{2}dx + \dfrac{1}{2}dy.$$

习题 10.3

A 组

1. 单选题

（1）二元函数 $f(x, y)$ 在点 (x, y) 处连续是它在该点处偏导数存在的（　　）.

　　（A）必要条件而非充分条件　　　　（B）充分条件而非必要条件

　　（C）充分必要条件　　　　　　　　（D）既非充分又非必要条件

（2）对于二元函数 $f(x, y)$，下列有关偏导数与全微分关系中正确的是（　　）.

　　（A）偏导数不连续，则全微分必不存在

　　（B）偏导数连续，则全微分必存在

　　（C）全微分存在，则偏导数必连续

　　（D）全微分存在，而偏导数不一定存在

2. 求下列函数的全微分.

（1）$z = e^{\frac{y}{x}}$；　　　　　　　　　　（2）$z = \sin(xy^2)$；

（3）$u = x^{\frac{y}{z}}$；　　　　　　　　　　（4）$z = xy + \dfrac{x}{y}$；

（5）$z = \dfrac{y}{\sqrt{x^2 + y^2}}$；　　　　　　（6）$u = x^{yz}$.

B 组

1. 已知函数 $z = y\cos(x - 2y)$，求 $dz\bigg|_{\left(0, \frac{\pi}{4}\right)}$.

2. 已知函数 $f(x,y,z) = \dfrac{z}{x^2+y^2}$ ，求 $\mathrm{d}f(1,2,1)$.

3. 求函数 $z = \ln(1+x^2+y^2)$ 当 $x=1, y=2$ 时的全微分.

4. 讨论函数 $f(x,y) = \begin{cases} (x^2+y^2)\sin\dfrac{1}{\sqrt{x^2+y^2}}, & (x,y) \neq (0,0) \\ 0, & (x,y) = (0,0) \end{cases}$ 在点 $(0,0)$ 处的连续性、偏导数、可微性.

10.4 多元复合函数微分法

本节将一元函数微分学中复合函数的微分法推广到多元复合函数的情形中.

一、多元复合函数的求导法则

按照多元复合函数中间变量的不同情形，分为以下三种情况进行讨论.

1. 复合函数的中间变量为一元函数

设函数 $z = f(u,v)$ ，其中 $u = \varphi(t), v = \psi(t)$ ，即构成复合函数 $z = f[\varphi(t), \psi(t)]$ ，其变量的相互依赖关系如图 10.11 所示.

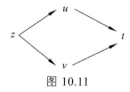

图 10.11

定理 1　如果函数 $u = \varphi(t)$ 及 $v = \psi(t)$ 都在点 t 处可导，函数 $z = f(u,v)$ 在对应点 (u,v) 具有连续偏导数，则复合函数 $z = f[\varphi(t), \psi(t)]$ 在点 t 可导，且有

$$\frac{\mathrm{d}z}{\mathrm{d}t} = \frac{\partial z}{\partial u}\frac{\mathrm{d}u}{\mathrm{d}t} + \frac{\partial z}{\partial v}\frac{\mathrm{d}v}{\mathrm{d}t} .$$

证　因为 $z = f(u,v)$ 具有连续的偏导数，所以它是可微的，即有

$$\mathrm{d}z = \frac{\partial z}{\partial u}\mathrm{d}u + \frac{\partial z}{\partial v}\mathrm{d}v .$$

又因为 $u = \varphi(t)$ 及 $v = \psi(t)$ 都可导，因而可微，即有

$$\mathrm{d}u = \frac{\mathrm{d}u}{\mathrm{d}t}\mathrm{d}t , \quad \mathrm{d}v = \frac{\mathrm{d}v}{\mathrm{d}t}\mathrm{d}t ,$$

代入上式得

$$dz = \frac{\partial z}{\partial u}\frac{du}{dt}dt + \frac{\partial z}{\partial v}\frac{dv}{dt}dt = \left(\frac{\partial z}{\partial u}\frac{du}{dt} + \frac{\partial z}{\partial v}\frac{dv}{dt}\right)dt ,$$

从而

$$\frac{dz}{dt} = \frac{\partial z}{\partial u}\frac{du}{dt} + \frac{\partial z}{\partial v}\frac{dv}{dt} .$$

从定理 1 可以看到，函数最终只依赖于一个变量 t，所以对其导数应该使用 d 的符号，并称上述 $\frac{dz}{dt}$ 为**全导数**.

定理 1 可以推广到更多中间变量的情形中. 设 $z = f(u,v,w)$ 其中 $u = \varphi(t)$, $v = \psi(t)$, $w = \omega(t)$，即构成复合函数 $z = f[\varphi(t),\psi(t),\omega(t)]$，其变量的相互依赖关系如图 10.12 所示，且有

$$\frac{dz}{dt} = \frac{\partial z}{\partial u}\frac{du}{dt} + \frac{\partial z}{\partial v}\frac{dv}{dt} + \frac{\partial z}{\partial w}\frac{dw}{dt} .$$

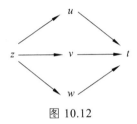

图 10.12

例 1　设 $z = xe^{\frac{x}{y}}$, $x = \cos t$, $y = e^{2t}$，求全导数 $\frac{dz}{dt}$.

解

$$\frac{dz}{dt} = \frac{\partial z}{\partial x}\frac{dx}{dt} + \frac{\partial z}{\partial y}\frac{dy}{dt} = \left(e^{\frac{x}{y}} + \frac{x}{y}e^{\frac{x}{y}}\right)(-\sin t) + xe^{\frac{x}{y}}\left(-\frac{x}{y^2}\right)\cdot 2e^{2t}$$

$$= -xe^{\frac{x}{y}}\left(\frac{\sin t}{x} + \frac{\sin t}{y} + \frac{2xe^{2t}}{y^2}\right).$$

2. 复合函数的中间变量为多元函数

定理 1 还可以推广到中间变量为多元函数的情形中. 设函数 $z = f(u,v)$，其中 $u = \varphi(x,y)$，$v = \psi(x,y)$，即构成复合函数 $z = f[\varphi(x,y), \psi(x,y)]$，其变量的相互依赖关系如图 10.13 所示.

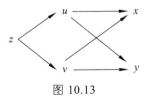

图 10.13

定理 2　如果函数 $u = \varphi(x,y), v = \psi(x,y)$，都在点 (x,y) 具有对 x 及对 y 的偏导数，函数 $z = f(u,v)$ 在对应点 (u,v) 具有连续偏导数，则复合函数 $z = f[\varphi(x,y),\psi(x,y)]$ 在点 (x,y) 的两个偏导数存在，且有

$$\frac{\partial z}{\partial x} = \frac{\partial z}{\partial u}\frac{\partial u}{\partial x} + \frac{\partial z}{\partial v}\frac{\partial v}{\partial x},$$

$$\frac{\partial z}{\partial y} = \frac{\partial z}{\partial u}\frac{\partial u}{\partial y} + \frac{\partial z}{\partial v}\frac{\partial v}{\partial y}.$$

类似地，定理 2 可以推广到更多中间变量的情形中．设 $z = f(u,v,w)$，其中 $u = \varphi(x,y)$，$v = \psi(x,y)$，$w = \omega(x,y)$，即构成复合函数 $z = f[\varphi(x,y),\psi(x,y),\omega(x,y)]$，其变量的相互依赖关系如图 10.14 所示，且有

$$\frac{\partial z}{\partial x} = \frac{\partial z}{\partial u}\frac{\partial u}{\partial x} + \frac{\partial z}{\partial v}\frac{\partial v}{\partial x} + \frac{\partial z}{\partial w}\frac{\partial w}{\partial x},$$

$$\frac{\partial z}{\partial y} = \frac{\partial z}{\partial u}\frac{\partial u}{\partial y} + \frac{\partial z}{\partial v}\frac{\partial v}{\partial y} + \frac{\partial z}{\partial w}\frac{\partial w}{\partial y}.$$

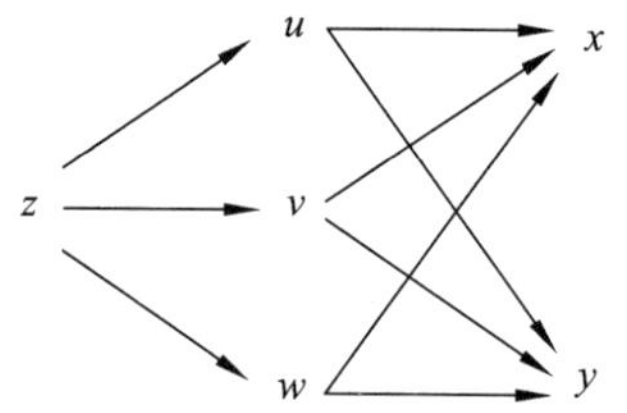

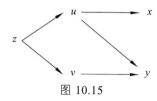

图 10.14

3. 复合函数的中间变量既有一元函数，又有多元函数

定理 3　如果函数 $u = \varphi(x,y)$ 在点 (x,y) 具有对 x 及对 y 的偏导数，函数 $v = \psi(y)$ 在点 y 可导，函数 $z = f(u,v)$ 在对应点 (u,v) 具有连续偏导数，则复合函数 $z = f[\varphi(x,y),\psi(y)]$ 在点 (x,y) 的两个偏导数存在，且有

$$\frac{\partial z}{\partial x} = \frac{\partial z}{\partial u}\frac{\partial u}{\partial x}, \quad \frac{\partial z}{\partial y} = \frac{\partial z}{\partial u}\frac{\partial u}{\partial y} + \frac{\partial z}{\partial v}\frac{\mathrm{d}v}{\mathrm{d}y}.$$

其变量的相互依赖关系如图 10.15 所示.

图 10.15

例 2　设 $z = \mathrm{e}^u \sin v, u = xy, v = x + y$，求 $\dfrac{\partial z}{\partial x}$ 和 $\dfrac{\partial z}{\partial y}$.

解

$$\frac{\partial z}{\partial x} = \frac{\partial z}{\partial u}\frac{\partial u}{\partial x} + \frac{\partial z}{\partial v}\frac{\partial v}{\partial x} = \mathrm{e}^u \sin v \times y + \mathrm{e}^u \cos v$$

$$= \mathrm{e}^{xy}[y\sin(x+y) + \cos(x+y)],$$

$$\frac{\partial z}{\partial y} = \frac{\partial z}{\partial u}\frac{\partial u}{\partial y} + \frac{\partial z}{\partial v}\frac{\partial v}{\partial y} = \mathrm{e}^u \sin v \times x + \mathrm{e}^u \cos v \cdot$$

$$= \mathrm{e}^{xy}[x\sin(x+y) + \cos(x+y)].$$

例 3　设 $z = uv + \sin t$, 而 $u = \mathrm{e}^t, v = \cos t$. 求全导数 $\dfrac{\mathrm{d}z}{\mathrm{d}t}$.

解

$$\frac{\mathrm{d}z}{\mathrm{d}t} = \frac{\partial z}{\partial u}\frac{\mathrm{d}u}{\mathrm{d}t} + \frac{\partial z}{\partial v}\frac{\mathrm{d}v}{\mathrm{d}t} + \frac{\partial z}{\partial t} = v \times \mathrm{e}^t + u \times (-\sin t) + \cos t$$

$$= \mathrm{e}^t \cos t - \mathrm{e}^t \sin t + \cos t = \mathrm{e}^t(\cos t - \sin t) + \cos t$$

二、多元复合函数的高阶偏导数

计算多元复合函数的高阶偏导数, 只需要重复利用前面的求导法则即可. 为表达简单起见, 引入记号 f_1', f_2', f_{12}'' 等, 其中的下标 1 表示对第一个变量 u 求偏导数, 下标 2 表示对第二个变量 v 求偏导数, 即

$$f_1' = \frac{\partial f(u,v)}{\partial u}, f_2' = \frac{\partial f(u,v)}{\partial v}, f_{12}'' = \frac{\partial^2 f(u,v)}{\partial u \partial v}.$$

同理, 可以引入 f_{11}'', f_{22}'' 等记号.

例 4　设 $w = f(x+y+z, xyz)$, f 具有二阶连续偏导数, 求 $\dfrac{\partial w}{\partial x}$ 及 $\dfrac{\partial^2 w}{\partial x \partial z}$.

解　令 $u = x+y+z, v = xyz$, 则 $w = f(u,v)$, 有

$$\frac{\partial w}{\partial x} = \frac{\partial f}{\partial u}\frac{\partial u}{\partial x} + \frac{\partial f}{\partial v}\frac{\partial v}{\partial x} = f_1' + yz f_2',$$

$$\frac{\partial^2 w}{\partial x \partial z} = \frac{\partial}{\partial z}(f_1' + yz f_2') = \frac{\partial f_1'}{\partial z} + yf_2' + yz\frac{\partial f_2'}{\partial z}$$

$$= f_{11}'' + xyf_{12}'' + yf_2' + yzf_{21}'' + xy^2 z f_{22}''$$

$$= f_{11}'' + y(x+z)f_{12}'' + yf_2' + xy^2 z f_{22}''.$$

注：$\dfrac{\partial f_1'}{\partial z} = \dfrac{\partial f_1'}{\partial u} \cdot \dfrac{\partial u}{\partial z} + \dfrac{\partial f_1'}{\partial v} \cdot \dfrac{\partial v}{\partial z} = f_{11}'' + xyf_{12}''$, $\dfrac{\partial f_2'}{\partial z} = \dfrac{\partial f_2'}{\partial u} \cdot \dfrac{\partial u}{\partial z} + \dfrac{\partial f_2'}{\partial v} \cdot \dfrac{\partial v}{\partial z} = f_{21}'' + xyf_{22}''$.

三、多元复合函数的全微分

设 $z = f(u,v)$ 具有连续偏导数, 则有全微分

$$\mathrm{d}z = \frac{\partial z}{\partial u}\mathrm{d}u + \frac{\partial z}{\partial v}\mathrm{d}v.$$

如果 $z = f(u,v)$ 具有连续偏导数, 而 $u = \varphi(x,y), v = \psi(x,y)$ 也具有连续偏导数, 则复合函数 $z = f(\varphi(x,y), \psi(x,y))$ 的**全微分**为

$$dz = \frac{\partial z}{\partial x}dx + \frac{\partial z}{\partial y}dy.$$

由定理 2 可知其中的偏导数 $\frac{\partial z}{\partial x}, \frac{\partial z}{\partial y}$ ，于是

$$dz = \left(\frac{\partial z}{\partial u}\frac{\partial u}{\partial x} + \frac{\partial z}{\partial v}\frac{\partial v}{\partial x}\right)dx + \left(\frac{\partial z}{\partial u}\frac{\partial u}{\partial y} + \frac{\partial z}{\partial v}\frac{\partial v}{\partial y}\right)dy$$

$$= \frac{\partial z}{\partial u}\left(\frac{\partial u}{\partial x}dx + \frac{\partial u}{\partial y}dy\right) + \frac{\partial z}{\partial v}\left(\frac{\partial v}{\partial x}dx + \frac{\partial v}{\partial y}dy\right)$$

$$= \frac{\partial z}{\partial u}du + \frac{\partial z}{\partial v}dv.$$

由此可见，无论 u, v 是自变量还是中间变量，函数 $z = f(u,v)$ 的全微分形式是一样的．这个性质叫作**全微分形式不变性**.

例 5 设 $z = e^u \sin v, u = xy, v = x + y$ ，利用全微分形式不变性求全微分.

解 $dz = \frac{\partial z}{\partial u}du + \frac{\partial z}{\partial v}dv = e^u \sin v du + e^u \cos v dv$

$$= e^u \sin v(ydx + xdy) + e^u \cos v(dx + dy)$$

$$= (ye^u \sin v + e^u \cos v)dx + (xe^u \sin v + e^u \cos v)dy$$

$$= e^{xy}[y\sin(x+y) + \cos(x+y)]dx + e^{xy}[x\sin(x+y) + \cos(x+y)]dy.$$

习题 10.4

A 组

1. 设 $z = (x+y)^{2x-3y}$ ，求 $\frac{\partial z}{\partial x}, \frac{\partial z}{\partial y}$.

2. 设 $z = u^2 + v^2$ ，而 $u = x + y, v = x - y$ ，求 $\frac{\partial z}{\partial x}, \frac{\partial z}{\partial y}$.

3. 设 $z = u^2 \ln v$, 而 $u = \frac{x}{y}, v = 3x - 2y$, 求 $\frac{\partial z}{\partial x}, \frac{\partial z}{\partial y}$.

4. 设 $z = e^{x-2y}$, 而 $x = \sin t, y = t^3$, 求 $\frac{dz}{dt}$.

5. 设 $z = \arcsin(x - y)$, 而 $x = 3t, y = 4t^3$, 求 $\frac{dz}{dt}$.

6. 设 $z = \arctan(xy)$, 而 $y = a\sin x, z = \cos x$ ，求 $\frac{dz}{dx}$.

7. 设 $z = \frac{e^{ax}(y-z)}{a^2+1}$, 而 $x = 3t, y = 4t^3$, 求 $\frac{dz}{dt}$.

B 组

1. 设 $z = \arctan\dfrac{x}{y}$，而 $x = u + v, y = u - v$，验证 $\dfrac{\partial z}{\partial u} + \dfrac{\partial z}{\partial v} = \dfrac{u - v}{u^2 + v^2}$.

2. 设 $z = x^n f\left(\dfrac{y}{x^2}\right)$，$f$ 可微，证明 $x\dfrac{\partial z}{\partial x} + 2y\dfrac{\partial z}{\partial y} = nz$.

3. 设 $z = f(x^2 - y^2, 2xy)$，其中 f 具有二阶连续偏导数，求 $\dfrac{\partial^2 z}{\partial x^2}, \dfrac{\partial^2 z}{\partial x \partial y}, \dfrac{\partial^2 z}{\partial y^2}$.

4. 设 $z = f\left(xy, \dfrac{y}{x}\right) + g\left(\dfrac{x}{y}\right)$，其中 f 具有二阶连续偏导数，g 具有二阶连续导数，求 $\dfrac{\partial^2 z}{\partial x \partial y}$.

5. 设 $u = F(x, y, z), z = f(x, y), y = \varphi(x)$，求 $\dfrac{\mathrm{d}u}{\mathrm{d}x}$.

6. 设函数 $f(x, y)$ 具有连续的一阶偏导数，$f(1,1) = 1, f_1'(1,1) = a, f_2'(1,1) = b$，又 $\varphi(x) = f\{x, f[x, f(x, x)]\}$，求 $\varphi(1)$ 和 $\varphi'(1)$.

10.5 隐函数的微分法

在第三章中，我们已经给出了隐函数的概念，并且给出了求解隐函数的方法. 现在将介绍隐函数的存在定理，并根据多元复合函数的求导方法来给出隐函数的导数公式.

一、一个方程的情形

隐函数存在定理 1 设函数 $F(x, y)$ 在点 $P(x_0, y_0)$ 的某一邻域内具有连续偏导数，且 $F(x_0, y_0) = 0$，$F_y(x_0, y_0) \neq 0$，则方程 $F(x, y) = 0$ 在点 (x_0, y_0) 的某一邻域内恒能唯一确定一个连续且具有连续导数的函数 $y = f(x)$，它满足条件 $y_0 = f(x_0)$，并有

$$\frac{\mathrm{d}y}{\mathrm{d}x} = -\frac{F_x}{F_y}.$$

对于定理 1 不做严格的定理证明，仅给出其推导过程.

定理 1 的推导过程如下：

将 $y = f(x)$ 代入 $F(x, y)$ 中，得恒等式

$$F(x, f(x)) \equiv 0,$$

等式两边对 x 求导，得

$$\frac{\partial F}{\partial x} + \frac{\partial F}{\partial y}\frac{\mathrm{d}y}{\mathrm{d}x} = 0,$$

由于 F_y 连续，且 $F_y(x_0, y_0) \neq 0$，所以存在点 (x_0, y_0) 的一个邻域，在这个邻域内 $F_y \neq 0$，于是

$$\frac{\mathrm{d}y}{\mathrm{d}x} = -\frac{F_x}{F_y}.$$

例 1　求由方程 $x^y = y^x$ 所确定的隐函数的导数 $\dfrac{\mathrm{d}y}{\mathrm{d}x}$.

解　设 $F(x,y) = x^y - y^x$，则有

$$\frac{\mathrm{d}y}{\mathrm{d}x} = -\frac{F_x}{F_y},$$

其中 $F_x = yx^{y-1} - y^x \ln y, F_y = x^y \ln x - xy^{x-1}$，故

$$\frac{\mathrm{d}y}{\mathrm{d}x} = -\frac{F_x}{F_y} = -\frac{yx^{y-1} - y^x \ln y}{x^y \ln x - xy^{x-1}}.$$

定理 1 还可以推广到多元函数. 一个二元方程 $F(x,y) = 0$ 可以确定一个一元隐函数，一个三元方程 $F(x,y,z) = 0$ 可以确定一个二元隐函数.

隐函数存在定理 2　设函数 $F(x,y,z)$ 在点 $P(x_0, y_0, z_0)$ 的某一邻域内具有连续偏导数，且 $F(x_0, y_0, z_0) = 0, F_z(x_0, y_0, z_0) \neq 0$，则方程 $F(x,y,z) = 0$ 在点 (x_0, y_0, z_0) 的某一邻域内恒能唯一确定一个连续且具有连续偏导数的函数 $z = f(x,y)$，它满足条件 $z_0 = f(x_0, y_0)$，并有

$$\frac{\partial z}{\partial x} = -\frac{F_x}{F_z}, \frac{\partial z}{\partial y} = -\frac{F_y}{F_z}.$$

定理 2 的推导过程如下：

将 $z = f(x,y)$ 代入 $F(x,y,z) = 0$，得恒等式

$$F(x,y,f(x,y)) \equiv 0,$$

等式两端分别对 x 和 y 求导，得

$$F_x + F_z \frac{\partial z}{\partial x} = 0, F_y + F_z \frac{\partial z}{\partial y} = 0,$$

因为 F_z 连续且 $F_z(x_0, y_0, z_0) \neq 0$，所以存在点 (x_0, y_0, z_0) 的一个邻域，在这个邻域内 $F_z \neq 0$，于是

$$\frac{\partial z}{\partial x} = -\frac{F_x}{F_z}, \frac{\partial z}{\partial y} = -\frac{F_y}{F_z}.$$

例 2　设 $x^2 + y^2 + z^2 - 4z = 0$，求 $\dfrac{\partial^2 z}{\partial x^2}$.

解　设 $F(x,y,z) = x^2 + y^2 + z^2 - 4z$，则

$$F_x = 2x, F_z = 2z - 4,$$

当 $z \neq 2$ 时，有

$$\frac{\partial z}{\partial x} = -\frac{F_x}{F_z} = -\frac{2x}{2z - 4} = \frac{x}{2 - z},$$

再对 x 求一次偏导数，得

$$\frac{\partial^2 z}{\partial x^2} = \frac{(2-z) + x\frac{\partial z}{\partial x}}{(2-z)^2} = \frac{(2-z) + x\left(\frac{x}{2-z}\right)}{(2-z)^2} = \frac{(2-z)^2 + x^2}{(2-z)^3}.$$

二、方程组的情形

隐函数存在定理可作另一种推广，不仅增加方程中变量的个数，也增加方程的个数．例如，考虑如下方程组

$$\begin{cases} F(x,y,u,v) = 0 \\ G(x,y,u,v) = 0 \end{cases}$$

该方程组可以确定两个二元函数．例如，由方程组

$$\begin{cases} xu - yv = 0 \\ yu + xv = 1 \end{cases}$$

可以整理出两个二元函数 $u = \dfrac{y}{x^2 + y^2}$，$v = \dfrac{x}{x^2 + y^2}$，据此可以求其偏导数．但更多的情况是无法显化出对应的函数 u,v 那么根据原方程直接求 u,v 的偏导数就成为必要．

隐函数存在定理 3　设 $F(x,y,u,v)$，$G(x,y,u,v)$ 在点 $P(x_0,y_0,u_0,v_0)$ 的某一邻域内具有对各个变量的连续偏导数，又 $F(x_0,y_0,u_0,v_0) = 0, G(x_0,y_0,u_0,v_0) = 0$，且偏导数所组成的函数行列式（雅可比（Jacobi）行列式）

$$J = \frac{\partial(F,G)}{\partial(u,v)} = \begin{vmatrix} \dfrac{\partial F}{\partial u} & \dfrac{\partial F}{\partial v} \\ \dfrac{\partial G}{\partial u} & \dfrac{\partial G}{\partial v} \end{vmatrix}$$

在点 $P(x_0,y_0,u_0,v_0)$ 不等于零，则方程组 $\begin{cases} F(x,y,u,v) = 0 \\ G(x,y,u,v) = 0 \end{cases}$ 在点 $P(x_0,y_0,u_0,v_0)$ 的某一邻域恒能唯一确定一组连续且具有连续偏导数的函数 $u = u(x,y), v = v(x,y)$，它们满足条件 $u_0 = u(x_0,y_0)$，$v_0 = v(x_0,y_0)$，并有

$$\frac{\partial u}{\partial x} = -\frac{1}{J}\frac{\partial(F,G)}{\partial(x,v)} = -\frac{\begin{vmatrix} F_x & F_v \\ G_x & G_v \end{vmatrix}}{\begin{vmatrix} F_u & F_v \\ G_u & G_v \end{vmatrix}},$$

$$\frac{\partial v}{\partial x} = -\frac{1}{J}\frac{\partial(F,G)}{\partial(u,x)} = -\frac{\begin{vmatrix} F_u & F_x \\ G_u & G_x \end{vmatrix}}{\begin{vmatrix} F_u & F_v \\ G_u & G_v \end{vmatrix}},$$

$$\frac{\partial u}{\partial y} = -\frac{1}{J} \frac{\partial(F,G)}{\partial(y,v)} = -\frac{\begin{vmatrix} F_y & F_v \\ G_y & G_v \end{vmatrix}}{\begin{vmatrix} F_u & F_v \\ G_u & G_v \end{vmatrix}},$$

$$\frac{\partial v}{\partial y} = -\frac{1}{J} \frac{\partial(F,G)}{\partial(u,y)} = -\frac{\begin{vmatrix} F_u & F_y \\ G_u & G_y \end{vmatrix}}{\begin{vmatrix} F_u & F_v \\ G_u & G_v \end{vmatrix}}.$$

定理 3 的推导过程如下：

由于

$$\begin{cases} F(x,y,u(x,y),v(x,y)) \equiv 0 \\ G(x,y,u(x,y),v(x,y)) \equiv 0 \end{cases},$$

将恒等式两边分别对 x 求导，应用复合函数求导法则，得

$$\begin{cases} F_x + F_u \dfrac{\partial u}{\partial x} + F_v \dfrac{\partial v}{\partial x} = 0 \\ G_x + G_u \dfrac{\partial u}{\partial x} + G_v \dfrac{\partial v}{\partial x} = 0 \end{cases},$$

这是关于 $\dfrac{\partial u}{\partial x}, \dfrac{\partial v}{\partial x}$ 的线性方程组. 由假设可知在点 $P(x_0,y_0,u_0,v_0)$ 的一个邻域内，系数行列式

$$J = \begin{vmatrix} \dfrac{\partial F}{\partial u} & \dfrac{\partial F}{\partial v} \\ \dfrac{\partial G}{\partial u} & \dfrac{\partial G}{\partial v} \end{vmatrix} \neq 0,$$

可以解出 $\dfrac{\partial u}{\partial x}, \dfrac{\partial v}{\partial x}$ ，得

$$\frac{\partial u}{\partial x} = -\frac{1}{J} \frac{\partial(F,G)}{\partial(x,v)}, \frac{\partial v}{\partial x} = -\frac{1}{J} \frac{\partial(F,G)}{\partial(u,x)}.$$

同理可得

$$\frac{\partial u}{\partial y} = -\frac{1}{J} \frac{\partial(F,G)}{\partial(y,v)}, \frac{\partial v}{\partial y} = -\frac{1}{J} \frac{\partial(F,G)}{\partial(u,y)}.$$

例 3 设 $xu - yv = 0, yu + xv = 1$ ，求 $\dfrac{\partial u}{\partial x}, \dfrac{\partial v}{\partial x}, \dfrac{\partial u}{\partial y}, \dfrac{\partial v}{\partial y}$.

本题可以直接利用定理 3 中的公式求解，也可以依照定理 3 的推导方式求解.

解 将所给方程两边对 x 求偏导，得到关于 $\dfrac{\partial u}{\partial x}$ 和 $\dfrac{\partial v}{\partial x}$ 的方程组

$$\begin{cases} u + x\dfrac{\partial u}{\partial x} - y\dfrac{\partial v}{\partial x} = 0 \\ y\dfrac{\partial u}{\partial x} + v + x\dfrac{\partial v}{\partial x} = 0 \end{cases},$$

在 $J = \begin{vmatrix} x & -y \\ y & x \end{vmatrix} = x^2 + y^2 \neq 0$ 的条件下，有

$$\frac{\partial u}{\partial x} = -\frac{1}{J}\frac{\partial(F,G)}{\partial(x,v)} = \frac{\begin{vmatrix} -u & -y \\ -v & x \end{vmatrix}}{\begin{vmatrix} x & -y \\ y & x \end{vmatrix}} = -\frac{xu + yv}{x^2 + y^2},$$

$$\frac{\partial v}{\partial x} = -\frac{1}{J}\frac{\partial(F,G)}{\partial(u,x)} = -\frac{\begin{vmatrix} x & -u \\ y & -v \end{vmatrix}}{\begin{vmatrix} x & -y \\ y & x \end{vmatrix}} = \frac{yu - xv}{x^2 + y^2}.$$

同样地，将所给方程两边对 y 求偏导，可得

$$\frac{\partial u}{\partial y} = \frac{xv - yu}{x^2 + y^2}, \frac{\partial v}{\partial y} = -\frac{xu + yv}{x^2 + y^2}.$$

习题 10.5

A 组

1. 设 $y \ln y = x + y$ ，求 $\dfrac{\mathrm{d}y}{\mathrm{d}x}$.

2. 设 $\sin y + \mathrm{e}^x - xy^2 = 0$ ，求 $\dfrac{\mathrm{d}y}{\mathrm{d}x}$.

3. 设 $\ln\sqrt{x^2 + y^2} = \arctan\dfrac{y}{x}$ ，求 $\dfrac{\mathrm{d}y}{\mathrm{d}x}$.

4. 设 $x + 2y + z - 2\sqrt{xyz} = 0$ ，求 $\dfrac{\partial z}{\partial x}, \dfrac{\partial z}{\partial y}$.

5. 设 $\dfrac{x}{z} = \ln\dfrac{z}{y}$ ，求 $\dfrac{\partial z}{\partial x}, \dfrac{\partial z}{\partial y}$.

6. 设 $\mathrm{e}^z - xyz = 0$ ，求 $\dfrac{\partial^2 z}{\partial x^2}$.

7. 设 $z^3 - 3xyz = a^3$ ，求 $\dfrac{\partial^2 z}{\partial x \partial y}$.

8. 设 $2\sin(x + 2y - 3z) = x + 2y - 3z$ ，证明 $\dfrac{\partial z}{\partial x} + \dfrac{\partial z}{\partial y} = 1$.

B 组

1. 设 $z = z(x,y)$ 由方程 $\dfrac{x}{z} = \mathrm{e}^{y+z}$ 所确定，其中 f 可微，求 $\dfrac{\partial^2 z}{\partial x \partial y}$.

2. 设 $z = f(x,y)$ 由方程 $z + x + y - \mathrm{e}^{z+x+y} = 0$ 所确定，求 $\mathrm{d}z$.

3. $z = z(x, y)$ 由方程 $F(xy, y+z, xz) = 0$ 所确定，其中 F 可微，求 $\dfrac{\partial z}{\partial x}, \dfrac{\partial z}{\partial y}$.

4. 设 $z = z(x, y)$ 由方程 $3^{xy} + x\cos(yz) - z^3 = y$ 所确定，求 $\dfrac{\partial z}{\partial x}, \dfrac{\partial z}{\partial y}$.

5. 设 $z = z(x, y)$ 由方程 $x^2 + y^2 + z^2 = yf\left(\dfrac{z}{y}\right)$ 所确定，其中 f 可微，证明

$$(x^2 - y^2 - z^2)\frac{\partial z}{\partial x} + 2xy\frac{\partial z}{\partial y} = 2xz .$$

6. 设 $\begin{cases} x^2 + y^2 + z^2 = 1 \\ z = x^2 + y^2 \end{cases}$，求 $\dfrac{\mathrm{d}y}{\mathrm{d}x}$ 和 $\dfrac{\mathrm{d}z}{\mathrm{d}x}$.

7. 设 $\begin{cases} z = x^2 + y^2 \\ x^2 + 2y^2 + 3z^2 = 20 \end{cases}$，求 $\dfrac{\mathrm{d}y}{\mathrm{d}x}$ 和 $\dfrac{\mathrm{d}z}{\mathrm{d}x}$.

8. 设 $\begin{cases} x + y + z = 0 \\ x^2 + y^2 + z^2 = 1 \end{cases}$，求 $\dfrac{\mathrm{d}x}{\mathrm{d}z}$ 和 $\dfrac{\mathrm{d}y}{\mathrm{d}z}$.

9. 设 $\begin{cases} x = \mathrm{e}^u + u\sin v \\ y = \mathrm{e}^u - u\cos v \end{cases}$，求 $\dfrac{\partial u}{\partial x}, \dfrac{\partial u}{\partial y}, \dfrac{\partial v}{\partial x}, \dfrac{\partial v}{\partial y}$.

10.6 多元函数的极值

在实际问题中，往往会遇到多元函数的最大值与最小值问题. 与一元函数类似，多元函数的最大值、最小值、极值有密切的关系，因此我们将以二元函数为例，来讨论多元函数的极值问题.

一、二元函数的极值

定义 1 设函数 $z = f(x, y)$ 在点 (x_0, y_0) 的某个邻域内有定义，如果对于该邻域内任何异于 (x_0, y_0) 的点 (x, y)，都有

$$f(x, y) < f(x_0, y_0) \, (\text{或} \, f(x, y) > f(x_0, y_0)),$$

则称函数在点 (x_0, y_0) 有**极大值**（或**极小值**） $f(x_0, y_0)$.

极大值、极小值统称为极值. 使函数取得极值的点称为极值点.

例 1 函数 $z = \sqrt{1 - x^2 - y^2}$ （图 10.16）在点 $(0, 0)$ 处有极大值 1. 函数 $z = \sqrt{x^2 + y^2}$ （图 10.17）在 $(0, 0)$ 处有极小值 0.

一般情况下，极值并不容易看出，因此必须给出判断极值的方法. 与一元函数类似，二元函数的极值点也与驻点有关.

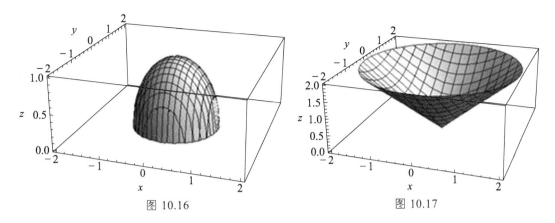

图 10.16　　　　　　　　　　　　　　　　图 10.17

定理 1（必要条件）　设函数 $z = f(x, y)$ 在点 (x_0, y_0) 具有偏导数，且在点 (x_0, y_0) 处有极值，则有

$$f_x(x_0, y_0) = 0, f_y(x_0, y_0) = 0.$$

证　不妨设 $z = f(x, y)$ 在点 (x_0, y_0) 处有极大值．依据极大值的定义，对于点 (x_0, y_0) 的某邻域内异于 (x_0, y_0) 的点 (x, y)，都有不等式

$$f(x, y) < f(x_0, y_0),$$

特殊地，在该邻域内取 $y = y_0$ 而 $x \neq x_0$ 的点，也应有不等式

$$f(x, y_0) < f(x_0, y_0),$$

这表明一元函数 $f(x, y_0)$ 在 $x = x_0$ 处取得极大值，因而必有

$$f_x(x_0, y_0) = 0,$$

类似地可证 $f_y(x_0, y_0) = 0$.

讨论极值的时候，具有偏导数的函数的极值点一定是驻点，但是函数的驻点不一定是极值点．例如点 $(0, 0)$ 是函数 $z = xy$ 的驻点，但是函数在该点没有极值．

定理 2（充分条件）　设函数 $z = f(x, y)$ 在点 (x_0, y_0) 的某邻域内连续且有一阶及二阶连续偏导数，又 $f_x(x_0, y_0) = 0, f_y(x_0, y_0) = 0$，令

$$f_{xx}(x_0, y_0) = A, f_{xy}(x_0, y_0) = B, f_{yy}(x_0, y_0) = C,$$

则 $f(x, y)$ 在点 (x_0, y_0) 处是否取得极值的条件如下：

（1）$AC - B^2 > 0$ 时具有极值，且当 $A < 0$ 时有极大值，当 $A > 0$ 时有极小值；

（2）$AC - B^2 < 0$ 时没有极值；

（3）$AC - B^2 = 0$ 时可能有极值，也可能没有极值.

利用定理 1 和定理 2，可把具有二阶连续偏导数的函数 $z = f(x, y)$ 的极值的求法叙述如下：

第一步：解方程组 $f_x(x, y) = 0, f_y(x, y) = 0$，求得一切实数解，即可得一切驻点.

第二步：对于每一个驻点 (x_0, y_0)，求出二阶偏导数的值 A, B 和 C.

第三步：定出 $AC - B^2$ 的符号，按定理 2 的结论判定 $f(x_0, y_0)$ 是否是极值、是极大值还是极小值.

例 2　求函数 $f(x, y) = x^3 - y^3 + 3x^2 + 3y^2 - 9x$ 的极值.

解　解方程组

$$\begin{cases} f_x(x, y) = 3x^2 + 6x - 9 = 0 \\ f_y(x, y) = -3y^2 + 6y = 0 \end{cases},$$

求得

$$x = 1, -3; \quad y = 0, 2.$$

于是得驻点 $(1, 0), (1, 2), (-3, 0), (-3, 2)$.

再求出二阶偏导数

$$f_{xx}(x, y) = 6x + 6, f_{xy}(x, y) = 0, f_{yy}(x, y) = -6y + 6.$$

则在点 $(1, 0)$ 处，$AC - B^2 = 12 \times 6 > 0$，$A > 0$，所以函数在 $(1, 0)$ 处有极小值 $f(1, 0) = -5$；

在点 $(1, 2)$ 处，$AC - B^2 = 12 \times (-6) < 0$，所以 $f(1, 2)$ 不是极值；

在点 $(-3, 0)$ 处，$AC - B^2 = -12 \times 6 < 0$，所以 $f(-3, 0)$ 不是极值；

在点 $(-3, 2)$ 处，$AC - B^2 = -12 \times (-6) > 0$，$A < 0$，所以函数在 $(-3, 2)$ 处有极大值 $f(-3, 2) = 31$.

与一元函数的情形类似，函数在偏导数不存在的点上也有可能取得极值. 例如，函数 $z = -\sqrt{x^2 + y^2}$ 在点 $(0, 0)$ 的偏导数不存在，但是 $f(0, 0) = 0$ 是它的极大值点. 因此，在考虑函数的极值问题时，除了考虑函数的驻点外，也应该考虑偏导数不存在的点.

二、多元函数的最值

如果 $f(x, y)$ 在有界闭区域 D 上连续，则 $f(x, y)$ 在 D 上必定能取得最大值和最小值. 这种使函数取得最大值或最小值的点既可能在 D 的内部，也可能在 D 的边界上. 我们假定，函数在 D 上连续、在 D 内可微分且只有有限个驻点，这时如果函数在 D 的内部取得最大值（最小值），那么这个最大值（最小值）也是函数的极大值（极小值）. 因此，求最大值和最小值的一般方法是：将函数 $f(x, y)$ 在 D 内的所有驻点处的函数值及在 D 的边界上的最大值和最小值相互比较，其中最大的就是最大值，最小的就是最小值. 在通常遇到的实际问题中，如果根据问题的性质，知道函数 $f(x, y)$ 的最大值（最小值）一定在 D 的内部取得，而函数在 D 内只有一个驻点，那么可以肯定该驻点处的函数值就是函数 $f(x, y)$ 在 D 上的最大值（最小值）.

例 3　某厂要用铁板做成一个体积为 $2\,\text{m}^3$ 的有盖长方体水箱. 问当长、宽、高各取多少时，才能使用料最省？

解　设水箱的长为 $x\,\text{m}$，宽为 $y\,\text{m}$，则其高应为 $\dfrac{2}{xy}\,\text{m}$. 此水箱所用材料的面积为

$$A = 2\left(xy + y\frac{2}{xy} + x\frac{2}{xy} \right) = 2\left(xy + \frac{2}{x} + \frac{2}{y} \right) \ (x > 0, y > 0).$$

可见，材料面积 A 是关于 x 和 y 的二元函数，这就是目标函数. 下面求使这个函数取得最小值的点 (x, y). 令

$$A_x = 2\left(y - \frac{2}{x^2}\right) = 0,$$

$$A_y = 2\left(x - \frac{2}{y^2}\right) = 0,$$

得 $x = \sqrt[3]{2}, y = \sqrt[3]{2}$.

　　由题意可知，水箱所用材料面积的最小值必存在，并在开区域 $D = \{(x,y) \mid x > 0, y > 0\}$ 内取得. 因为函数 A 在 D 的内部只有一个驻点，所以此驻点一定是 A 的最小值点，即当水箱的长为 $\sqrt[3]{2}$ m、宽为 $\sqrt[3]{2}$ m、高为 $\sqrt[3]{2}$ m $= \dfrac{2}{\sqrt[3]{2} \cdot \sqrt[3]{2}}$ 时，水箱所用的材料最省.

　　从例 3 还可看出，在体积一定的长方体中，以立方体的表面积为最小.

　　例 4　有一宽为 24 cm 的长方形铁板，把它两边折起来做成一断面为等腰梯形的水槽. 问怎样折法才能使断面的面积最大？

　　解　设折起来的边长为 x cm，倾角为 α，那么等腰梯形断面的下底长为 $24 - 2x$、上底长为 $24 - 2x \times \cos\alpha$、高为 $x \times \sin\alpha$，所以断面面积

$$A = \frac{1}{2}(24 - 2x + 2x\cos\alpha + 24 - 2x)x\sin\alpha,$$

即

$$A = 24x \times \sin\alpha - 2x^2\sin\alpha + x^2\sin\alpha\cos\alpha, \quad \left(0 < x < 12, 0 < \alpha \leqslant \frac{\pi}{2}\right).$$

可见，断面面积 A 是关于 x 和 α 的二元函数，这就是目标函数. 下面求使这函数取得最大值的点 (x, α). 令

$$\begin{cases} A_x = 24\sin\alpha - 4x\sin\alpha + 2x\sin\alpha\cos\alpha = 0 \\ A_\alpha = 24x\cos\alpha - 2x^2\cos\alpha + x^2(\cos^2\alpha - \sin^2\alpha) = 0 \end{cases},$$

由于 $\sin\alpha \neq 0, x \neq 0$，上述方程组可化为

$$\begin{cases} 12 - 2x + x\cos\alpha = 0 \\ 24\cos\alpha - 2x\cos\alpha + x(\cos^2\alpha - \sin^2\alpha) = 0 \end{cases}.$$

解这方程组，得 $\alpha = \dfrac{\pi}{3}, x = 8$.

　　根据题意可知，断面面积的最大值一定存在，并且在 $D = \left\{(x,y) \mid 0 < x < 12, 0 < \alpha \leqslant \dfrac{\pi}{2}\right\}$ 内取得，通过计算得知 $\alpha = \dfrac{\pi}{2}$ 时的函数值比 $\alpha = \dfrac{\pi}{3}, x = 8$ cm 时的函数值小. 又由于函数在 D 内只有一个驻点，因此可以断定，当 $\alpha = \dfrac{\pi}{3}, x = 8$ cm 时，就能使断面的面积最大.

三、条件极值、拉格朗日乘数法

　　对于函数的自变量，除了限制在函数的定义域内，并无其他条件，所以有时候称为**无条**

件极值. 但在实际问题中，有时会遇到对函数的自变量还有附加条件的极值问题，像这种对自变量有附加条件的极值问题，称为**条件极值**，对于这些实际问题，可以把条件极值转化为无条件极值，然后再加以解决. 例如，求表面积为 a^2 而体积最大的长方体的体积问题. 设长方体的三棱的长为 x, y, z，则体积 $V = xyz$. 又因假定表面积为 a^2，所以自变量 x, y, z 还必须满足附加条件 $2(xy + yz + xz) = a^2$. 这个问题就是求函数 $V = xyz$. 在条件 $2(xy + yz + xz) = a^2$ 下的最大值问题，这是一个条件极值问题.

对于有些实际问题，可以把条件极值问题化为无条件极值问题. 例如上述问题，由条件 $2(xy + yz + xz) = a^2$，解得

$$z = \frac{a^2 - 2xy}{2(x + y)},$$

于是

$$V = \frac{xy}{2}\left(\frac{a^2 - 2xy}{(x + y)}\right).$$

只需求 V 的无条件极值问题.

在很多情形下，将条件极值化为无条件极值并不容易. 需要另一种求条件极值的专用方法，这就是**拉格朗日乘数法**.

现在我们来寻求函数 $z = f(x, y)$ 在条件 $\varphi(x, y) = 0$ 下取得极值的必要条件.

如果函数 $z = f(x, y)$ 在 (x_0, y_0) 处取得所求的极值，那么有

$$\varphi(x_0, y_0) = 0.$$

假定在 (x_0, y_0) 的某一邻域内 $z = f(x, y)$ 与 $\varphi(x, y)$ 均有连续的一阶偏导数，而 $\varphi_y(x_0, y_0) \neq 0$. 由隐函数存在定理，由方程 $\varphi(x, y)$ 确定一个连续且具有连续导数的函数 $y = \psi(x)$，将其代入目标函数 $z = f(x, y)$，得一元函数

$$z = f[x, \psi(x)],$$

于是 $x = x_0$ 是一元函数 $z = f[x, \psi(x)]$ 的极值点，由取得极值的必要条件，有

$$\left.\frac{\mathrm{d}z}{\mathrm{d}x}\right|_{x=x_0} = f_x(x_0, y_0) + f_y(x_0, y_0)\left.\frac{\mathrm{d}y}{\mathrm{d}x}\right|_{x=x_0} = 0,$$

即

$$f_x(x_0, y_0) - f_y(x_0, y_0)\frac{\varphi_x(x_0, y_0)}{\varphi_y(x_0, y_0)} = 0,$$

从而函数 $z = f(x, y)$ 在条件 $\varphi(x, y) = 0$ 下在 (x_0, y_0) 处取得极值的必要条件是

$$f_x(x_0, y_0) - f_y(x_0, y_0)\frac{\varphi_x(x_0, y_0)}{\varphi_y(x_0, y_0)} = 0$$

与

$$\varphi_y(x_0, y_0) = 0$$

同时成立.

设 $\dfrac{f_y(x_0, y_0)}{\varphi_y(x_0, y_0)} = -\lambda$，上述必要条件变为

$$\begin{cases} f_x(x_0,y_0) + \lambda\varphi_x(x_0,y_0) = 0 \\ f_y(x_0,y_0) + \lambda\varphi_y(x_0,y_0) = 0. \\ \varphi(x_0,y_0) = 0 \end{cases} \qquad (10.1)$$

若引进辅助函数

$$L(x,y) = f(x,y) + \lambda\varphi(x,y),$$

不难看出,(10.1)式中前两式就是

$$L_x(x_0,y_0) = 0, L_y(x_0,y_0) = 0,$$

函数 $L(x,y)$ 称为**拉格朗日函数**, 参数 λ 称为**拉格朗日乘子**.

由上述讨论可得出如下结论.

拉格朗日乘数法　要找函数 $z = f(x,y)$ 在条件 $\varphi(x,y) = 0$ 下的可能极值点, 可以先构造辅助函数

$$F(x,y) = f(x,y) + \lambda\varphi(x,y),$$

其中 λ 为某一常数, 然后解方程组

$$\begin{cases} F_x(x,y) = f_x(x,y) + \lambda\varphi_x(x,y) = 0 \\ F_y(x,y) = f_y(x,y) + \lambda\varphi_y(x,y) = 0. \\ \varphi(x,y) = 0 \end{cases}$$

由该方程组可以解出 x,y 及 λ, 则其中的 (x,y) 就是所要求的可能的极值点.

这种方法可以推广到自变量多于两个且条件多于一个的情形中.

至于如何确定所求的点是否是极值点, 在实际问题中往往可根据问题本身的性质来判定.

例 7　求表面积为 a^2 而体积最大的长方体的体积.

解　设长方体的三条棱的长分别为 x,y,z, 则问题就是在条件

$$2(xy + yz + xz) = a^2$$

下求函数 $V = xyz$ 的最大值.

构造辅助函数

$$F(x,y,z) = xyz + \lambda(2xy + 2yz + 2xz - a^2),$$

解方程组

$$\begin{cases} F_x(x,y,z) = yz + 2\lambda(y+z) = 0 \\ F_y(x,y,z) = xz + 2\lambda(x+z) = 0 \\ F_z(x,y,z) = xy + 2\lambda(y+x) = 0, \\ 2xy + 2yz + 2xz = a^2 \end{cases}$$

得 $x = y = z = \dfrac{\sqrt{6}}{6}a$, 这是唯一可能的极值点. 因为由问题本身可知最大值一定存在, 所以最大值就在这个可能的极值点处取得, 此时 $V = \dfrac{\sqrt{6}}{36}a^3$.

习题 10.6

A 组

1. 已知函数 $f(x,y)$ 在点 $(0,0)$ 的某个邻域内连续，且 $\lim\limits_{(x,y)\to(0,0)}\dfrac{f(x,y)-xy}{(x^2+y^2)^2}=1$. 则下列选项正确的是（　　　）.

  （A）点不是极值点   （B）点是极大值点

  （C）点是极小值点   （D）无法判断是否为极值点

2. 求函数 $f(x,y)=4(x-y)-x^2-y^2$ 的极值.

3. 求函数 $f(x,y)=3x^2+3y^2-2x-2y+2$ 的极值.

4. 求函数 $f(x,y)=\mathrm{e}^{2x}(x+y^2+2y)$ 的极值.

5. 求函数 $f(x,y)=x^2+y^2-2\ln x-18\ln y$ 的极值.

6. 函数 $f(x,y)=2x^2+ax+xy^2+2y$ 在点 $(1,1)$ 处取得极值，求常数 a .

B 组

1. 求函数 $z=x^2+y^2+1$ 在条件 $x+y-3=0$ 下的条件极值.

2. 求函数 $z=xy$ 在条件 $x+y=1$ 下的极大值.

3. 欲造一个无盖的长方体容器，已知底部造价为 3 元/m^2，侧面造价均为 1 元/m^2，现想用 36 元造一个容积最大的容器，求它的尺寸.

4. 在球面 $x^2+y^2+z^2=5r^2$（ $x>0,y>0,z>0$ ）上求一点，使函数 $f(x,y,z)=\ln x+\ln y+3\ln z$ 达到极大值，并求此时的极大值. 利用此极大值证明：对 $\forall a,b,c$ ，有 $abc^3\leqslant 27\left(\dfrac{a+b+c}{5}\right)^5$.

5. 求椭球面 $\dfrac{x^2}{3}+\dfrac{y^2}{2}+z^2=1$ 被平面 $x+y+z=0$ 截得的椭圆的长半轴与短半轴的长度.

10.7 多元函数微分学在几何中的应用

一、空间曲线的切线与法平面

1. 曲线方程为参数形式的方程

设空间曲线 Γ 的参数方程为

$$\begin{cases} x=\varphi(t) \\ y=\psi(t) \quad (\alpha\leqslant t\leqslant\beta), \\ z=\omega(t) \end{cases}$$

这里假定 $\varphi(t), \psi(t), \omega(t)$ 都在 $[\alpha, \beta]$ 上可导，且三个导数不同时为零.

现在讨论曲线 Γ 在其上一点 $M_0(x_0, y_0, z_0)$ 处的切线与法平面方程，这里

$$x_0 = \varphi(t_0),\ y_0 = \psi(t_0),\ z_0 = \omega(t_0),\ \alpha \le t_0 \le \beta.$$

在曲线 Γ 上点 $M_0(x_0, y_0, z_0)$ 附近取一点 $M(x_0 + \Delta x, y_0 + \Delta y, z_0 + \Delta z)$，连接 Γ 上的点 M 与 M_0 的割线 MM_0（如图 10.18）的方程为

$$\frac{x - x_0}{x(t) - x(t_0)} = \frac{y - y_0}{y(t) - y(t_0)} = \frac{z - z_0}{z(t) - z(t_0)},$$

将其改写为

$$\frac{x - x_0}{\dfrac{x(t) - x(t_0)}{t - t_0}} = \frac{y - y_0}{\dfrac{y(t) - y(t_0)}{t - t_0}} = \frac{z - z_0}{\dfrac{z(t) - z(t_0)}{t - t_0}},$$

当点 M 沿着 Γ 趋于点 M_0 时，割线 MM_0 的极限位置就是曲线在点 M_0 处的切线. 故令 $t \to t_0$ 即可得曲线在点 M_0 处的**切线方程**

$$\frac{x - x_0}{\varphi'(t_0)} = \frac{y - y_0}{\psi'(t_0)} = \frac{z - z_0}{\omega'(t_0)}.$$

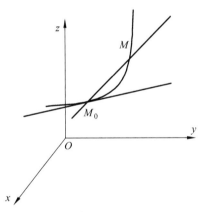

图 10.18

切线的方向向量称为**曲线的切向量**. 由切线方程可知，向量

$$T = (\varphi'(t_0), \psi'(t_0), \omega'(t_0))$$

就是曲线 Γ 在点 M_0 处的一个切向量.

通过点 M_0 而与切线垂直的平面称为曲线 Γ 在点 M_0 处的**法平面**. 显然，法平面是通过点 $M_0(x_0, y_0, z_0)$，且以曲线的切向量 T 为法向量的平面，因此**法平面方程**为

$$\varphi'(t_0)(x - x_0) + \psi'(t_0)(y - y_0) + \omega'(t_0)(z - z_0) = 0.$$

例 1　求曲线 $x = t, y = t^2, z = t^3$ 在点 $(1,1,1)$ 处的切线及法平面方程.

解　因为 $x'_t = 1, y'_t = 2t, z'_t = 3t^2$，而点 $(1,1,1)$ 所对应的参数 $t = 1$，所以 $T = (1,2,3)$，故切线方程为

$$\frac{x-1}{1} = \frac{y-1}{2} = \frac{z-1}{3},$$

法平面方程为

$$(x-1) + 2(y-1) + 3(z-1) = 0,$$

即 $x + 2y + 3z = 6$.

2. 曲线方程为一般方程形式

特别地，如果曲线方程为

$$y = f(x), z = g(x),$$

则该曲线方程可以看作以 x 为参数的参数方程

$$\begin{cases} x = x \\ y = f(x) \\ z = g(x) \end{cases},$$

即可得到，曲线在 $M_0(x_0, y_0, z_0)$ 处的**切线方程**为

$$\frac{x - x_0}{1} = \frac{y - y_0}{\psi'(t_0)} = \frac{z - z_0}{\omega'(t_0)},$$

曲线在 $M_0(x_0, y_0, z_0)$ 处的**法平面方程**为

$$(x - x_0) + \psi'(t_0)(y - y_0) + \omega'(t_0)(z - z_0) = 0.$$

空间曲线 Γ 还可以表示为空间中两个曲面的交线. 设空间曲线 Γ 的方程为

$$\begin{cases} F(x, y, z) = 0 \\ G(x, y, z) = 0 \end{cases},$$

可得到，曲线在 $M_0(x_0, y_0, z_0)$ 处的**切线方程**为

$$\frac{x - x_0}{\left.\dfrac{\partial(F,G)}{\partial(y,z)}\right|_{M_0}} = \frac{y - y_0}{\left.\dfrac{\partial(F,G)}{\partial(z,x)}\right|_{M_0}} = \frac{z - z_0}{\left.\dfrac{\partial(F,G)}{\partial(x,y)}\right|_{M_0}},$$

相应地，曲线在 $M_0(x_0, y_0, z_0)$ 处的**法平面方程**为

$$\left.\frac{\partial(F,G)}{\partial(y,z)}\right|_{M_0} (x - x_0) + \left.\frac{\partial(F,G)}{\partial(z,x)}\right|_{M_0} (y - y_0) + \left.\frac{\partial(F,G)}{\partial(x,y)}\right|_{M_0} (z - z_0) = 0.$$

例 2 求曲线 $x^2 + y^2 + z^2 - 3x = 0, 2x - 3y + 5z - 4 = 0$ 在点 $(1,1,1)$ 处的切线及法平面方程.

解 直接利用公式求解. 因为

$$\frac{\partial(F,G)}{\partial(y,z)} = \begin{vmatrix} 2y & 2z \\ -3 & 5 \end{vmatrix} = 10y + 6z,$$

$$\frac{\partial(F,G)}{\partial(z,x)} = \begin{vmatrix} 2z & 2x-3 \\ 5 & 2 \end{vmatrix} = 4z-10x+15,$$

$$\frac{\partial(F,G)}{\partial(x,y)} = \begin{vmatrix} 2x-3 & 2y \\ 2 & -3 \end{vmatrix} = -6x+9-4y,$$

因此

$$\left.\frac{\partial(F,G)}{\partial(y,z)}\right|_{(1,1,1)} = 16, \left.\frac{\partial(F,G)}{\partial(z,x)}\right|_{(1,1,1)} = 9, \left.\frac{\partial(F,G)}{\partial(x,y)}\right|_{(1,1,1)} = -1,$$

故所求切线方程为

$$\frac{x-1}{16} = \frac{y-1}{9} = \frac{z-1}{-1},$$

法平面方程为

$$16(x-1)+9(y-1)-(z-1) = 0,$$

即 $16x+9y-z-24 = 0$.

二、空间曲面的切平面与法线

若曲面上过点 M_0 的任一曲线都在同一平面上，则称这个平面为曲面在点 M_0 的**切平面**. 过点 M_0 而与切平面垂直的直线称为曲线在点 M_0 的**法线**. 现在要求曲线上一点处的切平面与法线方程.

1. 隐式方程 $F(x,y,z) = 0$

设曲面 Σ 由方程 $F(x,y,z) = 0$ 给出，为了确定曲面 Σ 上一点 $M_0(x_0,y_0,z_0)$ 的切平面，在曲面 Σ 上，通过点 M_0 任意引一条曲线 Γ（如图 10.19），假定曲线 Γ 的参数方程式为

$$\begin{cases} x = \varphi(t) \\ y = \psi(t) \quad (\alpha \leqslant t \leqslant \beta), \\ z = \omega(t) \end{cases}$$

设 $t = t_0$ 对应于点 $M_0(x_0,y_0,z_0)$，并设 $F(x,y,z)$ 在点 M_0 处有连续偏导数且不同时为零. 即曲线 Γ 在点 M_0 的切向量为 $\boldsymbol{T} = (\varphi'(t_0), \psi'(t_0), \omega'(t_0))$ 不为零.

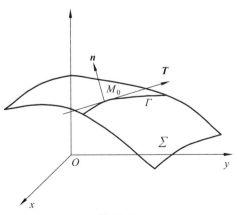

图 10.19

由于曲线 Γ 在曲面 Σ 上，所以有恒等式 $F(\varphi(t),\psi(t),\omega(t)) \equiv 0$. 又由于 $F(x,y,z)$ 在点处 M_0 有连续偏导数，且 $\varphi'(t),\psi'(t),\omega'(t)$ 存在，所以考虑将恒等式两端对 t 求导数，得

$$F_x(x_0,y_0,z_0)\varphi'(t_0) + F_y(x_0,y_0,z_0)\psi'(t_0) + F_z(x_0,y_0,z_0)\omega'(t_0) = 0 .$$

引入向量

$$\boldsymbol{n} = (F_x(x_0,y_0,z_0),F_y(x_0,y_0,z_0),F_z(x_0,y_0,z_0))$$

将上式改写为向量的点积形式

$$(F_x(x_0,y_0,z_0),F_y(x_0,y_0,z_0),F_z(x_0,y_0,z_0)) \cdot \boldsymbol{T} = 0 .$$

说明 $\boldsymbol{n}$ 与 $\boldsymbol{T}$ 是垂直的，因为曲线 Γ 是曲面 Σ 上通过点 M_0 的任意一条曲线，它们在点 M_0 的切线都与同一向量 $\boldsymbol{n}$ 垂直，所以曲面上通过点 M_0 的一切曲线在点 M_0 的切线都在同一个平面上．这个平面称为曲面 Σ 在点 M_0 的切平面．因此，**切平面方程**为

$$F_x(x_0,y_0,z_0)(x-x_0) + F_y(x_0,y_0,z_0)(y-y_0) + F_z(x_0,y_0,z_0)(z-z_0) = 0 ,$$

曲面 Σ 在点 M_0 的**法线方程**为

$$\frac{(x-x_0)}{F_x(x_0,y_0,z_0)} = \frac{(y-y_0)}{F_y(x_0,y_0,z_0)} = \frac{(z-z_0)}{F_z(x_0,y_0,z_0)} .$$

例 3 求球面 $x^2 + y^2 + z^2 = 14$ 在点 $(1,2,3)$ 处的切平面及法线方程．

解 $F(x,y,z) = x^2 + y^2 + z^2 - 14$ ，则

$$F_x = 2x, F_y = 2y, F_z = 2z ,$$

$$F_x(1,2,3) = 2, F_y(1,2,3) = 4, F_z(1,2,3) = 6 .$$

所以在点 $(1,2,3)$ 处的切平面方程为

$$2(x-1) + 4(y-2) + 6(z-3) = 0 ,$$

即 $x + 2y + 3z - 14 = 0$.

法线方程为

$$\frac{x-1}{1} = \frac{y-2}{2} = \frac{z-3}{3} .$$

2. 显式方程 $z = f(x,y)$

由多元函数的定义可知，二元函数 $z = f(x,y)$ 的图形就是一个曲面．反之，也把二元函数 $z = f(x,y)$ 称为曲面的显式方程．事实上，要求此类形式下的曲面的切平面和法线方程，只需要将其化为隐式方程即可．

现在考虑曲面方程 $z = f(x,y)$ ，令

$$F(x,y) = f(x,y) - z ,$$

则有 $\qquad F_x(x,y,z) = f_x(x,y), F_y(x,y,z) = f_y(x,y), F_z(x,y,z) = -1$，

于是，只要函数 $f(x,y)$ 的偏导数在点 (x_0, y_0) 连续，就可以得到曲面 $z = f(x,y)$ 在点 $P_0(x_0, y_0, z_0)$ 处的法向量

$$\boldsymbol{n} = (f_x(x,y), f_y(x,y), -1).$$

已知 $z = f(x,y)$ 在点 P_0 的法向量 $\boldsymbol{n} = (f_x(x_0, y_0), f_y(x_0, y_0), -1)$，于是法线方程为

$$\frac{(x - x_0)}{f_x(x_0, y_0)} = \frac{(y - y_0)}{f_y(x_0, y_0)} = \frac{(z - z_0)}{-1},$$

切平面方程为

$$f_x(x_0, y_0)(x - x_0) + f_y(x_0, y_0)(y - y_0) - (z - z_0) = 0.$$

例 4　求旋转抛物面 $z = x^2 + y^2 - 1$ 在点 $(2,1,4)$ 处的切平面及法线方程.

解　令 $f(x,y) = x^2 + y^2 - 1$，则

$$\boldsymbol{n} = (f_x, f_y, -1) = (2x, 2y, -1),$$
$$\boldsymbol{n}|_{(2,1,4)} = (4, 2, -1),$$

所以在点 $(2,1,4)$ 处的法线方程为

$$\frac{x - 2}{4} = \frac{y - 1}{2} = \frac{z - 4}{-1},$$

切平面方程为

$$4(x - 2) + 2(y - 1) - (z - 4) = 0,$$

即 $4x + 2y - z - 6 = 0$.

习题 10.7

A 组

1. 螺旋线 $x = 2\cos t, y = 2\sin t, z = 3t$ 在对应于 $t = \dfrac{\pi}{4}$ 的点处的切线及法平面方程.

2. 求曲线 $x = \dfrac{t}{1+t}, y = \dfrac{1+t}{t}, z = t^2$ 在对应于 $t_0 = 1$ 的点处的切线及法平面方程.

3. 求曲线 $y^2 = 2mx, z^2 = m - x$ 在点 (x_0, y_0, z_0) 处的切线及法平面方程.

4. 求曲面 $2x^2 + 3y^2 + z^2 = 9$ 在点 $(1, -1, 2)$ 处的切平面及法线方程.

5. 求曲面 $\mathrm{e}^z - z + xy = 3$ 在点 $(2,1,0)$ 处的切平面及法线方程.

B 组

1. 求曲线 $\begin{cases} x^2 + y^2 + z^2 = 50 \\ z^2 = x^2 + y^2 \end{cases}$ 在点 $(3,4,5)$ 处的切线及法平面方程.

2. 求曲线 $\begin{cases} x^2 + y^2 + z^2 - 3x = 0 \\ 2x - 3y + 5z - 4 = 0 \end{cases}$ 在点 $(1,1,1)$ 处的切线及法平面方程.

3. 设 $f(u,v)$ 可微，证明由方程 $f(ax - bz, ay - bz) = 0$ 所确定的曲面在任一点处的切平面与一定向量平行.

4. 证明曲面 $x^{\frac{2}{3}} + y^{\frac{2}{3}} + z^{\frac{2}{3}} = a^{\frac{2}{3}}$ $(a > 0)$ 上任意一点处的切平面在三个坐标轴上的截距的平方和为 a^2.

5. 设 $F(x,y,z)$ 具有连续偏导数，且对任意实数 t，总有 $F(tx, ty, tz) = t^k F(x,y,z)$，$k$ 为自然数. 试证：曲面 $F(x,y,z) = 0$ 上任意一点的切平面都相交于一定点.

10.8 方向导数与梯度

一、方向导数

偏导数反映的是函数沿着坐标轴方向的变化率. 但是许多物理现象表明，只考虑函数沿着坐标轴方向的变化率是不够的. 例如，热空气向冷的地方流动，气象学中就要确定大气温度、气压沿着某些方向的变化率；鲨鱼在海洋中发现血腥味时要向气味最浓的方向连续前进，实验表明它前进的路线从来不是直线. 因此，研究函数沿着任一方向的变化率是非常有必要的.

现在我们来讨论函数 $z = f(x,y)$ 在一点 P 沿某一方向的变化率问题.

设 l 是 xOy 平面上以 $P_0(x_0, y_0)$ 为始点的一条射线，$e_l = (\cos\alpha, \cos\beta)$ 是与 l 同方向的单位向量. 射线 l 的参数方程为

$$\begin{cases} x = x_0 + t\cos\alpha \\ y = y_0 + t\cos\beta \end{cases} \quad (t \geqslant 0).$$

函数 $z = f(x,y)$ 在点 $P_0(x_0, y_0)$ 的某一邻域 $U(P_0)$ 内有定义，$P(x_0 + t\cos\alpha, y_0 + t\cos\beta)$ 为 l 上另一点，且 $P \in U(P_0)$. 如果函数增量 $f(x_0 + t\cos\alpha, y_0 + t\cos\beta) - f(x_0, y_0)$ 与 P 到 P_0 的距离 $|PP_0| = t$ 的比值为

$$\frac{f(x_0 + t\cos\alpha, y_0 + t\cos\beta) - f(x_0, y_0)}{t},$$

当 P 沿着 l 趋于 P_0（即 $t \to 0^+$）时的极限存在，则称此极限为函数 $f(x,y)$ 在点 P_0 沿方向 l 的**方向导数**，记作 $\left.\dfrac{\partial f}{\partial l}\right|_{(x_0, y_0)}$，即

$$\left.\frac{\partial f}{\partial l}\right|_{(x_0, y_0)} = \lim_{t \to 0^+} \frac{f(x_0 + t\cos\alpha, y_0 + t\cos\beta) - f(x_0, y_0)}{t}.$$

从方向导数的定义可知，方向导数 $\dfrac{\partial f}{\partial l}\bigg|_{(x_0,y_0)}$ 就是函数 $f(x,y)$ 在点 $P_0(x_0,y_0)$ 处沿方向 l 的变化率.

关于方向导数的存在及计算，有如下定理.

定理 如果函数 $z=f(x,y)$ 在点 $P_0(x_0,y_0)$ 可微分，那么函数在该点沿任一方向 l 的方向导数都存在，且有

$$\frac{\partial f}{\partial l}\bigg|_{(x_0,y_0)}=f_x(x_0,y_0)\cos\alpha+f_y(x_0,y_0)\cos\beta,$$

其中 $\cos\alpha,\cos\beta$ 是方向 l 的方向余弦.

例 1 求函数 $z=x\mathrm{e}^{2y}$ 在点 $P(1,0)$ 沿从点 $P(1,0)$ 到点 $Q(2,-1)$ 的方向的方向导数.

解 这里方向 l 即向量 $\overrightarrow{PQ}=(1,-1)$ 的方向，与 l 同向的单位向量为

$$\mathbf{e}_l=\left(\frac{1}{\sqrt{2}},\ -\frac{1}{\sqrt{2}}\right),$$

因为函数可微分，且

$$\frac{\partial z}{\partial x}\bigg|_{(1,0)}=\mathrm{e}^{2y}\bigg|_{(1,0)}=1,$$

$$\frac{\partial z}{\partial y}\bigg|_{(1,0)}=2x\mathrm{e}^{2y}\bigg|_{(1,0)}=2,$$

所以所求方向导数为

$$\frac{\partial z}{\partial l}\bigg|_{(1,0)}=1\cdot\frac{1}{\sqrt{2}}+2\cdot\left(-\frac{1}{\sqrt{2}}\right)=-\frac{\sqrt{2}}{2}.$$

对于三元函数 $f(x,y,z)$ 来说，它在空间一点 $P_0(x_0,y_0,z_0)$ 沿 $\mathbf{e}_l=(\cos\alpha,\cos\beta,\cos\gamma)$ 的**方向导数**为

$$\frac{\partial f}{\partial l}\bigg|_{(x_0,y_0,z_0)}=\lim_{t\to 0^+}\frac{f(x_0+t\cos\alpha,\ y_0+t\cos\beta,z_0+t\cos\gamma)-f(x_0,y_0,z_0)}{t}.$$

如果函数 $f(x,y,z)$ 在点 (x_0,y_0,z_0) 可微分，则函数在该点沿着 $\mathbf{e}_l=(\cos\alpha,\cos\beta,\cos\gamma)$ 的方向导数为

$$\frac{\partial f}{\partial l}\bigg|_{(x_0,y_0,z_0)}=f_x(x_0,y_0,z_0)\cos\alpha+f_y(x_0,y_0,z_0)\cos\beta+f_z(x_0,y_0,z_0)\cos\gamma.$$

例 2 求 $f(x,y,z)=xy+yz+zx$ 在点 $(1,1,2)$ 沿方向 l 的方向导数，其中 l 的方向角分别为 $\dfrac{\pi}{3},\dfrac{\pi}{4},\dfrac{\pi}{3}$.

解 与 l 同向的单位向量为

$$e_l = \left(\cos\frac{\pi}{3}, \cos\frac{\pi}{4}, \cos\frac{\pi}{3} \right) = \left(\frac{1}{2}, \frac{\sqrt{2}}{2}, \frac{1}{2} \right),$$

因为函数可微分，且

$$f_x(1,1,2) = (y+z)\big|_{(1,1,2)} = 3,$$
$$f_y(1,1,2) = (x+z)\big|_{(1,1,2)} = 3,$$
$$f_z(1,1,2) = (y+x)\big|_{(1,1,2)} = 2,$$

所以

$$\frac{\partial f}{\partial l}\bigg|_{(1,1,2)} = 3 \cdot \frac{1}{2} + 3 \cdot \frac{\sqrt{2}}{2} + 2 \cdot \frac{1}{2} = \frac{1}{2}(5 + 3\sqrt{2}).$$

二、梯　度

与方向导数相关的一个概念是函数的梯度. 在二元函数的情形下，设函数 $z = f(x,y)$ 在平面区域 D 内具有一阶连续偏导数，则对于每一点 $P_0(x_0, y_0) \in D$，都可确定一个向量

$$f_x(x_0, y_0)\boldsymbol{i} + f_y(x_0, y_0)\boldsymbol{j},$$

该向量称为函数 $f(x,y)$ 在点 $P_0(x_0, y_0)$ 的**梯度**，记作 **grad** $f(x_0, y_0)$ 或 $\nabla f(x_0, y_0)$，即

$$\textbf{grad } f(x_0, y_0) = \nabla f(x_0, y_0) = f_x(x_0, y_0)\boldsymbol{i} + f_y(x_0, y_0)\boldsymbol{j}.$$

其中 $\nabla = \frac{\partial}{\partial x}\boldsymbol{i} + \frac{\partial}{\partial y}\boldsymbol{j}$ 称为（二维的）**向量微分算子**或 **Nabla 算子**，$\nabla f = \frac{\partial f}{\partial x}\boldsymbol{i} + \frac{\partial f}{\partial y}\boldsymbol{j}$.

如果函数 $f(x,y)$ 在点 $P_0(x_0, y_0)$ 可微分，$e_l = (\cos\alpha, \cos\beta)$ 是与方向 l 同方向的单位向量，则

$$\frac{\partial f}{\partial l}\bigg|_{(x_0, y_0)} = f_x(x_0, y_0)\cos\alpha + f_y(x_0, y_0)\cos\beta$$
$$= \textbf{grad } f(x_0, y_0)e_l = \big|\textbf{grad } f(x_0, y_0)\big|\cos\theta,$$

其中 θ 是梯度向量 **grad** $f(x_0, y_0)$ 与 e_l 的夹角. 因此，当 $\theta = 0$ 时，即沿梯度方向时，方向导数 $\frac{\partial f}{\partial l}\bigg|_{(x_0, y_0)}$ 取得最大值. 这就是说，当 $f(x,y)$ 在点 $P_0(x_0, y_0)$ 可微分时，$f(x,y)$ 在点 P_0 的梯度方向是 $f(x,y)$ 的值增长最快的方向，沿着这一方向的变化率就是梯度的模.

梯度的方向究竟指向哪里? 首先介绍等值线的概念.

一般地，二元函数 $z = f(x,y)$ 在几何上表示一个曲面，该曲面被平面 $z = c$（c 是常数）所截得的曲线 L 的方程为

$$\begin{cases} z = f(x,y) \\ z = c \end{cases},$$

这条曲线在 xOy 平面上的投影是一条平面曲线 L^*（如图 10.20），它在 xOy 平面上的方程为

$$f(x,y) = c,$$

对于曲线 L^* 上的一切点，已给函数的函数值都是 c ，所以我们称平面曲线 L^* 为函数 $z = f(x, y)$ 的**等值线**．

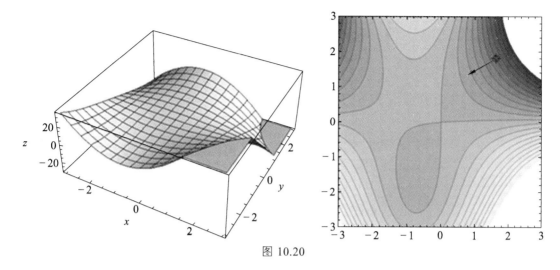

图 10.20

若 f_x, f_y 不同时为零，则等值线 $f(x, y) = c$ 上任一点 $P_0(x_0, y_0)$ 处的一个单位法向量为

$$\boldsymbol{n} = \frac{1}{\sqrt{f_x^2(x_0, y_0) + f_y^2(x_0, y_0)}} (f_x(x_0, y_0), f_y(x_0, y_0)) .$$

这表明梯度 $\mathbf{grad} f(x_0, y_0)$ 的方向与等值线上这点的一个法线方向相同，而沿这个方向的方向导数 $\dfrac{\partial f}{\partial n}$ 就等于 $|\mathbf{grad} f(x_0, y_0)|$ ，于是

$$\mathbf{grad} f(x_0, y_0) = \frac{\partial f}{\partial n} \boldsymbol{n} .$$

这一关系式表明了函数在一点的梯度与过这点的等值线、方向导数间的关系．这就是说，函数在一点的梯度方向与等值线在这点的一个法线方向相同，它的指向为从数值较低的等值线指向数值较高的等值线，梯度的模就等于函数在这个法线方向的方向导数．

梯度概念可以推广到三元函数的情形中．设函数在空间区域 G 内具有一阶连续偏导数，则对于每一点 $P_0(x_0, y_0, z_0) \in G$，都可确定出一个向量

$$f_x(x_0, y_0, z_0)\boldsymbol{i} + f_y(x_0, y_0, z_0)\boldsymbol{j} + f_z(x_0, y_0, z_0)\boldsymbol{k},$$

该向量称为函数 $f(x, y, z)$ 在点 $P_0(x_0, y_0, z_0)$ 的**梯度**，记为 $\mathbf{grad} f(x_0, y_0, z_0)$ ，即

$$\mathbf{grad} f(x_0, y_0, z_0) = f_x(x_0, y_0, z_0)\boldsymbol{i} + f_y(x_0, y_0, z_0)\boldsymbol{j} + f_z(x_0, y_0, z_0)\boldsymbol{k}.$$

对于三元函数的梯度，有着与二元函数相类似的结论：把 $f(x, y, z) = c$ 称为函数的**等量面**，则函数 $u = f(x, y, z)$ 在点 $P_0(x_0, y_0, z_0)$ 的梯度作为一个向量，它的方向与取得最大方向导数的方向一致，与过点 P_0 的等量面 $f(x, y, z) = c$ 在这点的法线的一个方向相同，且从数值较低的等量面指向数值较高的等量面，而它的模为方向导数的最大值，等于函数在这个法线方向的方向导数．

例 3 求 $\mathbf{grad}\dfrac{1}{x^2+y^2}$.

解 这里令

$$f(x,y)=\frac{1}{x^2+y^2},$$

因为

$$\frac{\partial f}{\partial x}=-\frac{2x}{(x^2+y^2)^2},\quad \frac{\partial f}{\partial y}=-\frac{2y}{(x^2+y^2)^2},$$

所以

$$\mathbf{grad}\frac{1}{x^2+y^2}=-\frac{2x}{(x^2+y^2)^2}\boldsymbol{i}-\frac{2y}{(x^2+y^2)^2}\boldsymbol{j}.$$

例 4 设 $f(x,y,z)=x^2+y^2+z^2$，求 $\mathbf{grad}\,f(1,-1,2)$.

解
$$\mathbf{grad}\,f=(f_x,f_y,f_z)=(2x,2y,2z),$$

于是
$$\mathbf{grad}\,f(1,-1,2)=(2,-2,4).$$

习题 10.8

A 组

1. 设函数 $f(x,y)=x^2-xy+y^2$，求：

（1）该函数在点 $(1,3)$ 处的梯度.

（2）在点 $(1,3)$ 处沿着方向 l 的方向导数，并求方向导数达到最大和最小的方向.

2. 求函数 $u=\ln(y^2+z^2+x^2)$ 在点 $(1,1,-1)$ 处的梯度.

3. 设函数 $f(x,y,z)=x^2+2y^2+3z^2+xy+3x-2y-6z$，求 $\mathbf{grad}\,f(1,1,1),\ \mathbf{grad}\,f(0,0,0)$.

B 组

1. 求函数 $u=xy^2+yz^2+zx^2$ 在点 $(1,2,-1)$ 处沿方向角为 $\alpha=\dfrac{\pi}{3}$，$\beta=\dfrac{\pi}{2}$，$\gamma=\dfrac{5\pi}{6}$ 的方向导数，并求在该点处方向导数达到最大值的方向及最大方向导数的值.

2. 求函数 $u=xy^2z^3$ 在曲线 $x=t,y=t^2,z=t^3$ 上的点 $(1,1,1)$ 处，沿着曲线在该点的切线正方向（对应于 t 增大的方向）的方向导数.

3. 求函数 $z=\ln(x+y)$ 在抛物线 $y^2=4x$ 上的点 $(1,2)$ 处，沿着抛物线在该点处偏向 x 轴正向的切线方向的方向导数.

4. 求函数 $u=x^2+y^2+z^2$ 在曲线 $x=t,t=t^2,z=t^3$ 上的点 $(1,1,1)$ 处，沿着曲线在该点的切线正方向（对应于 t 增大的方向）的方向导数.

5. 求函数 $u=xy^2z$ 在点 $P_0(1,-1,2)$ 处变化最快的方向，并求沿这个方向的方向导数.

10.9　多元函数的应用

对于许多工程问题，常常需要根据两个变量的几组实验数值——实验数据，来找出这两个变量的函数关系的近似表达式，通常把这样得到的函数的近似表达式叫作**经验公式**，经验公式建立以后，就可以把生产或实验中所积累的某些经验提高到理论上加以分析．下面通过举例介绍一种常用的建立经验公式的方法．

例 1　为了测定刀具的磨损速度，我们做这样的实验：经过一定时间（如每隔一个小时）测量一次刀具的厚度，得到一组实验数据如表 10.1 所示．

表 10.1

顺序编号	0	1	2	3	4	5	6	7
时间	0	1	2	3	4	5	6	7
刀具百度	27.0	26.8	26.5	26.3	26.1	25.7	25.3	24.8

试根据上面的实验数据，建立刀具厚度 y 和时间 t 之间的经验公式 $y = f(t)$，也就是要找出一个能使上述数据大体适合的函数关系 $y = f(t)$．

解　首先要确定 $f(t)$ 的类型，为此可按以下方法处理：在直角坐标系上取 t 为横坐标，y 为纵坐标，描出上述各对数据的对应点，如图（10-21）所示．从图中可以看出，这些点的连线大致接近于一条直线，于是就可以认为 $y = f(t)$ 是线性函数，并设 $f(t) = at + b$，其中 a 和 b 是待定常数．

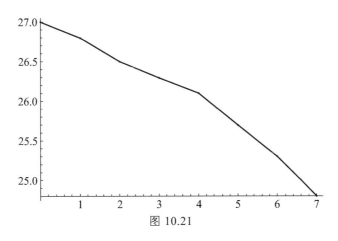

图 10.21

常数 a 和 b 如何确定呢？最理想的情形是选取这样的 a 和 b 能使直线 $y = f(t)$ 经过上图中所标出的各点，但在实际上这是不可能的，因为这点本来就不在同一条直线上，因此只能要求选取这样的 a 和 b 能使 $f(t) = at + b$ 在 t_0，t_1，t_2，$\cdots$，t_7 处的函数值与实验数据 y_0，y_1，y_2，$\cdots$，y_7 相差都很小，就是要使偏差 $y_i - f(t_i)$ $(i = 0,1,2,\cdots,7)$ 都很小，那么如何达到这一要求呢？能否设法使偏差和

$$\sum_{i=0}^{7} [y_i - f(t_i)]$$

很小来保证每个偏差都很小呢？答案是不能．因为偏差有正有负，在求和时可能互相抵消，为了避免这种情形，可对偏差取绝对值再求和，只要

$$\sum_{i=0}^{7} |y_i - f(t_i)| = \sum_{i=0}^{7} |y_i - (at_i + b)|$$

很小，就可以保证每个偏差的绝对值都很小．但是这个式子中有绝对值记号，不便于进一步分析讨论．由于任何实数的平方都是正数或零，因此可以考虑选取常数 a 和 b，使

$$M = \sum_{i=0}^{7} [y_i - (at_i + b)]^2$$

最小，来保证每个偏差的绝对值都很小．这种根据偏差的平方和为最小的条件来选择常数 a 和 b 的方法叫作**最小二乘法**，这种方法是通常确定常数 a 和 b 所采用的方法．

现在我们来研究经验公式，$y = at + b$ 中 a 和 b 符合什么条件时，才能使上述 M 为最小，如果把 M 看成与自变量 a 和 b 相对应的因变量，那么问题就可以归结为求函数 $M = M(a,b)$ 在哪些点处取得最小值．由第 6 节的讨论可知，上述问题可以通过求解方程组

$$\begin{cases} M_a(a,b) = 0 \\ M_b(a,b) = 0 \end{cases}$$

来解决，即令

$$\begin{cases} \dfrac{\partial M}{\partial a} = -2\sum_{i=0}^{7} [y_i - (at_i + b)]t_i = 0 \\ \dfrac{\partial M}{\partial b} = -2\sum_{i=0}^{7} [y_i - (at_i + b)] = 0 \end{cases},$$

即

$$\begin{cases} \sum_{i=0}^{7} t_i[y_i - (at_i + b)] = 0 \\ \sum_{i=0}^{7} [y_i - (at_i + b)] = 0 \end{cases},$$

将括号内各项进行整理合并，把未知数 a 和 b 分离出来，便得

$$\begin{cases} a\sum_{i=0}^{7} t_i^2 + b\sum_{i=0}^{7} t_i = \sum_{i=0}^{7} y_i t_i \\ a\sum_{i=0}^{7} t_i + 8b = \sum_{i=0}^{7} y_i \end{cases}. \tag{10.2}$$

下面通过列表（表 10.2）来计算 $\sum_{i=0}^{7} t_i^2, \sum_{i=0}^{7} t_i, \sum_{i=0}^{7} y_i t_i, \sum_{i=0}^{7} y_i$．

表 10.2

	t_i	t_i^2	y_i	$y_i t_i$
	0	0	27.0	0
	1	1	26.8	26.8
	2	4	26.5	53.0
	3	9	26.3	78.9
	4	16	26.1	104.4
	5	25	25.7	128.5
	6	36	25.3	151.8
	7	49	24.8	173.6
Σ	28	140	208.5	717.0

代入方程组（10.2），得到

$$\begin{cases} 140a + 28b = 717 \\ 28a + 8b = 208.5 \end{cases},$$

解此方程组，得到

$$a = -0.3036,\ b = 27.125 .$$

这样便得到所求经验公式

$$y = -0.3036t + 27.125 \tag{10.3}$$

由（10.3）式计算出的函数值 $f(t_i)$ 与实测的 y_i 有一定的偏差. 现列表比较，如表 10.3 所示.

表 10.3

	0	1	2	3	4	5	6	7
实测值	27.0	26.8	26.5	26.3	26.1	25.7	25.3	24.8
计算值	27.125	26.821	26.518	26.214	25.911	25.607	25.303	25.000
偏差	-0.125	-0.021	-0.018	0.086	0.189	0.093	-0.003	-0.200

偏差的平方和 M 等于 0.108 165，它的平方根 $\sqrt{M}$ 等于 0.329. $\sqrt{M}$ 称为**均方误差**，它的大小在一定程度上反映了用经验公式来近似表达原来函数关系的近似程度的好坏.

在例 1 中，按实验数据描出的图形接近于一条直线，在这种情形下，就可认为函数关系是线性函数类型，从而问题可化为求解一个二元一次方程组，计算比较方便. 还有一些实际问题，经验公式的类型不是线性函数，但可以设法转化成线性函数的类型来讨论.

习题 10.9

1. 某种合金的含铅量百分比为 p（%），其溶解温度为 θ（°C），由实验测得 p 与 θ 的数据如表 10.4 所示.

表 10.4

p	36.9	46.7	63.7	77.8	84.0	87.5
θ	181	197	235	270	283	292

试用最小二乘法建立 θ 与 p 之间的经验公式 $\theta = ap + b$.

10.10　数学实验：导数和极值

实验内容：运用 MATLAB 求偏导数和极值.

实验目的：运用 MATLAB 求多元函数的偏导数及高阶偏导数；运用 MATLAB 求多元函数的极值.

例 1　已知函数 $z = x^3(y+2)^4 + \cos(xy)$，求 $\dfrac{\partial z}{\partial x}, \dfrac{\partial z}{\partial y}, \dfrac{\partial^2 z}{\partial x^2}, \dfrac{\partial^2 z}{\partial y^2}, \dfrac{\partial^2 z}{\partial x \partial y}, \dfrac{\partial^3 z}{\partial x^3}, \dfrac{\partial^3 z}{\partial y^3}$.

程序如下：

```
syms x y                        %定义符号变量
z=x^3*(y+2)^4+cos(x*y);         %定义符号函数
zx=diff(z,x)                    %函数 z 对 x 的一阶偏导数
zy=diff(z,y)                    %函数 z 对 y 的一阶偏导数
z2x=diff(z,x,2)                 %函数 z 对 x 的二阶偏导数
z2y=diff(z,y,2)                 %函数 z 对 y 的二阶偏导数
zxy=diff(diff(z,x),y)           %函数 z 对 x 和 y 的混合偏导数
zyx=diff(diff(z,y),x)
z3x=diff(z,x,3)                 %函数 z 对 x 的三阶偏导数
z3y=diff(z,y,3)                 %函数 z 对 y 的三阶偏导数
```

运行结果如下：

```
zx=3*x^2*(y + 2)^4 - y*sin(x*y)
zy=4*x^3*(y + 2)^3 - x*sin(x*y)
z2x=6*x*(y + 2)^4 - y^2*cos(x*y)
z2y=12*x^3*(y + 2)^2 - x^2*cos(x*y)
```

zxy=12*x^2*(y + 2)^3 - sin(x*y) - x*y*cos(x*y)

zyx=12*x^2*(y + 2)^3 - sin(x*y) - x*y*cos(x*y)

z3x= 6*(y + 2)^4 + y^3*sin(x*y)

z3y=12*x^3*(2*y + 4) + x^3*sin(x*y)

例 2　已知 $z = 4(x+3)^3 y^2 + \ln(xy)$，求 d$z$.

程序如下：

syms x y dx dy	%定义符号变量
z=4*(x^3+y^2)*log(x*y);	%定义符号函数
zx=diff(z,x);	%求 z 关于 x 的一阶偏导数
zy=diff(z,y);	%求 z 关于 y 的一阶偏导数
dz=zx*dx+zy*dy	%求全微分

运行结果如下：

dz=dx*((4*x^3 + 4*y^2)/x + 12*x^2*log(x*y)) + dy*((4*x^3 + 4*y^2)/y + 8*y*log(x*y))

例 3　求函数 $f = 3x^2 y + y^3 - 3x^2 - 3y^2 + 2$ 的极值点和极值.

程序如下：

syms x y	
z=3*x^2*y+y^3-3*x^2-3*y^2+2; %定义字符函数	
zx=diff(z,x);	%求偏导数
zy=diff(z,y);	
s=solve(zx,zy);	%求解方程组
s=double([s.x s.y]);	%将驻点转化为数值型
A=diff(z,x,2);	
B=diff(diff(z,x),y);	
C=diff(z,y,2);	
P=A*C-B^2;	
P=double(subs(P,{x,y},{s(1:4,1),s(1:4,2)}));	%计算 P
A=double(subs(A,{x,y},{s(1:4,1),s(1:4,2)}));	%计算 A
%以下可在命令窗口中输入：	
mincoord=[s(2,1),s(2,2)]	%根据 P 和 A 的正负判断极值点
maxcoord=[s(1,1),s(1,2)]	
zmin=double(subs(z,{x,y},{s(2,1),s(2,2)}))	%极值
zmax=double(subs(z,{x,y},{s(1,1),s(1,2)}))	

运行结果如下：

mincoord =　　　0　　　2

maxcoord =　　　0　　　0

zmin =　　　-2

zmax =　　　2

例 4 求函数 $z = xy$ 在 $x + y = 1$ 条件下的极大值.

程序如下：

```
syms x y lamd
z=x*y;
f=z-lamd*(x+y-1);
s=solve(diff(f,x),diff(f,y),x+y-1);
s=double([s.x,s.y,s.lamd]);
%以下可在命令窗口中输入
maxcoord=[s(1),s(2)]                    %唯一极值点即为最大值点
zmax=double(subs(z,{x,y},{s(1),s(2)}))  %极大值
```

运行结果如下：

```
maxcoord =0.5000        0.5000
zmax     =0.2500
```

第 11 章　重积分与曲线积分

本章是多元函数的积分学内容. 在讨论定积分时, 主要考虑被积函数是一元函数在直线区间上的积分, 我们把积分推广到定义在平面区域、空间区域、平面和空间曲线上的多元函数的情形, 便得到了重积分和曲线积分. 类似地对于定积分的定义作推广, 我们就得到二重积分、三重积分、曲线积分的概念.

11.1　二重积分的概念与性质

一、二重积分的概念

1. 曲顶柱体的体积

设有一立体, 它的底是 xOy 面上的闭区域 D, 它的侧面是以 D 的边界曲线为准线而母线平行于 z 轴的柱面, 它的顶是曲面 $z = f(x,y)$, 这里 $f(x,y) \geq 0$ 且在 D 上连续. 这种立体称作曲顶柱体 (图 11.1). 现在计算曲顶柱体的体积.

我们利用平顶柱体的体积公式

$$体积 = 高 \times 底面积$$

来定义和计算曲顶柱体体积. 当点 (x,y) 在区域 D 上变动时, 高度 $f(x,y)$ 是个变量, 因此它的体积不能直接由上述公式来计算. 我们采用类似于求曲边梯形面积的办法解决此问题.

首先, 用一组曲线把 D 分成 n 个小闭区域

$$\Delta\sigma_1, \Delta\sigma_2, \cdots, \Delta\sigma_n.$$

(为方便起见, 第 i 个小区域的面积也用 $\Delta\sigma_i (i = 1, 2, \cdots, n)$ 表示.) 分别以这些小闭区域的边界曲线为准线, 作母线平行于 z 轴的柱面, 这些柱面把原来的曲顶柱体分为 n 个小曲顶柱体. 在每个 $\Delta\sigma_i$ 中任取一点 (ξ_i, η_i), 以 $f(\xi_i, \eta_i)$ 为高而底为 $\Delta\sigma_i$ 的平顶柱体 (如图 11.2) 的体积为

$$f(\xi_i, \eta_i)\Delta\sigma_i \ (i = 1, 2, \cdots, n).$$

这 n 个平顶柱体体积之和

$$V \approx \sum_{i=1}^{n} f(\xi_i, \eta_i)\Delta\sigma_i.$$

可以认为是整个曲顶柱体体积的近似值. 为求得曲顶柱体体积的精确值，将分割加密，只需取极限，即

$$V = \lim_{\lambda \to 0} \sum_{i=1}^{n} f(\xi_i, \eta_i) \Delta \sigma_i .$$

其中 λ 是个小区域的直径中的最大值.

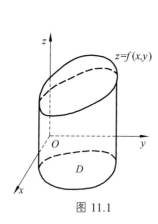

图 11.1

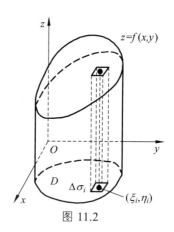

图 11.2

2. 平面薄片的质量

设有一平面薄片占有 xOy 面上的闭区域 D，它在点 (x, y) 处的面密度为 $\rho(x, y)$，这里 $\rho(x, y) > 0$ 且在 D 上连续. 现在要计算该薄片的质量 M.

用一组曲线网把 D 分成 n 个小区域（如图 11.3）

$$\Delta \sigma_1, \Delta \sigma_2, \cdots, \Delta \sigma_n .$$

把各小块的质量近似地看作均匀薄片的质量 $\rho(\xi_i, \eta_i) \Delta \sigma_i$. 各小块质量的和作为平面薄片的质量的近似值，即

$$M \approx \sum_{i=1}^{n} \rho(\xi_i, \eta_i) \Delta \sigma_i .$$

将分割加细，取极限，得到平面薄片的质量

$$M = \lim_{\lambda \to 0} \sum_{i=1}^{n} \rho(\xi_i, \eta_i) \Delta \sigma_i .$$

图 11.3

其中 λ 是个小区域的直径中的最大值.

上面两个问题的实际意义虽然不同，但都可以通过分割、近似、求和与取极限得到所求量，且所求量都归结为同一形式的和式极限. 有许多物理量或几何量都可归结为这一形式的和的极限，因此抽象出二重积分的定义.

定义 设 $f(x, y)$ 是有界闭区域 D 上的有界函数. 将闭区域 D 任意分成 n 个小闭区域

$$\Delta \sigma_1, \Delta \sigma_2, \cdots, \Delta \sigma_n .$$

其中 $\Delta\sigma_i$ 表示第 i 个小区域，也表示它的面积．在每个 $\Delta\sigma_i$ 上任取一点 (ξ_i,η_i)，作乘积 $f(\xi_i,\eta_i)\Delta\sigma_i$ $(i=1,2,\cdots,n)$，并作和 $\sum\limits_{i=1}^{n}f(\xi_i,\eta_i)\Delta\sigma_i$．如果当各小闭区域的直径中的最大值 λ 趋于零时，这和的极限总存在，则称此极限为函数 $f(x,y)$ 在闭区域 D 上的**二重积分**，记作 $\iint\limits_{D}f(x,y)\,\mathrm{d}\sigma$，即

$$\iint\limits_{D}f(x,y)\,\mathrm{d}\sigma=\lim_{\lambda\to 0}\sum_{i=1}^{n}f(\xi_i,\eta_i)\Delta\sigma_i\,.$$

其中 $f(x,y)$ 称为**被积函数**，$f(x,y)\mathrm{d}\sigma$ 称为**被积表达式**，$\mathrm{d}\sigma$ 称为**面积元素**，x,y 称为**积分变量**，D 称为**积分区域**，$\sum\limits_{i=1}^{n}f(\xi_i,\eta_i)\Delta\sigma_i$ 称为**积分和**．

直角坐标系中的面积元素：

如果在直角坐标系中用平行于坐标轴的直线网来划分 D，那么除了包含边界点的一些小闭区域外，其余的小闭区域都是矩形闭区域．设矩形闭区域 $\Delta\sigma_i$ 的边长为 Δx_i 和 Δy_i，则 $\Delta\sigma_i=\Delta x_i\Delta y_i$，因此在直角坐标系中，有时也把面积元素 $\mathrm{d}\sigma$ 记作 $\mathrm{d}x\mathrm{d}y$，而把二重积分记作

$$\iint\limits_{D}f(x,y)\,\mathrm{d}x\mathrm{d}y$$

其中 $\mathrm{d}x\mathrm{d}y$ 叫作直角坐标系中的面积元素．

二重积分的存在性：当 $f(x,y)$ 在闭区域 D 上连续时，积分和的极限是存在的，也就是说函数 $f(x,y)$ 在 D 上的二重积分必定存在．我们总假定函数 $f(x,y)$ 在闭区域 D 上连续，所以 $f(x,y)$ 在 D 上的二重积分都是存在的．

二重积分的几何意义：如果 $f(x,y)\geqslant 0$，被积函数 $f(x,y)$ 可解释为曲顶柱体在点 (x,y) 处的竖坐标，所以二重积分的几何意义就是柱体的体积．如果 $f(x,y)$ 是负的，柱体就在 xOy 面的下方，二重积分的绝对值仍等于柱体的体积，但二重积分的值是负的．

二、二重积分的性质

性质 1 设 c_1,c_2 为常数，则

$$\iint\limits_{D}[c_1f(x,y)+c_2g(x,y)]\mathrm{d}\sigma=c_1\iint\limits_{D}f(x,y)\mathrm{d}\sigma+c_2\iint\limits_{D}g(x,y)\mathrm{d}\sigma\,.$$

性质 2 如果闭区域 D 被有限条曲线分为有限个部分闭区域，则在 D 上的二重积分等于在各部分闭区域上的二重积分的和．例如 D 分为两个闭区域 D_1 与 D_2，则

$$\iint\limits_{D}f(x,y)\mathrm{d}\sigma=\iint\limits_{D_1}f(x,y)\mathrm{d}\sigma+\iint\limits_{D_2}f(x,y)\mathrm{d}\sigma\,.$$

性质 3 $\iint\limits_{D}1\cdot\mathrm{d}\sigma=\iint\limits_{D}\mathrm{d}\sigma=\sigma$（$\sigma$ 为 D 的面积）．

性质 4 如果在 D 上，$f(x,y)\leqslant g(x,y)$，则有不等式

$$\iint\limits_{D} f(x,y)\mathrm{d}\sigma \leqslant \iint\limits_{D} g(x,y)\mathrm{d}\sigma .$$

特殊地

$$\left|\iint\limits_{D} f(x,y)\mathrm{d}\sigma\right| \leqslant \iint\limits_{D} |f(x,y)|\mathrm{d}\sigma .$$

性质 5　设 M, m 分别是 $f(x,y)$ 在闭区域 D 上的最大值和最小值，σ 为 D 的面积，则有

$$m\sigma \leqslant \iint\limits_{D} f(x,y)\mathrm{d}\sigma \leqslant M\sigma .$$

性质 6　（二重积分的中值定理）设函数 $f(x,y)$ 在闭区域 D 上连续，σ 为 D 的面积，则在 D 上至少存在一点 (ξ,η)，使得

$$\iint\limits_{D} f(x,y)\mathrm{d}\sigma = f(\xi,\eta)\sigma .$$

例 1　设 $I_1 = \iint\limits_{D} \cos\sqrt{x^2+y^2}\,\mathrm{d}\sigma$，$I_2 = \iint\limits_{D} \cos(x^2+y^2)\mathrm{d}\sigma$，$I_3 = \iint\limits_{D} \cos(x^2+y^2)^2\,\mathrm{d}\sigma$．其中 $D = \{(x,y)\,|\,x^2+y^2 \leqslant 1\}$，比较 I_1, I_2, I_3 的大小.

解　令 $u = x^2+y^2$，因 $0 \leqslant u = x^2+y^2 \leqslant 1$，故

$$0 \leqslant u^2 = (x^2+y^2)^2 \leqslant u = x^2+y^2 \leqslant u^{\frac{1}{2}} = \sqrt{x^2+y^2} \leqslant 1 .$$

又因为 $y = \cos u, u \in [0,1] \subseteq \left[0, \dfrac{\pi}{2}\right]$ 非负递减，从而

$$\cos\sqrt{x^2+y^2} \leqslant \cos(x^2+y^2) \leqslant \cos(x^2+y^2)^2 .$$

因此

$$I_1 = \iint\limits_{D} \cos\sqrt{x^2+y^2}\,\mathrm{d}\sigma \leqslant I_2 = \iint\limits_{D} \cos(x^2+y^2)\mathrm{d}\sigma \leqslant I_3 = \iint\limits_{D} \cos(x^2+y^2)^2\,\mathrm{d}\sigma .$$

习题 11.1

A 组

1. 设有一平面薄板（不计其厚度），占有 xOy 面上的闭区域 D，薄板上分布有密度为 $\mu = \mu(x,y)$ 的电荷，且 $\mu(x,y)$ 在 D 上连续，试用二重积分表达该板上全部电荷 Q.

2. 设 $I_1 = \iint\limits_{D_1} (x^2+y^2)^3\mathrm{d}\sigma$，其中 $D_1 = \{(x,y)\,|-1 \leqslant x \leqslant 1, -2 \leqslant y \leqslant 2\}$；

又 $I_2 = \iint\limits_{D_2} (x^2+y^2)^3\mathrm{d}\sigma$，其中 $D_2 = \{(x,y)\,|\,0 \leqslant x \leqslant 1,\ 0 \leqslant y \leqslant 2\}$.

试利用二重积分的几何意义说明 I_1 与 I_2 的关系.

3. 利用二重积分的定义证明：

（1）$\iint\limits_{D} \mathrm{d}\sigma = \sigma$（其中 σ 为 D 的面积）；

（2）$\iint\limits_{D} kf(x,y)\mathrm{d}\sigma = k\iint\limits_{D} f(x,y)\mathrm{d}\sigma$（其中 k 为常数）；

（3）$\iint\limits_{D} f(x,y)\mathrm{d}\sigma = \iint\limits_{D_1} f(x,y)\mathrm{d}\sigma = \iint\limits_{D_2} f(x,y)\mathrm{d}\sigma$，其中 $D = D_1 \bigcup D_2$，D_1, D_2 为两个无公共内点的闭区域.

B 组

1. 根据二重积分的性质，比较下列积分大小.

（1）$\iint\limits_{D}(x+y)^2\mathrm{d}\sigma$ 与 $\iint\limits_{D}(x+y)^3\mathrm{d}\sigma$，其中积分区域 D 是由 x 轴，y 轴与直线 $x+y=1$ 所围成的闭区域；

（2）$\iint\limits_{D}(x+y)^2\mathrm{d}\sigma$ 与 $\iint\limits_{D}(x+y)^3\mathrm{d}\sigma$，其中积分区域 D 是由圆周$(x-2)^2 + (y-1)^2 = 2$ 所围成的闭区域；

（3）$\iint\limits_{D} \ln(x+y)\mathrm{d}\sigma$ 与 $\iint\limits_{D}[\ln(x+y)]^2\mathrm{d}\sigma$，其中积分区域 D 是三角形闭区域，三角顶点分别为$(1,0)$，$(1,1)$，$(2,0)$；

（4）$\iint\limits_{D} \ln(x+y)\mathrm{d}\sigma$ 与 $\iint\limits_{D}[\ln(x+y)]^2\mathrm{d}\sigma$，其中 $D = \{(x,y)|3 \leqslant x \leqslant 5, 0 \leqslant y \leqslant 1\}$.

2. 利用二重积分的性质估计下列积分的值.

（1）$I = \iint\limits_{D} xy(x+y)\mathrm{d}\sigma$，其中 $D = \{(x,y)|0 \leqslant x \leqslant 1, \ 0 \leqslant y \leqslant 1\}$；

（2）$I = \iint\limits_{D} \sin^2 x \sin^2 y\mathrm{d}\sigma$，其中 $D = \{(x,y)|0 \leqslant x \leqslant \pi, \ 0 \leqslant y \leqslant \pi\}$；

（3）$I = \iint\limits_{D}(x+y+1)\mathrm{d}\sigma$，其中 $D = \{(x,y)|0 \leqslant x \leqslant 1, \ 0 \leqslant y \leqslant 2\}$；

（4）$I = \iint\limits_{D}(x^2 + 4y^2 + 9)\mathrm{d}\sigma$，其中 $D = \{(x,y)|x^2 + y^2 \leqslant 4\}$.

11.2　二重积分的计算法

关于二重积分的计算，一般不是按照其定义和几何意义计算，而是把二重积分化为二次积分（即两次定积分）来计算.

一、利用直角坐标计算二重积分

我们根据几何观点来讨论二重积分 $\iint\limits_{D} f(x,y)\mathrm{d}\sigma$ 的计算问题.

在讨论中我们假定 $f(x,y)$ 为有界闭区域 D 上的连续非负函数，积分区域 D 由

$$D: \{(x,y)\,|\,a \leqslant x \leqslant b,\; \varphi_1(x) \leqslant y \leqslant \varphi_2(x)\} \quad (X \text{型区域})$$

来表示（图 11.4），即设

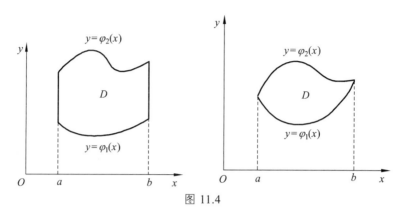

图 11.4

$$f(x,y) \geqslant 0, \quad D = \{(x,y)\,|\,a \leqslant x \leqslant b,\; \varphi_1(x) \leqslant y \leqslant \varphi_2(x)\},$$

此时二重积分 $\iint\limits_{D} f(x,y)\mathrm{d}\sigma$ 在几何上表示以曲面 $z = f(x,y)$ 为顶、以区域 D 为底的曲顶柱体的体积.

对于 $x_0 \in [a,b]$，曲顶柱体在 $x = x_0$ 的截面面积为以区间 $[\varphi_1(x_0), \varphi_2(x_0)]$ 为底、以曲线 $z = f(x_0,y)$ 为曲边的曲边梯形（图 11.5），所以这截面的面积为

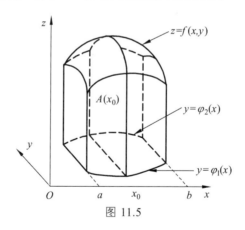

图 11.5

$$A(x_0) = \int_{\varphi_1(x_0)}^{\varphi_2(x_0)} f(x_0,y)\,\mathrm{d}y.$$

根据平行截面面积为已知的立体体积的方法，得曲顶柱体体积

$$V = \int_a^b A(x)\mathrm{d}x = \int_a^b \left[\int_{\varphi_1(x)}^{\varphi_2(x)} f(x,y)\mathrm{d}y \right]\mathrm{d}x,$$

即

$$V = \iint\limits_{D} f(x,y)\,\mathrm{d}\sigma = \int_a^b \left[\int_{\varphi_1(x)}^{\varphi_2(x)} f(x,y)\mathrm{d}y \right]\mathrm{d}x.$$

可记为

$$\iint\limits_{D} f(x,y)\mathrm{d}\sigma = \int_a^b \mathrm{d}x \int_{\varphi_1(x)}^{\varphi_2(x)} f(x,y)\mathrm{d}y.$$

把二重积分化为先对 y、后对 x 的二次积分的公式.

类似地，如果区域 D 由

$$D: \{(x,y) \mid \psi_1(y) \leqslant x \leqslant \psi_2(y),\ c \leqslant y \leqslant d\} \quad （ Y \text{型区域} ）$$

来表示（如图 11.6），则有

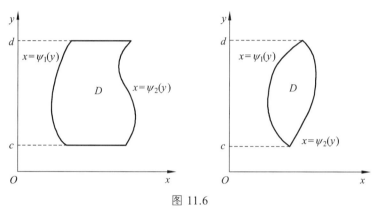

图 11.6

$$\iint\limits_{D} f(x,y)\mathrm{d}\sigma = \int_c^d \mathrm{d}y \int_{\psi_1(y)}^{\psi_2(y)} f(x,y)\mathrm{d}x.$$

把二重积分化为先对 x、后对 y 的二次积分的公式.

例 1　计算 $\iint\limits_{D} xy^2 \mathrm{d}\sigma$，其中 D 是由直线 $y=1$，$y=2$ 及 $y=x$ 所围成的闭区域.

解　画出区域 D（图 11.7）.

方法一：可把 D 看成是 X 型区域 $1 \leqslant x \leqslant 2$，$1 \leqslant y \leqslant x$，于是

$$\iint\limits_{D} xy^2 \mathrm{d}\sigma = \int_1^2 \left(\int_1^x xy^2 \mathrm{d}y \right) \mathrm{d}x = \int_1^2 \left[\frac{1}{3} xy^3 \right]_1^x \mathrm{d}x$$

$$= \frac{1}{3} \int_1^2 (x^4 - x)\mathrm{d}x = \frac{1}{3} \left[\frac{1}{5} x^5 - \frac{1}{2} x^2 \right]_1^2 = \frac{47}{30}.$$

注：积分在不混淆运算下还可以写成

$$\iint\limits_{D} xy^2 \mathrm{d}\sigma = \int_1^2 \mathrm{d}x \int_1^x xy^2 \mathrm{d}y = \int_1^2 x\mathrm{d}x \int_1^x y^2 \mathrm{d}y.$$

方法二：也可把 D（图 11.8）看成是 Y 型区域 $1 \leqslant y \leqslant 2$，$y \leqslant x \leqslant 2$，于是

$$\iint\limits_{D} xy^2 \mathrm{d}\sigma = \int_1^2 y^2 \mathrm{d}y \int_y^2 x\mathrm{d}x = \int_1^2 y^2 \left[\frac{1}{2} x^2 \right]_y^2 \mathrm{d}y = \int_1^2 \left(2y^2 - \frac{1}{2} y^4 \right)\mathrm{d}y = \frac{47}{30}.$$

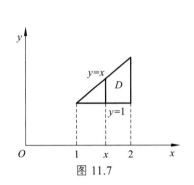

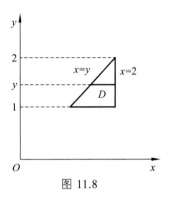

图 11.7　　　　　　　　　　　　　图 11.8

例 2　计算 $\iint\limits_{D} y\sqrt{1+x^2-y^2}\,\mathrm{d}\sigma$，其中 D 是由直线 $y=1$，$x=-1$ 及 $y=x$ 所围成的闭区域.

解　画出区域 D（图 11.9）. 可把 D 看成是 X 型区域 $D=\{(x,y)\,|-1\leqslant x\leqslant 1,\ x\leqslant y\leqslant 1\}$，于是

$$\iint\limits_{D} y\sqrt{1+x^2-y^2}\,\mathrm{d}\sigma = \int_{-1}^{1}\mathrm{d}x\int_{x}^{1}y\sqrt{1+x^2-y^2}\,\mathrm{d}y$$

$$= -\frac{1}{3}\int_{-1}^{1}\left[(1+x^2-y^2)^{\frac{3}{2}}\right]_{x}^{1}\mathrm{d}x = -\frac{1}{3}\int_{-1}^{1}(|x|^3-1)\mathrm{d}x$$

$$= -\frac{2}{3}\int_{0}^{1}(x^3-1)\mathrm{d}x = \frac{1}{2}.$$

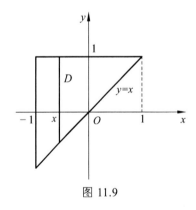

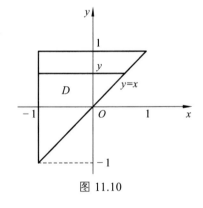

图 11.9　　　　　　　　　　　　　图 11.10

注：也可以把 D（图 11.10）看成是 Y 型区域：$D=\{(x,y)\,|-1\leqslant y\leqslant 1,\ -1\leqslant x\leqslant y\}$. 于是

$$\iint\limits_{D} y\sqrt{1+x^2-y^2}\,\mathrm{d}\sigma = \int_{-1}^{1}y\mathrm{d}y\int_{-1}^{y}\sqrt{1+x^2-y^2}\,\mathrm{d}x.$$

不难看出，Y 型区域二次积分计算难于 X 型区域二次积分，所以积分先后次序的选择很重要.

例 3　计算 $\iint\limits_{D} xy\mathrm{d}\sigma$，其中 D 是由直线 $y=x-2$ 及抛物线 $y^2=x$ 所围成的闭区域.

解　积分区域也可以表示为 D（图 11.11）：

$$D=\{(x,y)\,|-1\leqslant y\leqslant 2,\ y^2\leqslant x\leqslant y+2\}.$$

于是

$$\iint\limits_{D} xy\mathrm{d}\sigma = \int_{-1}^{2}\mathrm{d}y\int_{y^2}^{y+2} xy\mathrm{d}x = \int_{-1}^{2}\left[\frac{x^2}{2}y\right]_{y^2}^{y+2}\mathrm{d}y = \frac{1}{2}\int_{-1}^{2}\left[y(y+2)^2 - y^5\right]\mathrm{d}y$$

$$= \frac{1}{2}\left[\frac{y^4}{4} + \frac{4}{3}y^3 + 2y^2 - \frac{y^6}{6}\right]_{-1}^{2} = 5\frac{5}{8}.$$

注：积分区域也可以表示为 $D = D_1 + D_2$，如图 11.12 所示.

其中：

$$D_1 = \{(x,y)\,|\,0 \leqslant x \leqslant 1,\ -\sqrt{x} \leqslant y \leqslant \sqrt{x}\},$$

$$D_2 = \{(x,y)\,|\,1 \leqslant x \leqslant 4,\ x-2 \leqslant y \leqslant \sqrt{x}\}.$$

于是

$$\iint\limits_{D} xy\mathrm{d}\sigma = \int_{0}^{1} x\mathrm{d}x\int_{-\sqrt{x}}^{\sqrt{x}} y\mathrm{d}y + \int_{1}^{4} x\mathrm{d}x\int_{x-2}^{\sqrt{x}} y\mathrm{d}y = \frac{45}{8}.$$

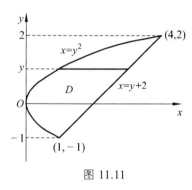

图 11.11

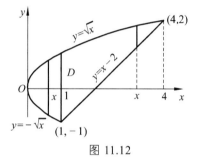

图 11.12

我们从上述例子得到，二重积分的计算可以化为两种不同的积分次序进行，而且得到的值是相同的数值. 换句话说，在一定条件下，二次积分可以变换积分次序进行计算.

例 4　交换积分次序 $I = \int_{-6}^{2}\mathrm{d}y\int_{-\sqrt{3-y}}^{\frac{y}{2}} f(x,y)\mathrm{d}x + \int_{2}^{3}\mathrm{d}y\int_{-\sqrt{3-y}}^{\sqrt{3-y}} f(x,y)\mathrm{d}x.$

解　由已给二次积分可知，与它对应的二重积分 $\iint\limits_{D} f(x,y)\mathrm{d}\sigma$ 的积分区域 $D = D_1 \bigcup D_2$，

其中：

$$D_1 = \{(x,y)\,|\,-\sqrt{3-y} \leqslant x \leqslant \frac{y}{2},\ -6 \leqslant y \leqslant 2\},$$

$$D_2 = \{(x,y)\,|\,-\sqrt{3-y} \leqslant x \leqslant \sqrt{3-y},\ 2 \leqslant y \leqslant 3\},$$

如图 11.13 所示，D_1, D_2 均表示 Y 型区域. 现在要交换二次积分的顺序，就是要把积分区域 D 看成 X 型的，如图 11.14 所示. 于是

$$D = \{(x,y)\,|\,-3 \leqslant x \leqslant 1,\ 2x \leqslant y \leqslant 3-x^2\}$$

所以

$$I = \int_{-3}^{1}\mathrm{d}x\int_{2x}^{3-x^2} f(x,y)\mathrm{d}y.$$

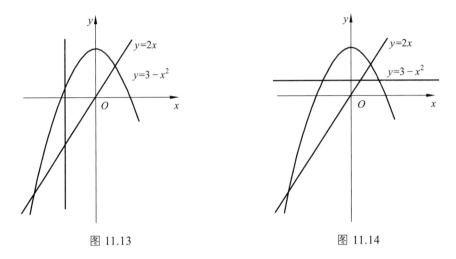

图 11.13   图 11.14

例 5   求两个底圆半径都等于 R 的直交圆柱面所围成的立体的体积.

解   设这两个圆柱面的方程分别为

$$x^2 + y^2 = R^2 \ \text{及} \ x^2 + z^2 = R^2.$$

利用立体关于坐标平面的对称性，只要算出它在第一卦限部分（图 11.15（a））的体积 V_1，然后再乘以 8 即可.

第一卦限部分是以 $D = \{(x, y) \mid 0 \leqslant x \leqslant R,\ 0 \leqslant y \leqslant \sqrt{R^2 - x^2}\}$（图 11.15（b））为底、以 $z = \sqrt{R^2 - x^2}$ 为顶的曲顶柱体. 于是

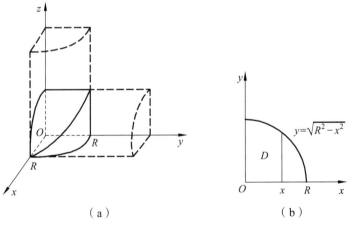

（a）   （b）

图 11.15

$$V = 8 \iint\limits_{D} \sqrt{R^2 - x^2}\, \mathrm{d}\sigma = 8 \int_0^R \mathrm{d}x \int_0^{\sqrt{R^2 - x^2}} \sqrt{R^2 - x^2}\, \mathrm{d}y$$

$$= 8 \int_0^R [\sqrt{R^2 - x^2}\, y]_0^{\sqrt{R^2 - x^2}}\, \mathrm{d}x = 8 \int_0^R (R^2 - x^2)\, \mathrm{d}x = \frac{16}{3} R^3.$$

二、利用极坐标计算二重积分

有些二重积分中，积分区域 D 的边界曲线用极坐标方程来表示更为方便，且被积函数用极坐标变量 ρ，θ 表达更为简单．这时我们可以考虑利用极坐标来计算二重积分 $\iint\limits_{D} f(x,y)\mathrm{d}\sigma$．

按二重积分的定义

$$\iint\limits_{D} f(x,y)\mathrm{d}\sigma = \lim_{\lambda\to 0}\sum_{i=1}^{n} f(\xi_i,\eta_i)\Delta\sigma_i.$$

下面我们来研究这个和的极限在极坐标系中的形式．

以从极点 O 出发的一族射线及以极点为中心的一族同心圆构成的网将区域 D 分为 n 个小闭区域（图 11.16），小闭区域的面积为

$$\begin{aligned}
\Delta\sigma_i &= \frac{1}{2}(\rho_i+\Delta\rho_i)^2\cdot\Delta\theta_i - \frac{1}{2}\cdot\rho_i^2\cdot\Delta\theta_i \\
&= \frac{1}{2}(2\rho_i+\Delta\rho_i)\Delta\rho_i\cdot\Delta\theta_i \\
&= \frac{\rho_i+(\rho_i+\Delta\rho_i)}{2}\cdot\Delta\rho_i\cdot\Delta\theta_i = \overline{\rho}_i\Delta\rho_i\Delta\theta_i,
\end{aligned}$$

其中 $\overline{\rho}_i$ 表示相邻两圆弧的半径的平均值．

在 $\Delta\sigma_i$ 内取点 $(\overline{\rho}_i,\overline{\theta}_i)$，设其直角坐标为 (ξ_i,η_i)，则有

$$\xi_i = \overline{\rho}_i\cos\overline{\theta}_i,\quad \eta_i = \overline{\rho}_i\sin\overline{\theta}_i.$$

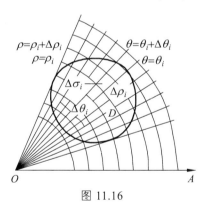

图 11.16

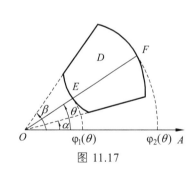

图 11.17

于是

$$\lim_{\lambda\to 0}\sum_{i=1}^{n} f(\xi_i,\eta_i)\Delta\sigma_i = \lim_{\lambda\to 0}\sum_{i=1}^{n} f(\overline{\rho}_i\cos\overline{\theta}_i,\overline{\rho}_i\sin\overline{\theta}_i)\overline{\rho}_i\,\Delta\rho_i\Delta\theta_i,$$

即

$$\iint\limits_{D} f(x,y)\mathrm{d}\sigma = \iint\limits_{D} f(\rho\cos\theta,\rho\sin\theta)\,\rho\mathrm{d}\rho\mathrm{d}\theta.$$

若积分区域 D（图 11.17）可表示为

$$D = \{(\rho,\theta)\mid \alpha\leqslant\theta\leqslant\beta, \varphi_1(\theta)\leqslant\rho\leqslant\varphi_2(\theta)\},$$

则

$$\iint\limits_{D} f(\rho\cos\theta,\rho\sin\theta)\rho\mathrm{d}\rho\mathrm{d}\theta = \int_{\alpha}^{\beta}\mathrm{d}\theta\int_{\varphi_1(\theta)}^{\varphi_2(\theta)} f(\rho\cos\theta,\rho\sin\theta)\rho\mathrm{d}\rho.$$

讨论：如何确定积分限？

$$\iint\limits_D f(\rho\cos\theta,\rho\sin\theta)\rho\mathrm{d}\rho\mathrm{d}\theta = \int_\alpha^\beta \mathrm{d}\theta \int_0^{\varphi(\theta)} f(\rho\cos\theta,\rho\sin\theta)\rho\mathrm{d}\rho .$$

$$\iint\limits_D f(\rho\cos\theta,\rho\sin\theta)\rho\mathrm{d}\rho\mathrm{d}\theta = \int_0^{2\pi} \mathrm{d}\theta \int_0^{\varphi(\theta)} f(\rho\cos\theta,\rho\sin\theta)\rho\mathrm{d}\rho .$$

例 6 计算 $\iint\limits_D \sin\sqrt{x^2+y^2}\mathrm{d}\sigma$ ，其中 D 是由 $x^2+y^2=\pi^2$ 与 $x^2+y^2=4\pi^2$ 所围成的闭区域.

解 闭区域 D 可表示为

$$D = \{(\rho,\theta)\,|\,0 \leqslant \theta \leqslant 2\pi,\ 1 \leqslant \rho \leqslant 2\}.$$

故

$$\iint\limits_D \sin\sqrt{x^2+y^2}\mathrm{d}\sigma = \int_0^{2\pi}\mathrm{d}\theta\int_1^2 \rho\sin\rho\mathrm{d}\rho = 2\pi\int_\pi^{2\pi}\rho\sin\rho\mathrm{d}\rho = -6\pi^2 .$$

例 7 计算 $\iint\limits_D \mathrm{e}^{-x^2-y^2}\mathrm{d}x\mathrm{d}y$ ，其中 D 是由中心在原点、半径为 a 的圆周所围成的闭区域.

解 在极坐标系中，闭区域 D 可表示为

$$D = \{(\rho,\theta)\,|\,0 \leqslant \theta \leqslant 2\pi,\ 0 \leqslant \rho \leqslant a\}.$$

于是

$$\iint\limits_D \mathrm{e}^{-x^2-y^2}\mathrm{d}x\mathrm{d}y = \iint\limits_D \mathrm{e}^{-\rho^2}\rho\mathrm{d}\rho\mathrm{d}\theta = \int_0^{2\pi}\left(\int_0^a \mathrm{e}^{-\rho^2}\rho\mathrm{d}\rho\right)\mathrm{d}\theta = \int_0^{2\pi}\left[\frac{1}{2}\mathrm{e}^{-\rho^2}\right]_0^a \mathrm{d}\theta$$

$$= \frac{1}{2}(1-\mathrm{e}^{-a^2})\int_0^{2\pi}\mathrm{d}\theta = \pi(1-\mathrm{e}^{-a^2}) .$$

注：此处积分 $\iint\limits_D \mathrm{e}^{-x^2-y^2}\mathrm{d}x\mathrm{d}y$ 也常写成 $\iint\limits_{x^2+y^2\leqslant a^2} \mathrm{e}^{-x^2-y^2}\mathrm{d}x\mathrm{d}y$.

利用 $\iint\limits_{x^2+y^2\leqslant a^2} \mathrm{e}^{-x^2-y^2}\mathrm{d}x\mathrm{d}y = \pi(1-\mathrm{e}^{-a^2})$ 计算广义积分 $\int_0^{+\infty}\mathrm{e}^{-x^2}\mathrm{d}x$.

解 由图 11.18，设

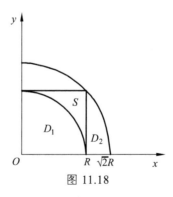

图 11.18

$$D_1 = \{(x,y)\,|\,x^2+y^2 \leqslant R^2,\ x \geqslant 0,\ y \geqslant 0\},$$

$$D_2 = \{(x,y)\,|\,x^2+y^2 \leqslant 2R^2,\ x \geqslant 0,\ y \geqslant 0\},$$

$$S = \{(x,y) \mid x \le R,\, y \ge R\}.$$

显然 $D_1 \subset S \subset D_2$．由于 $e^{-x^2-y^2} > 0$，则在这些闭区域上的二重积分之间有不等式

$$\iint\limits_{D_1} e^{-x^2-y^2}\,dxdy < \iint\limits_{S} e^{-x^2-y^2}\,dxdy < \iint\limits_{D_2} e^{-x^2-y^2}\,dxdy.$$

因为

$$\iint\limits_{S} e^{-x^2-y^2}\,dxdy = \int_0^R e^{-x^2}\,dx \cdot \int_0^R e^{-x^2}\,dy = \left(\int_0^R e^{-x^2}\,dx\right)^2,$$

又利用给得的结果，有

$$\iint\limits_{D_1} e^{-x^2-y^2}\,dxdy = \frac{\pi}{4}(1 - e^{-R^2}),\quad \iint\limits_{D_2} e^{-x^2-y^2}\,dxdy = \frac{\pi}{4}(1 - e^{-2R^2}),$$

于是上面的不等式可写成

$$\frac{\pi}{4}(1 - e^{-R^2}) < \left(\int_0^R e^{-x^2}\,dx\right)^2 < \frac{\pi}{4}(1 - e^{-2R^2}).$$

令 $R \to +\infty$，上式两端趋于同一极限 $\dfrac{\pi}{4}$，从而

$$\int_0^{+\infty} e^{-x^2}\,dx = \frac{\sqrt{\pi}}{2}.$$

例 8　计算 $\iint\limits_{D} x^2\,d\sigma$，其中 D 围成的闭区域为

$D = \{x \in R \mid x^2 + y^2 \le y\}$．

解
$$\iint\limits_{D} x^2\,d\sigma = \int_0^\pi \cos^2\theta\,d\theta \int_0^{\sin\theta} \rho^3\,d\rho$$
$$= \frac{1}{4}\int_0^\pi \cos^2\theta \sin^4\theta\,d\theta$$
$$= \frac{1}{4}\left(\pi - \int_0^\pi \sin^6\theta\,d\theta\right)$$
$$= \frac{11}{64}\pi.$$

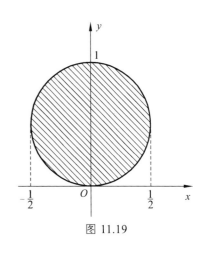

图 11.19

例 9　求球体 $x^2 + y^2 + z^2 \le 4a^2$ 被圆柱面 $x^2 + y^2 = 2ax$ 所截得的（含在圆柱面内的部分）立体的体积．

解　由对称性知，立体体积为第一卦限部分的四倍（图 11.20（a）），即

$$V = 4\iint\limits_{D} \sqrt{4a^2 - x^2 - y^2}\,dxdy,$$

其中 D 为半圆周 $y = \sqrt{2ax - x^2}$ 及 x 轴所围成的闭区域（图 11.20（b））．

在极坐标系中，D 可表示为

$$D = \left\{(\rho, \theta) \,\middle|\, 0 \le \theta \le \frac{\pi}{2},\ 0 \le \rho \le 2a\cos\theta\right\}.$$

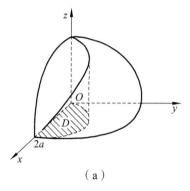
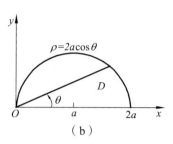

$$（a）\qquad\qquad\qquad\qquad（b）$$

图 11.20

于是 $\qquad V = 4\iint\limits_{D}\sqrt{4a^2-\rho^2}\,\rho\mathrm{d}\rho\mathrm{d}\theta = 4\int_0^{\frac{\pi}{2}}\mathrm{d}\theta\int_0^{2a\cos\theta}\sqrt{4a^2-\rho^2}\,\rho\mathrm{d}\rho$

$$= \frac{32}{3}a^3\int_0^{\frac{\pi}{2}}(1-\sin^3\theta)\mathrm{d}\theta = \frac{32}{3}a^3\left(\frac{\pi}{2}-\frac{2}{3}\right).$$

习题 11.2

A 组

1. 计算下列二重积分.

（1）$\iint\limits_{D}(x^2+y^2)\mathrm{d}\sigma$，其中 $D = \{(x,y)\,|\,|x|\leqslant 1,\ |y|\leqslant 1\}$；

（2）$\iint\limits_{D}(3x+2y)\mathrm{d}\sigma$，其中 D 是由两坐标轴及直线 $x+y=2$ 所围成的闭区域；

（3）$\iint\limits_{D}(x^3+3x^2y+y^3)\mathrm{d}\sigma$，其中 $D = \{(x,y)\,|\,0\leqslant x\leqslant 1,\ 0\leqslant y\leqslant 1\}$；

（4）$\iint\limits_{D}x\cos(x+y)\mathrm{d}\sigma$，其中 D 是顶点分别为（0，0），（π，0），和（π，π）的三角形闭区域.

2. 画出积分区域，并计算下列二重积分.

（1）$\iint\limits_{D}x\sqrt{y}\mathrm{d}\sigma$，其中 D 是由两条抛物线 $y=\sqrt{x}$，$y=x^2$ 所围成的闭区域；

（2）$\iint\limits_{D}xy^2\mathrm{d}\sigma$，其中 D 是由圆周 $x^2+y^2=4$ 及 y 轴所围成的右半闭区域；

（3）$\iint\limits_{D}\mathrm{e}^{x+y}\mathrm{d}\sigma$，其中 $D = \{(x,y)\,|\,|x|+|y|\leqslant 1\}$；

（4）$\iint\limits_{D}(x^2+y^2-x)\mathrm{d}\sigma$，其中 D 是由直线 $y=2$，$y=x$ 及 $y=2x$ 轴所围成的闭区域.

3. 如果二重积分 $\iint\limits_{D}f(x,y)\mathrm{d}x\mathrm{d}y$ 的被积函数 $f(x,y)$ 是两个函数 $f_1(x)$ 与 $f_2(y)$ 的乘积，即

$f(x, y) = f_1(x) \cdot f_2(y)$，积分区域 $D = \{(x, y) | a \leqslant x \leqslant b,\ c \leqslant y \leqslant d\}$，证明这个二重积分等于两个单积分的乘积，即

$$\iint\limits_{D} f_1(x) \cdot f_2(y) \mathrm{d}x\mathrm{d}y = \left[\int_a^b f_1(x)\mathrm{d}x\right] \cdot \left[\int_c^d f_2(y)\mathrm{d}y\right].$$

4. 将二重积分 $I = \iint\limits_{D} f(x, y)\mathrm{d}\sigma$ 化为二次积分（分别列出对两个变量先后次序不同的两个二次积分），其中积分区域 D 是：

（1）由直线 $y = x$ 及抛物线 $y^2 = 4x$ 所围成的闭区域；

（2）由 x 轴及半圆周 $x^2 + y^2 = r^2$（$y \geqslant 0$）所围成的闭区域；

（3）由直线 $y = x$，$x = 2$ 及双曲线 $y = \dfrac{1}{x}$（$x > 0$）所围成的闭区域；

（4）环形闭区域 $\{(x, y) | 1 \leqslant x^2 + y^2 \leqslant 4\}$.

5. 设 $f(x, y)$ 在 D 上连续，其中 D 是由直线 $y = x$，$y = a$ 及 $x = b$（$b > a$）围成的闭区域，证明：

$$\int_a^b \mathrm{d}x \int_a^x f(x, y)\mathrm{d}y = \int_a^b \mathrm{d}y \int_y^b f(x, y)\,\mathrm{d}x.$$

6. 改换下列二次积分的积分次序.

（1）$\displaystyle\int_0^1 \mathrm{d}y \int_0^y f(x, y)\mathrm{d}x$；

（2）$\displaystyle\int_0^2 \mathrm{d}y \int_{y^2}^{2y} f(x, y)\mathrm{d}x$；

（3）$\displaystyle\int_0^1 \mathrm{d}y \int_{-\sqrt{1-y^2}}^{\sqrt{1-y^2}} f(x, y)\mathrm{d}x$；

（4）$\displaystyle\int_1^2 \mathrm{d}x \int_{2-x}^{\sqrt{2x-x^2}} f(x, y)\mathrm{d}y$；

（5）$\displaystyle\int_1^{\mathrm{e}} \mathrm{d}x \int_0^{\ln x} f(x, y)\mathrm{d}y$；

（6）$\displaystyle\int_0^{\pi} \mathrm{d}x \int_{-\sin\frac{x}{2}}^{\sin x} f(x, y)\mathrm{d}y$（其中 $a \geqslant 0$）.

B 组

1. 设平面薄片所占的闭区域 D 由直线 $x + y = 2$，$y = x$ 和 x 轴所围成，它的面密度为 $\mu(x, y) = x^2 + y^2$，求该薄片的质量.

2. 计算由四个平面 $x = 0$，$y = 0$，$x = 1$，$y = 1$ 所围成的柱体被平面 $z = 0$ 及 $2x + 3y + z = 6$ 截得的立体的体积.

3. 求由平面 $x = 0$，$y = 0$，$x + y = 1$ 所围成的柱体被平面 $z = 0$ 及抛物面 $x^2 + y^2 = 6 - z$ 截得的立体的体积.

4. 求由曲面 $z = x^2 + 2y^2$ 及 $z = 6 - 2x^2 - y^2$ 所围成的立体的体积.

5. 画出积分区域，把积分 $\iint\limits_{D} f(x, y)\mathrm{d}x\mathrm{d}y$ 表示为极坐标形式的二次积分，其中积分区域 D 是：

（1）$\{(x, y) | x^2 + y^2 \leqslant a^2\}$（$a > 0$）；

（2）$\{(x, y) | x^2 + y^2 \leqslant 2x\}$；

（3）$\{(x, y) | a^2 \leqslant x^2 + y^2 \leqslant b^2\}$，其中 $0 < a < b$；

（4）$\{(x, y) | 0 \leqslant y \leqslant 1 - x,\ 0 \leqslant x \leqslant 1\}$.

6. 把下列二次积分化为极坐标形式的二次积分.

（1）$\int_0^1 \mathrm{d}x \int_0^1 f(x,y)\mathrm{d}y$ ；

（2）$\int_0^2 \mathrm{d}x \int_x^{\sqrt{3}x} f(\sqrt{x^2+y^2})\mathrm{d}y$ ；

（3）$\int_0^1 \mathrm{d}x \int_{-x}^{\sqrt{1-x^2}} f(x,y)\mathrm{d}y$ ；

（4）$\int_0^1 \mathrm{d}x \int_0^{x^2} f(x,y)\mathrm{d}y$.

7. 把下列积分化为极坐标形式的积分，并计算积分值.

（1）$\int_0^{2a} \mathrm{d}x \int_0^{\sqrt{2ax-x^2}} (x^2+y^2)\mathrm{d}y$ ；

（2）$\int_0^a \mathrm{d}x \int_0^x \sqrt{x^2+y^2}\,\mathrm{d}y$ ；

（3）$\int_0^1 \mathrm{d}x \int_{x^2}^x (x^2+y^2)^{-\frac{1}{2}}\mathrm{d}y$ ；

（4）$\int_0^a \mathrm{d}y \int_0^{\sqrt{a^2-y^2}} (x^2+y^2)\mathrm{d}x$.

8. 利用极坐标计算下列各题.

（1）$\iint\limits_D \mathrm{e}^{x^2+y^2}\mathrm{d}\sigma$ ，其中 D 是由圆周 $x^2+y^2=4$ 所围成的闭区域；

（2）$\iint\limits_D \ln(1+x^2+y^2)\mathrm{d}\sigma$ ，其中 D 是由圆周 $x^2+y^2=1$ 及坐标轴所围成的第一象限内的闭区域；

（3）$\iint\limits_D \arctan\dfrac{y}{x}\mathrm{d}\sigma$ ，其中 D 是由圆周 $x^2+y^2=4$，$x^2+y^2=1$ 及直线 $y=0$，$y=x$ 所围成的第一象限内的闭区域.

9. 选用适当的坐标计算下列各题.

（1）$\iint\limits_D \dfrac{x^2}{y^2}\mathrm{d}x\mathrm{d}y$ ，其中 D 是由直线 $x=2$，$y=x$ 及曲线 $xy=1$ 所围成的闭区域.

（2）$\iint\limits_D \sqrt{\dfrac{1-x^2-y^2}{1+x^2-y^2}}\mathrm{d}\sigma$ ，其中 D 是由圆周 $x^2+y^2=1$ 及坐标轴所围成的第一象限内的闭区域；

（3）$\iint\limits_D (x^2+y^2)\mathrm{d}\sigma$ ，其中 D 是由直线 $y=x$，$y=x+a$，$y=a$，$y=3a$（$a>0$）所围成的闭区域；

（4）$\iint\limits_D \sqrt{x^2+y^2}\mathrm{d}\sigma$ ，其中 D 是圆环形闭区域 $\{(x,y)|\ a^2 \leqslant x^2+y^2 \leqslant b^2\}$.

10. 设平面薄片所占的闭区域 D 由螺线 $\rho=2\theta$ 上一段弧（$0 \leqslant \theta \leqslant \dfrac{\pi}{2}$）与直线 $\theta \leqslant \dfrac{\pi}{2}$ 所围成，它的面密度为 $\mu(x,y)=x^2+y^2$，求这薄片的质量.

11. 求由平面 $y = 0$, $y = kx$ $(k>0)$, $z = 0$ 以及球心在原点、半径为 R 的上半球面所围成的第一卦限内的立体的体积.

12. 计算以 xOy 平面上圆域 $x^2 + y^2 = ax$ 围成的闭区域为底，而以曲面 $z = x^2 + y^2$ 为顶的曲顶柱体的体积.

11.3　三重积分

一、三重积分的概念

我们若考虑三元函数 $f(x, y, z)$ 为被积函数，空间实心区域 Ω 为积分区域，就得到三重积分.

定义 1　设 $f(x, y, z)$ 是空间有界闭区域 Ω 上的有界函数. 将 Ω 任意分成 n 个小闭区域

$$\Delta v_1, \Delta v_2, \cdots, \Delta v_n$$

其中 Δv_i 表示第 i 个小闭区域，也表示它的体积. 在每个 Δv_i 上任取一点 (ξ_i, η_i, ζ_i)，作乘积 $f(\xi_i, \eta_i, \zeta_i)\Delta v_i (i = 1, 2, \cdots, n)$ 并作和 $\sum_{i=1}^{n} f(\xi_i, \eta_i, \zeta_i)\Delta v_i$. 如果当各小闭区域的直径中的最大值 λ 趋于零时，这和的极限总存在，则称此极限为函数 $f(x, y, z)$ 在闭区域 Ω 上的三重积分，记作 $\iiint\limits_{\Omega} f(x, y, z)\mathrm{d}v$. 即

$$\iiint\limits_{\Omega} f(x, y, z)\mathrm{d}v = \lim_{\lambda \to 0} \sum_{i=1}^{n} f(\xi_i, \eta_i, \zeta_i)\Delta v_i.$$

其中 $\iiint\limits_{\Omega}$ 称为三重积分号，$f(x, y, z)$ 称为被积函数，$f(x, y, z)\mathrm{d}v$ 称为被积表达式，$\mathrm{d}v$ 称为体积元素，x, y, z 称为积分变量，Ω 称为积分区域.

在直角坐标系中，如果用平行于坐标面的平面来划分 Ω，则 $\Delta v_i = \Delta x_i \Delta y_i \Delta z_i$，因此也把体积元素记为 $\mathrm{d}v = \mathrm{d}x\mathrm{d}y\mathrm{d}z$，三重积分记作

$$\iiint\limits_{\Omega} f(x, y, z)\mathrm{d}v = \iiint\limits_{\Omega} f(x, y, z)\mathrm{d}x\mathrm{d}y\mathrm{d}z.$$

当函数 $f(x, y, z)$ 在闭区域 Ω 上连续时，极限 $\lim_{\lambda \to 0} \sum_{i=1}^{n} f(\xi_i, \eta_i, \zeta_i)\Delta v_i$ 是存在的，因此 $f(x, y, z)$ 在 Ω 上的三重积分是存在的，以后也总假定 $f(x, y, z)$ 在闭区域 Ω 上是连续的.

注：三重积分的性质与二重积分类似. 比如

$$\iiint\limits_{\Omega} [c_1 f(x, y, z) \pm c_2 g(x, y, z)]\mathrm{d}v = c_1 \iiint\limits_{\Omega} f(x, y, z)\mathrm{d}v \pm c_2 \iiint\limits_{\Omega} g(x, y, z)\mathrm{d}v;$$

$$\iiint\limits_{\Omega_1 + \Omega_2} f(x, y, z)\mathrm{d}v = \iiint\limits_{\Omega_1} f(x, y, z)\mathrm{d}v \pm \iiint\limits_{\Omega_2} f(x, y, z)\mathrm{d}v;$$

$$\iiint\limits_{\Omega} \mathrm{d}v = V，其中 V 为区域 \Omega 的体积.$$

二、三重积分的计算

1. 利用直角坐标计算三重积分

三重积分的计算：三重积分也可化为三次积分来计算. 设空间闭区域 Ω（图 11.21）可表示为

$$\Omega = \{(x,y,z) \mid z_1(x,y) \le z \le z_2(x,y), y_1(x) \le y \le y_2(x), a \le x \le b\}$$

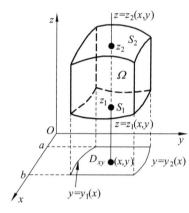

图 11.21

则

$$\iiint\limits_{\Omega} f(x,y,z)\mathrm{d}v = \iint\limits_{D}\left[\int_{z_1(x,y)}^{z_2(x,y)} f(x,y,z)\mathrm{d}z\right]\mathrm{d}\sigma$$

$$= \int_a^b \mathrm{d}x \int_{y_1(x)}^{y_2(x)}\left[\int_{z_1(x,y)}^{z_2(x,y)} f(x,y,z)\mathrm{d}z\right]\mathrm{d}y$$

$$= \int_a^b \mathrm{d}x \int_{y_1(x)}^{y_2(x)} \mathrm{d}y \int_{z_1(x,y)}^{z_2(x,y)} f(x,y,z)\mathrm{d}z \,,$$

即

$$\iiint\limits_{\Omega} f(x,y,z)\mathrm{d}v = \int_a^b \mathrm{d}x \int_{y_1(x)}^{y_2(x)} \mathrm{d}y \int_{z_1(x,y)}^{z_2(x,y)} f(x,y,z)\mathrm{d}z \,.$$

注：先对 z，再对 y，最后对 x 三次积分.

其中 $D = \{(x,y) \mid y_1(x) \le y \le y_2(x), a \le x \le b\}$，它是闭区域 Ω 在 xOy 面上的投影区域.

提示：

设空间闭区域 Ω 可表示为

$$\Omega = \{(x,y,z) \mid z_1(x,y) \le z \le z_2(x,y), y_1(x) \le y \le y_2(x), a \le x \le b\}$$

计算 $\iiint\limits_{\Omega} f(x,y,z)\mathrm{d}v$.

基本思想：对于平面区域 $D = \{y_1(x) \le y \le y_2(x), a \le x \le b\}$ 内任意一点 (x,y)，将 $f(x,y,z)$ 只看作 z 的函数，在区间 $[z_1(x,y), z_2(x,y)]$ 上对 z 积分，得到一个二元函数 $F(x,y)$，即

$$F(x,y) = \int_{z_1(x,y)}^{z_2(x,y)} f(x,y,z)\mathrm{d}z \,,$$

然后计算 $F(x,y)$ 在闭区域 D 上的二重积分，这就完成了 $f(x,y,z)$ 在空间闭区域 Ω 上的三重积分.

$$\iint\limits_{D} F(x,y)\mathrm{d}\sigma = \iint\limits_{D}\left[\int_{z_1(x,y)}^{z_2(x,y)} f(x,y,z)\mathrm{d}z\right]\mathrm{d}\sigma = \int_a^b \mathrm{d}x\int_{y_1(x)}^{y_2(x)}\left[\int_{z_1(x,y)}^{z_2(x,y)} f(x,y,z)\mathrm{d}z\right]\mathrm{d}y ,$$

则

$$\iiint\limits_{\Omega} f(x,y,z)\mathrm{d}v = \iint\limits_{D}\left[\int_{z_1(x,y)}^{z_2(x,y)} f(x,y,z)\mathrm{d}z\right]\mathrm{d}\sigma$$

$$= \int_a^b \mathrm{d}x\int_{y_1(x)}^{y_2(x)}\left[\int_{z_1(x,y)}^{z_2(x,y)} f(x,y,z)\mathrm{d}z\right]\mathrm{d}y$$

$$= \int_a^b \mathrm{d}x\int_{y_1(x)}^{y_2(x)}\mathrm{d}y\int_{z_1(x,y)}^{z_2(x,y)} f(x,y,z)\mathrm{d}z .$$

即

$$\iiint\limits_{\Omega} f(x,y,z)\mathrm{d}v = \int_a^b \mathrm{d}x\int_{y_1(x)}^{y_2(x)}\mathrm{d}y\int_{z_1(x,y)}^{z_2(x,y)} f(x,y,z)\mathrm{d}z .$$

其中 $D = \{(x,y)\mid y_1(x)\leqslant y\leqslant y_2(x), a\leqslant x\leqslant b\}$. 它是闭区域 Ω 在 xOy 面上的投影区域.

例 1　计算三重积分 $\iiint\limits_{\Omega} x\mathrm{d}x\mathrm{d}y\mathrm{d}z$，其中 Ω 为三个坐标面及平

面 $x + 2y + z = 1$ 所围成的闭区域.

解　作图 11.22. 区域 Ω 可表示为

$$0\leqslant z\leqslant 1-x-2y, \quad 0\leqslant y\leqslant \frac{1}{2}(1-x), \quad 0\leqslant x\leqslant 1.$$

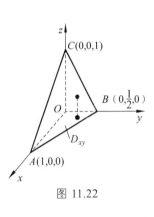

图 11.22

于是

$$\iiint\limits_{\Omega} x\mathrm{d}x\mathrm{d}y\mathrm{d}z = \int_0^1 \mathrm{d}x\int_0^{\frac{1-x}{2}}\mathrm{d}y\int_0^{1-x-2y} x\mathrm{d}z$$

$$= \int_0^1 x\mathrm{d}x\int_0^{\frac{1-x}{2}}(1-x-2y)\mathrm{d}y$$

$$= \frac{1}{4}\int_0^1 (x-2x^2+x^3)\mathrm{d}x = \frac{1}{48}.$$

例 2　计算 $\iiint\limits_{\Omega} xy^2z^3\mathrm{d}x\mathrm{d}y\mathrm{d}z$，其中 Ω 为 $z = xy, y = x, x = 1, z = 0$ 所围成的闭区域.

解

$$\iiint\limits_{\Omega} xy^2z^3\mathrm{d}x\mathrm{d}y\mathrm{d}z = \iint\limits_{D} xy^2\mathrm{d}x\mathrm{d}y\int_0^{xy} z^3\mathrm{d}z$$

$$= \int_0^1 xy^2\mathrm{d}x\int_0^x y^2\mathrm{d}y\int_0^{xy} z^3\mathrm{d}z = \frac{1}{364}.$$

有时，三重积分的计算也可以化为先计算一个二重积分、再计算一个定积分. 设空间闭区域（图 11.23）$\Omega = \{(x, y, z)\mid (x,y)\in D_z, c_1\leqslant z\leqslant c_2\}$，其中 D_z 是竖坐标为 z 的平面截空间闭区域 Ω 所得到的一个平面闭区域，则有

$$\iiint\limits_{\Omega} f(x,y,z)\mathrm{d}v = \int_{c_1}^{c_2}\mathrm{d}z\iint\limits_{D_z} f(x,y,z)\mathrm{d}x\mathrm{d}y .$$

例 3　计算三重积分 $\iiint\limits_{\Omega} z^2\mathrm{d}x\mathrm{d}y\mathrm{d}z$，其中 Ω 是由球体

$x^2 + y^2 + z^2 \leqslant 1$ 所围成的空间闭区域.

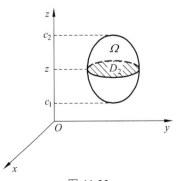

图 11.23

解 空间区域 Ω 可表示为

$$\Omega = \{(x,y,z)\,|\,-1 \leqslant z \leqslant 1,\ x^2+y^2 \leqslant 1-z^2\}.$$

于是

$$\iiint\limits_{\Omega} z^2 \mathrm{d}v = \int_{-1}^{1} z^2 \mathrm{d}z \iint\limits_{D_z} \mathrm{d}x\mathrm{d}y$$

$$= \pi\int_{-1}^{1} z^2(1-z^2)\mathrm{d}z = 2\pi\int_{0}^{1} z^2(1-z^2)\mathrm{d}z = \frac{4}{15}\pi.$$

2. 利用柱面坐标计算三重积分

设 $M(x,y,z)$ 为空间内一点，并设点 M 在 xOy 面上的投影 P 的极坐标为 $P(\rho,\theta)$，则这样的三个数 ρ,θ,z 就叫作点 M 的柱面坐标（图 11.24），这里规定 ρ,θ,z 的变化范围为

$$0 \leqslant \rho < +\infty,\ 0 \leqslant \theta \leqslant 2\pi,\ -\infty < z < +\infty.$$

点 M 的直角坐标与柱面坐标的关系：

$$\begin{cases} x = \rho\cos\theta \\ y = \rho\sin\theta \\ z = z \end{cases}.$$

柱面坐标系中的体积元素

$$\mathrm{d}v = \rho\mathrm{d}\rho\mathrm{d}\theta\mathrm{d}z.$$

简单来说，即

$$\mathrm{d}x\mathrm{d}y = \rho\mathrm{d}\rho\mathrm{d}\theta,\quad \mathrm{d}x\mathrm{d}y\mathrm{d}z = \mathrm{d}x\mathrm{d}y \cdot \mathrm{d}z = \rho\mathrm{d}\rho\mathrm{d}\theta\mathrm{d}z.$$

柱面坐标系中的三重积分

$$\iiint\limits_{\Omega} f(x,y,z)\mathrm{d}x\mathrm{d}y\mathrm{d}z = \iiint\limits_{\Omega} f(\rho\cos\theta,\rho\sin\theta,z)\rho\mathrm{d}\rho\mathrm{d}\theta\mathrm{d}z.$$

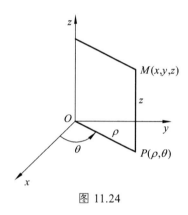

图 11.24

例 4 利用柱面坐标计算三重积分 $\iiint\limits_{\Omega}\sqrt{x^2+y^2}\,\mathrm{d}x\mathrm{d}y\mathrm{d}z$，其中 Ω 是由曲面 $z=x^2+y^2$ 与平面 $z=1$ 所围成的闭区域.

解 闭区域 Ω 可表示为

$$\rho^2 \leqslant z \leqslant 1,\ 0 \leqslant \rho \leqslant 1,\ 0 \leqslant \theta \leqslant 2\pi.$$

于是

$$\iiint\limits_{\Omega}\sqrt{x^2+y^2}\,\mathrm{d}x\mathrm{d}y\mathrm{d}z$$

$$= \iiint\limits_{\Omega} \rho^2\mathrm{d}\rho\mathrm{d}\theta\mathrm{d}z = \int_{0}^{2\pi}\mathrm{d}\theta\int_{0}^{1}\rho^2\mathrm{d}\rho\int_{\rho^2}^{1}\mathrm{d}z$$

$$= 2\pi\int_{0}^{1}\rho^2(1-\rho^2)\mathrm{d}\rho = \frac{4\pi}{15}.$$

3. 利用球面坐标计算三重积分

设 $M(x, y, z)$ 为空间内一点，则点 M 也可用这样三个有次序的数 r, φ, θ 来确定（图 11.25），其中 r 为原点 O 与点 M 间的距离，φ 为 $\overrightarrow{OM}$ 与 z 轴正向所夹的角，θ 为从 z 轴正向来看自 x 轴按逆时针方向转到有向线段 $\overrightarrow{OP}$ 的角，这里 P 为点 M 在 xOy 面上的投影，这样的三个数 r, φ, θ 叫作点 M 的球面坐标，这里 r, φ, θ 的变化范围为

$$0 \leqslant r < +\infty, \quad 0 \leqslant \varphi \leqslant \pi, \quad 0 \leqslant \theta \leqslant 2\pi.$$

点 M 的直角坐标与球面坐标的关系：

$$\begin{cases} x = r \sin\varphi \cos\theta \\ y = r \sin\varphi \sin\theta \\ z = r \cos\varphi \end{cases}.$$

球面坐标系中的体积元素（图 11.26）

$$\mathrm{d}v = r^2 \sin\varphi \, \mathrm{d}r \, \mathrm{d}\varphi \, \mathrm{d}\theta.$$

球面坐标系中的三重积分

$$\iiint\limits_{\Omega} f(x, y, z) \mathrm{d}v = \iiint\limits_{\Omega} f(r\sin\varphi\cos\theta, r\sin\varphi\sin\theta, r\cos\varphi) r^2 \sin\varphi \, \mathrm{d}r \, \mathrm{d}\varphi \, \mathrm{d}\theta.$$

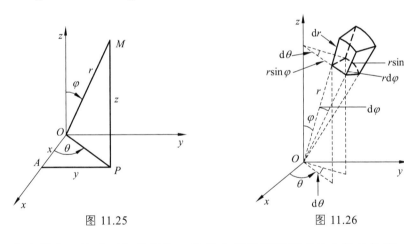

图 11.25   图 11.26

例 5 求半径为 a 的球面与半顶角 α 为的内接锥面所围成的立体的体积.

解 该立体所占区域 Ω 可表示为

$$0 \leqslant r \leqslant 2a\cos\varphi, \quad 0 \leqslant \varphi \leqslant \alpha, \quad 0 \leqslant \theta \leqslant 2\pi.$$

于是所求立体的体积为

$$V = \iiint\limits_{\Omega} \mathrm{d}x\mathrm{d}y\mathrm{d}z = \iiint\limits_{\Omega} r^2 \sin\varphi \, \mathrm{d}r\mathrm{d}\varphi\mathrm{d}\theta = \int_0^{2\pi} \mathrm{d}\theta \int_0^{\alpha} \mathrm{d}\varphi \int_0^{2a\cos\varphi} r^2 \sin\varphi \, \mathrm{d}r$$

$$= 2\pi \int_0^{\alpha} \sin\varphi \, \mathrm{d}\varphi \int_0^{2a\cos\varphi} r^2 \mathrm{d}r$$

$$= \frac{16\pi a^3}{3} \int_0^{\alpha} \cos^3\varphi \sin\varphi \, \mathrm{d}\varphi = \frac{4\pi a^3}{3} (1 - \cos^4 a).$$

提示：球面的方程为 $x^2 + y^2 + (z-a)^2 = a^2$，即 $x^2 + y^2 + z^2 = 2az$. 在球面坐标系中此球面的方程为 $r^2 = 2ar\cos\varphi$，即 $r = 2a\cos\varphi$.

习题 11.3

A 组

1. 化三重积分 $\iiint\limits_{\Omega} f(x,y,z)\mathrm{d}x\mathrm{d}y\mathrm{d}z$ 为三次积分，其中积分区域 Ω 分别是：

（1）由双曲抛物面 $xy = z$ 及平面 $x + y - 1 = 0$，$z = 0$ 所围成的闭区域；

（2）由曲面 $z = x^2 + y^2$ 及平面 $z = 1$ 所围成的闭区域；

（3）由曲面 $z = x^2 + 2y^2$ 及 $z = 2 - x^2$ 所围成的闭区域；

（4）由曲面 $cz = xy$（$c>0$），$\dfrac{x^2}{a^2} + \dfrac{y^2}{b^2} = 1$，$z = 0$ 所围成的第一卦限内的闭区域.

2. 设有一物体，所占空间闭区域 $\Omega = \{(x,y,z) | 0 \leqslant x \leqslant 1,\ 0 \leqslant y \leqslant 1,\ 0 \leqslant z \leqslant 1\}$，在点 (x,y,z) 处的密度为 $\rho(x,y,z) = x + y + z$，计算该物体的质量.

3. 如果三重积分 $\iiint\limits_{\Omega} f(x,y,z)\mathrm{d}x\mathrm{d}y\mathrm{d}z$ 的被积函数 $f(x,y,z)$ 是三个函数 $f_1(x)$，$f_2(y)$，$f_3(z)$ 的乘积，即 $f(x,y,z) = f_1(x) \cdot f_2(y) \cdot f_3(z)$，积分区域 $\Omega = \{(x,y,z) | a \leqslant x \leqslant b,\ c \leqslant y \leqslant d,\ l \leqslant z \leqslant m\}$，证明这个三重积分等于三个单积分的乘积，即

$$\iiint\limits_{\Omega} f_1(x)f_2(y)f_3(z)\mathrm{d}x\mathrm{d}y\mathrm{d}z = \int_a^b f_1(x)\mathrm{d}x \int_c^d f_2(y)\mathrm{d}y \int_l^m f_3(z)\mathrm{d}z$$

4. 计算 $\iiint\limits_{\Omega} xy^2z^3\mathrm{d}x\mathrm{d}y\mathrm{d}z$，其中 Ω 是由曲面 $z = xy$，与平面 $y = x$，$x = 1$ 和 $z = 0$ 所围成的闭区域.

5. 计算 $\iiint\limits_{\Omega} \dfrac{\mathrm{d}x\mathrm{d}y\mathrm{d}z}{(1 + x + y + z)^3}$，其中 Ω 为平面 $x = 0$，$y = 0$，$z = 0$，$x + y + z = 1$ 所围成的四面体.

6. 计算 $\iiint\limits_{\Omega} xyz\mathrm{d}x\mathrm{d}y\mathrm{d}z$，其中 Ω 为球面 $x^2 + y^2 + z^2 = 1$ 及三个坐标面所围成的第一卦限内的闭区域.

7. 计算 $\iiint\limits_{\Omega} xz\mathrm{d}x\mathrm{d}y\mathrm{d}z$，其中 Ω 是由平面 $z = 0$，$z = y$，$y = 1$ 以及抛物柱面 $y = x^2$ 所围成的闭区域.

8. 计算 $\iiint\limits_{\Omega} z\mathrm{d}x\mathrm{d}y\mathrm{d}z$，其中 Ω 是由锥面 $z = \dfrac{h}{R}\sqrt{x^2 + y^2}$ 与平面 $z = h$（$R>0$，$h>0$）所围成的闭区域.

9. 利用柱面坐标计算下列三重积分.

（1）$\iiint\limits_{\Omega} z\mathrm{d}v$，其中 Ω 是由曲面 $z = \sqrt{2 - x^2 - y^2}$ 及 $z = x^2 + y^2$ 所围成的闭区域；

（2）$\iiint\limits_{\Omega}(x^2+y^2)\mathrm{d}v$，其中 Ω 是由曲面 $x^2+y^2=2z$ 及平面 $z=2$ 所围成的闭区域.

10. 利用球面坐标计算下列三重积分.

（1）$\iiint\limits_{\Omega}(x^2+y^2+z^2)\mathrm{d}v$，其中 Ω 是由球面 $x^2+y^2+z^2=1$ 所围成的闭区域；

（2）$\iiint\limits_{\Omega}z\mathrm{d}v$，其中闭区域 Ω 由不等式 $x^2+y^2+(z-a)^2\leqslant a^2$，$x^2+y^2\leqslant z^2$ 所确定.

B 组

1. 选用适当的坐标计算下列三重积分.

（1）$\iiint\limits_{\Omega}xy\mathrm{d}v$，其中 Ω 为柱面 $x^2+y^2=1$ 及平面 $z=1$，$z=0$，$x=0$，$y=0$ 所围成的第一卦限内的闭区域；

（2）$\iiint\limits_{\Omega}\sqrt{x^2+y^2+z^2}\mathrm{d}v$，其中 Ω 是由球面 $x^2+y^2+z^2=z$ 所围成的闭区域；

（3）$\iiint\limits_{\Omega}(x^2+y^2)\mathrm{d}v$，其中 Ω 是由曲面 $4z^2=25(x^2+y^2)$ 及平面 $z=5$ 所围成的闭区域；

（4）$\iiint\limits_{\Omega}(x^2+y^2)\mathrm{d}v$，其中闭区域 Ω 由不等式 $0<a\leqslant\sqrt{x^2+y^2+z^2}\leqslant A,z\geqslant0$ 所确定.

2. 利用三重积分计算下列由曲面所围成的立体的体积.

（1）$z=6-x^2-y^2$ 及 $z=\sqrt{x^2+y^2}$；

（2）$x^2+y^2+z^2=2az(a>0)$ 及 $x^2+y^2=z^2$（含有 z 轴的部分）；

（3）$z=\sqrt{x^2+y^2}$ 及 $z=x^2+y^2$；

（4）$z=\sqrt{5-x^2-y^2}$ 及 $x^2+y^2=4z$.

3. 一球心在原点、半径为 R 的球体，其上任意一点的密度的大小与这点到球心的距离成正比，求这球体的质量.

11.4　重积分的应用

许多求总量的问题可以用定积分的元素法来处理. 这种元素法也可推广到二重积分的应用中. 如果所要计算的某个量 U 对于闭区域 D 具有可加性（就是说，当闭区域 D 分成许多小闭区域时，所求量 U 相应地分成许多部分量，且 U 等于部分量之和），并且在闭区域 D 内任取一个直径很小的闭区域 $\mathrm{d}\sigma$ 时，相应的部分量可近似地表示为 $f(x,y)\mathrm{d}\sigma$ 的形式，其中(x,y)在 $\mathrm{d}\sigma$ 内，则称 $f(x,y)\mathrm{d}\sigma$ 为所求量 U 的元素，记为 $\mathrm{d}U$, 以它为被积表达式，在闭区域 D 上积分：

$$U=\iint\limits_{D}f(x,y)\mathrm{d}\sigma,$$

这就是所求量的积分表达式.

一、曲面的面积

设曲面 S 由方程 $z = f(x, y)$（图 11.27）给出，D 为曲面 S 在 xOy 面上的投影区域，函数 $f(x, y)$ 在 D 上具有连续偏导数 $f_x(x, y)$ 和 $f_y(x, y)$。现求曲面的面积 A。

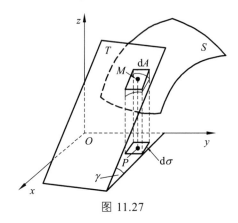

图 11.27

在区域 D 内任取一点 $P(x, y)$，并在区域 D 内取一包含点 $P(x, y)$ 的小闭区域 $\mathrm{d}\sigma$，其面积也记为 $\mathrm{d}\sigma$。在曲面 S 上点 $M(x, y, f(x, y))$ 处做曲面 S 的切平面 T，再做以小区域 $\mathrm{d}\sigma$ 的边界曲线为准线、母线平行于 z 轴的柱面。将含于柱面内的小块切平面的面积作为含于柱面内的小块曲面面积的近似值，记为 $\mathrm{d}A$。又设切平面 T 的法向量与 z 轴所成的角为 γ，则

$$\mathrm{d}A = \frac{\mathrm{d}\sigma}{\cos\gamma} = \sqrt{1 + f_x^2(x, y) + f_y^2(x, y)}\,\mathrm{d}\sigma ,$$

这就是曲面 S 的面积元素。

于是曲面 S 的面积为

$$A = \iint\limits_{D} \sqrt{1 + f_x^2(x, y) + f_y^2(x, y)}\,\mathrm{d}\sigma ,$$

或

$$A = \iint\limits_{D} \sqrt{1 + \left(\frac{\partial z}{\partial x}\right)^2 + \left(\frac{\partial z}{\partial y}\right)^2}\,\mathrm{d}x\mathrm{d}y ,$$

设 $\mathrm{d}A$ 为曲面 S 上点 M 处的面积元素，$\mathrm{d}A$ 在 xOy 面上的投影为小闭区域 $\mathrm{d}\sigma$，点 M 在 xOy 面上的投影为点 $P(x, y)$，因为曲面上点 M 处的法向量为 $\boldsymbol{n} = (-f_x, -f_y, 1)$，所以

$$\mathrm{d}A = |\boldsymbol{n}|\,\mathrm{d}\sigma = \sqrt{1 + f_x^2(x, y) + f_y^2(x, y)}\,\mathrm{d}\sigma .$$

提示：$\mathrm{d}A$ 与 xOy 面的夹角为 $(\widehat{\boldsymbol{n}, \boldsymbol{k}})$，$\mathrm{d}A(\widehat{\boldsymbol{n}, \boldsymbol{k}}) = \mathrm{d}\sigma$，$\boldsymbol{n} \cdot \boldsymbol{k} = |\boldsymbol{n}|\cos(\widehat{\boldsymbol{n}, \boldsymbol{k}}) = 1$，$\cos(\widehat{\boldsymbol{n}, \boldsymbol{k}}) = |\boldsymbol{n}|^{-1}$。

讨论：若曲面方程为 $x = g(y, z)$ 或 $y = h(z, x)$，则曲面的面积为

$$A = \iint\limits_{D_{yz}} \sqrt{1 + \left(\frac{\partial x}{\partial y}\right)^2 + \left(\frac{\partial x}{\partial z}\right)^2}\,\mathrm{d}y\mathrm{d}z ,$$

或

$$A = \iint\limits_{D_{zx}} \sqrt{1 + \left(\frac{\partial y}{\partial z}\right)^2 + \left(\frac{\partial y}{\partial x}\right)^2}\,\mathrm{d}z\mathrm{d}x .$$

其中 D_{yz} 是曲面在 yOz 面上的投影区域，D_{zx} 是曲面在 zOx 面上的投影区域.

例 1　求半径为 R 的球的表面积.

解　（**方法一**）上半球面的方程为 $z = \sqrt{R^2 - x^2 - y^2}$，$x^2 + y^2 \leqslant R^2$.

因为 z 对 x 和对 y 的偏导数在 D：$x^2 + y^2 \leqslant R^2$ 上无界，所以上半球面的面积不能直接求出，因此先求在区域 D_1：$x^2 + y^2 \leqslant a^2$（$a < R$）上的部分球面面积，然后取极限.

$$\iint\limits_{x^2 + y^2 \leqslant a^2} \frac{R}{\sqrt{R^2 - x^2 - y^2}} \mathrm{d}x\mathrm{d}y = R \int_0^{2\pi} \mathrm{d}\theta \int_0^a \frac{r\mathrm{d}r}{\sqrt{R^2 - r^2}}$$

$$= 2\pi R (R - \sqrt{R^2 - a^2}).$$

于是上半球面的面积为

$$\lim_{a \to R} = 2\pi R (R - \sqrt{R^2 - a^2}) = 2\pi R^2.$$

整个球面面积为 $A = 2A_1 = 4\pi R^2$.

提示：

$$\frac{\partial z}{\partial x} = \frac{-x}{\sqrt{R^2 - x^2 - y^2}}，\quad \frac{\partial z}{\partial y} = \frac{-y}{\sqrt{R^2 - x^2 - y^2}}，\quad \sqrt{1 + \left(\frac{\partial z}{\partial x}\right)^2 + \left(\frac{\partial z}{\partial y}\right)^2} = \frac{R}{\sqrt{R^2 - x^2 - y^2}}.$$

（**方法二**）球面的面积 A 为上半球面面积的两倍.

上半球面的方程为 $z = \sqrt{R^2 - x^2 - y^2}$，而

$$\frac{\partial z}{\partial x} = \frac{-x}{\sqrt{R^2 - x^2 - y^2}}，\quad \frac{\partial z}{\partial y} = \frac{-y}{\sqrt{R^2 - x^2 - y^2}}，$$

所以

$$A = 2 \iint\limits_{x^2 + y^2 \leqslant R^2} \sqrt{1 + \left(\frac{\partial z}{\partial x}\right)^2 + \left(\frac{\partial z}{\partial y}\right)^2} \mathrm{d}x\mathrm{d}y = 2 \iint\limits_{x^2 + y^2 \leqslant R^2} \frac{R}{\sqrt{R^2 - x^2 - y^2}} \mathrm{d}x\mathrm{d}y$$

$$= 2R \int_0^{2\pi} \mathrm{d}\theta \int_0^R \frac{\rho\mathrm{d}\rho}{\sqrt{R^2 - \rho^2}} = -4\pi R \sqrt{R^2 - \rho^2} \Big|_0^R = 4\pi R^2.$$

例 2　求曲面 $x^2 + y^2 + z^2 = a^2$ 在圆柱 $x^2 + y^2 = ax (a > 0)$ 内部分的曲面面积.

解　因为

$$\mathrm{d}S = \sqrt{1 + \left(\frac{\partial z}{\partial x}\right)^2 + \left(\frac{\partial z}{\partial y}\right)^2} \mathrm{d}x\mathrm{d}y = \frac{a}{\sqrt{a^2 - x^2 - y^2}} \mathrm{d}x\mathrm{d}y.$$

于是，利用对称性知

$$S = 4 \iint\limits_{D_{xy}} \frac{a}{\sqrt{a^2 - x^2 - y^2}} \mathrm{d}x\mathrm{d}y$$

$$= 4 \int_0^{\frac{\pi}{2}} \mathrm{d}\theta \int_0^{a\cos\theta} \frac{ar}{\sqrt{a^2 - r^2}} \mathrm{d}r = 4a^2 \left(\frac{\pi}{2} - 1\right).$$

例3 设有一颗地球同步轨道通信卫星，距地面的高度为 $h = 36\ 000\ \text{km}$，运行的角速度与地球自转的角速度相同，试计算该通信卫星的覆盖面积与地球表面积的比值（地球半径 $R = 6\ 400\ \text{km}$）.

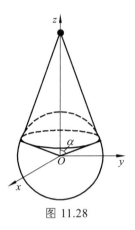

图 11.28

解 取地心为坐标原点，地心到通信卫星中心的连线为 z 轴，建立空间坐标系如图 11.28 所示，通信卫星覆盖的曲面 Σ 是上半球面被半顶角为 α 的圆锥面所截得的部分. Σ 的方程为

$$z = \sqrt{R^2 - x^2 - y^2}\ ,\quad x^2 + y^2 \leqslant R^2 \sin^2 \alpha.$$

于是通信卫星的覆盖面积为

$$A = \iint_{D_{xy}} \sqrt{1 + \left(\frac{\partial z}{\partial x}\right)^2 + \left(\frac{\partial z}{\partial y}\right)^2} \mathrm{d}x\mathrm{d}y = \iint_{D_{xy}} \frac{R}{\sqrt{R^2 - x^2 - y^2}} \mathrm{d}x\mathrm{d}y\ .$$

其中 $D_{xy} = \{(x,y)|\ x^2 + y^2 \leqslant R^2 \sin^2 \alpha\}$ 是曲面 Σ 在 xOy 面上的投影区域. 利用极坐标，得

$$A = \int_0^{2\pi} \mathrm{d}\theta \int_0^{R\sin\alpha} \frac{R}{\sqrt{R^2 - \rho^2}} \rho\mathrm{d}\rho = 2\pi R \int_0^{R\sin\alpha} \frac{\rho}{\sqrt{R^2 - \rho^2}} \mathrm{d}\rho = 2\pi R^2 (1 - \cos\alpha)\ .$$

由于 $\cos\alpha = \dfrac{R}{R+h}$，代入上式得

$$A = 2\pi R^2 \left(1 - \frac{R}{R+h}\right) = 2\pi R^2\ \frac{h}{R+h}\ ,$$

由此，这颗通信卫星的覆盖面积与地球表面积之比为

$$\frac{A}{4\pi R^2} = \frac{h}{2(R+h)} = \frac{36 \cdot 10^6}{2(36+6.4) \cdot 10^6} \approx 42.5\%\ .$$

由以上结果可知，卫星覆盖了全球三分之一以上的面积，故使用三颗相隔 $\dfrac{2}{3}\pi$ 角度的通信卫星几乎可以覆盖地球全部表面.

二、质　心

设有一平面薄片，占有 xOy 面上的闭区域 D，在点 $P(x,y)$ 处的面密度为 $\mu(x,y)$，假定 $\mu(x,y)$ 在 D 上连续．求该薄片的质心坐标．

在闭区域 D 上任取一点 $P(x,y)$，及包含点 $P(x,y)$ 的一直径很小的闭区域 $\mathrm{d}\sigma$（其面积也记为 $\mathrm{d}\sigma$），则

平面薄片对 x 轴和对 y 轴的力矩（仅考虑大小）元素分别为

$$\mathrm{d}M_x = y\mu(x,y)\mathrm{d}\sigma, \quad \mathrm{d}M_y = x\mu(x,y)\mathrm{d}\sigma,$$

平面薄片对 x 轴和对 y 轴的力矩分别为

$$M_x = \iint_D y\mu(x,y)\mathrm{d}\sigma, \quad M_y = \iint_D x\mu(x,y)\mathrm{d}\sigma.$$

设平面薄片的质心坐标为 $(\bar{x}, \bar{y})$，平面薄片的质量为 M，则有

$$\bar{x} \cdot M = M_y, \quad \bar{y} \cdot M = M_x,$$

于是

$$\bar{x} = \frac{M_y}{M} = \frac{\displaystyle\iint_D x\mu(x,y)\mathrm{d}\sigma}{\displaystyle\iint_D \mu(x,y)\mathrm{d}\sigma}, \quad \bar{y} = \frac{M_x}{M} = \frac{\displaystyle\iint_D y\mu(x,y)\mathrm{d}\sigma}{\displaystyle\iint_D \mu(x,y)\mathrm{d}\sigma}.$$

提示：将 $P(x,y)$ 点处的面积元素 $\mathrm{d}\sigma$ 看成是包含点 P 的直径得小的闭区域．D 上任取一点 $P(x,y)$，及包含 $P(x,y)$ 的一直径很小的闭区域 $\mathrm{d}\sigma$（其面积也记为 $\mathrm{d}\sigma$）.

讨论：如果平面薄片是均匀的，即面密度是常数，则平面薄片的质心（称为形心）如何求得？

平面图形的质心公式为

$$\bar{x} = \frac{\displaystyle\iint_D x\mathrm{d}\sigma}{\displaystyle\iint_D \mathrm{d}\sigma}, \quad \bar{y} = \frac{\displaystyle\iint_D y\mathrm{d}\sigma}{\displaystyle\iint_D \mathrm{d}\sigma}.$$

例 4　求位于两圆 $\rho = 2\sin\theta$ 和 $\rho = 4\sin\theta$ 之间的均匀薄片的质心．

解　因为闭区域 D（图 11.29）对称于 y 轴，所以质心 $C(\bar{x}, \bar{y})$ 必位于 y 轴上，于是 $\bar{x} = 0$．因为

$$\iint_D y\mathrm{d}\sigma = \iint_D \rho^2\sin\theta\mathrm{d}\rho\mathrm{d}\theta = \int_0^\pi \sin\theta\mathrm{d}\theta\int_{2\sin\theta}^{4\sin\theta}\rho^2\mathrm{d}\rho = 7\pi,$$

且

$$\iint_D \mathrm{d}\sigma = \pi \cdot 2^2 - \pi \cdot 1^2 = 3\pi,$$

所以

$$\bar{y} = \frac{\displaystyle\iint_D y\mathrm{d}\sigma}{\displaystyle\iint_D \mathrm{d}\sigma} = \frac{7\pi}{3\pi} = \frac{7}{3}.$$

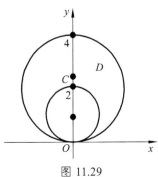

图 11.29

所求形心是 $C\left(0, \dfrac{7}{3}\right)$.

类似地，占有空间闭区域 Ω，在点 (x, y, z) 处的密度为 $\rho(x, y, z)$（假设 $\rho(x, y, z)$ 在 Ω 上连续）的物体的质心坐标是

$$\bar{x} = \frac{1}{M} \iiint\limits_{\Omega} x\rho(x, y, z)\mathrm{d}v, \quad \bar{y} = \frac{1}{M} \iiint\limits_{\Omega} y\rho(x, y, z)\mathrm{d}v, \quad \bar{z} = \frac{1}{M} \iiint\limits_{\Omega} z\rho(x, y, z)\mathrm{d}v,$$

其中

$$M = \iiint\limits_{\Omega} \rho(x, y, z)\mathrm{d}v.$$

例 5 求均匀半球体的质心.

解 取半球体的对称轴为 z 轴，原点取在球心上，又设球半径为 a，则半球体所占空间闭区域可表示为

$$\Omega = \{(x, y, z) \mid x^2 + y^2 + z^2 \leqslant a^2, \ z \geqslant 0\}$$

显然，质心在 z 轴上，故 $\bar{x} = \bar{y} = 0$.

$$\bar{z} = \frac{\displaystyle\iiint\limits_{\Omega} z\rho\mathrm{d}v}{\displaystyle\iiint\limits_{\Omega} \rho\mathrm{d}v} = \frac{\displaystyle\iiint\limits_{\Omega} z\mathrm{d}v}{\displaystyle\iiint\limits_{\Omega} \mathrm{d}v} = \frac{3a}{8}.$$

故质心为 $\left(0, 0, \dfrac{3a}{8}\right)$.

提示：Ω: $0 \leqslant r \leqslant a$, $0 \leqslant \varphi \leqslant \dfrac{\pi}{2}$, $0 \leqslant \theta \leqslant 2\pi$.

$$\iiint\limits_{\Omega} \mathrm{d}v = \int_0^{\frac{\pi}{2}} \mathrm{d}\varphi \int_0^{2\pi} \mathrm{d}\theta \int_0^a r^2 \sin\varphi \mathrm{d}r = \int_0^{\frac{\pi}{2}} \sin\varphi \mathrm{d}\varphi \int_0^{2\pi} \mathrm{d}\theta \int_0^a r^2 \mathrm{d}r = \frac{2\pi a^3}{3},$$

$$\iiint\limits_{\Omega} z\mathrm{d}v = \int_0^{\frac{\pi}{2}} \mathrm{d}\varphi \int_0^{2\pi} \mathrm{d}\theta \int_0^a r\cos\varphi \cdot r^2 \sin\varphi \mathrm{d}r = \frac{1}{2} \int_0^{\frac{\pi}{2}} \sin 2\varphi \mathrm{d}\varphi \int_0^{2\pi} \mathrm{d}\theta \int_0^a r^3 \mathrm{d}r = \frac{1}{2} \cdot 2\pi \cdot \frac{a^4}{4}.$$

三、转动惯量

设有一平面薄片，占有 xOy 面上的闭区域 D，在点 $P(x, y)$ 处的面密度为 $\mu(x, y)$，假定 $\mu(x, y)$ 在 D 上连续. 求该薄片对于 x 轴的转动惯量和 y 轴的转动惯量.

在闭区域 D 上任取一点 $P(x, y)$，及包含点 $P(x, y)$ 的一直径很小的闭区域 $\mathrm{d}\sigma$（其面积也记为 $\mathrm{d}\sigma$），则

平面薄片对于 x 轴的转动惯量和对 y 轴的转动惯量的元素分别为

$$\mathrm{d}I_x = y^2 \mu(x, y)\mathrm{d}\sigma, \quad \mathrm{d}I_y = x^2 \mu(x, y)\mathrm{d}\sigma,$$

整片平面薄片对于 x 轴的转动惯量和对 y 轴的转动惯量分别为

$$I_x = \iint\limits_{D} y^2 \mu(x, y)\mathrm{d}\sigma, \quad I_y = \iint\limits_{D} x^2 \mu(x, y)\mathrm{d}\sigma.$$

例 6　求半径为 a 的均匀半圆薄片（面密度为常量 μ）对于其直径边的转动惯量.

解　建立坐标系如图 11.30 所示，则薄片所占闭区域 D 可表示为

$$D = \{(x,y)\mid x^2 + y^2 \leqslant a^2,\ y \geqslant 0\}.$$

而所求转动惯量即半圆薄片对于 x 轴的转动惯量 I_x 为

$$
\begin{aligned}
I_x &= \iint_D \mu y^2 \mathrm{d}\sigma = \mu \iint_D \rho^2 \sin^2\theta \cdot \rho \mathrm{d}\rho \mathrm{d}\theta \\
&= \mu \int_0^\pi \sin^2\theta \mathrm{d}\theta \int_0^a \rho^3 \mathrm{d}\rho = \mu \cdot \frac{a^4}{4} \int_0^\pi \sin^2\theta \mathrm{d}\theta \\
&= \frac{1}{4}\mu a^4 \cdot \frac{\pi}{2} = \frac{1}{4}Ma^2.
\end{aligned}
$$

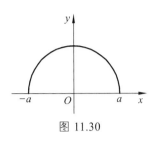

图 11.30

其中 $M = \frac{1}{2}\pi a^2 \mu$ 为半圆薄片的质量.

类似地，占有空间有界闭区域 Ω，在点 (x,y,z) 处的密度为 $\rho(x,y,z)$ 的物体对于 x,y,z 轴的转动惯量分别为

$$I_x = \iiint_\Omega (y^2 + z^2)\rho(x,y,z)\mathrm{d}v,$$

$$I_y = \iiint_\Omega (z^2 + x^2)\rho(x,y,z)\mathrm{d}v,$$

$$I_z = \iiint_\Omega (x^2 + y^2)\rho(x,y,z)\mathrm{d}v.$$

例 7　求密度为 ρ 的均匀球体对于过球心的一条轴 l 的转动惯量.

解　取球心为坐标原点，z 轴与轴 l 重合，又设球的半径为 a，则球体所占空间闭区域为

$$\Omega = \{(x,y,z)\mid x^2 + y^2 + z^2 \leqslant a^2\}.$$

而所求转动惯量即球体对于 z 轴的转动惯量 I_z 为

$$
\begin{aligned}
I_z &= \iiint_\Omega (x^2 + y^2)\rho \mathrm{d}v \\
&= \rho \iiint_\Omega (r^2\sin^2\varphi\cos^2\theta + r^2\sin^2\varphi\sin^2\theta)r^2\sin\varphi \mathrm{d}r\mathrm{d}\varphi\mathrm{d}\theta \\
&= \rho \iiint_\Omega r^4 \sin^3\varphi \mathrm{d}r\mathrm{d}\varphi\mathrm{d}\theta \\
&= \rho \int_0^{2\pi}\mathrm{d}\theta \int_0^\pi \sin^3\varphi \mathrm{d}\varphi \int_0^a r^4\mathrm{d}r \\
&= \frac{8}{15}\pi a^5\rho = \frac{2}{5}a^2M.
\end{aligned}
$$

其中 $M = \frac{4}{3}\pi a^3\rho$ 为球体的质量.

四、引　力

我们讨论空间一物体对于物体外一点 $P_0(x_0, y_0, z_0)$ 处的单位质量的质点的引力问题.

设物体占有空间有界闭区域 Ω, 它在点 (x, y, z) 处的密度为 $\rho(x, y, z)$, 并假定 $\rho(x, y, z)$ 在 Ω 上连续.

在物体内任取一点 (x, y, z), 及包含该点的一直径很小的闭区域 $\mathrm{d}v$（其体积也记为 $\mathrm{d}v$）, 把这一小块物体的质量 $\rho\mathrm{d}v$ 近似地看作集中在点 (x, y, z) 处. 这一小块物体对位于 $P_0(x_0, y_0, z_0)$ 处的单位质量的质点的引力近似地表示为

$$\mathrm{d}\boldsymbol{F} = (\mathrm{d}F_x, \mathrm{d}F_y, \mathrm{d}F_z)$$
$$= \left(G\frac{\rho(x, y, z)(x - x_0)}{r^3}\mathrm{d}v, G\frac{\rho(x, y, z)(y - y_0)}{r^3}\mathrm{d}v, G\frac{\rho(x, y, z)(z - z_0)}{r^3}\mathrm{d}v \right).$$

其中 $\mathrm{d}F_x, \mathrm{d}F_y, \mathrm{d}F_z$ 为引力元素 $\mathrm{d}\boldsymbol{F}$ 在三个坐标轴上的分量, $r = \sqrt{(x - x_0)^2 + (y - y_0)^2 + (z - z_0)^2}$, G 为引力常数. 将 $\mathrm{d}F_x, \mathrm{d}F_y, \mathrm{d}F_z$ 在 Ω 上分别积分, 即可得 F_x, F_y, F_z, 从而得 $\boldsymbol{F} = (F_x, F_y, F_z)$.

例 8　设半径为 R 的匀质球占有空间闭区域 $\Omega = \{(x, y, z) \,|\, x^2 + y^2 + z^2 \leqslant R^2\}$. 求它对位于点 $M_0(0, 0, a)$（$a > R$）处的单位质量的质点的引力.

解　设球的密度为 ρ_0, 由球体的对称性及质量分布的均匀性知 $F_x = F_y = 0$, 所求引力沿 z 轴的分量为

$$F_z = \iiint\limits_{\Omega} G\rho_0 \frac{z - a}{[x^2 + y^2 + (z - a)^2]^{3/2}}\mathrm{d}v$$

$$= G\rho_0 \int_{-R}^{R} (z - a)\mathrm{d}z \iint\limits_{x^2 + y^2 \leqslant R^2 - z^2} \frac{\mathrm{d}x\mathrm{d}y}{[x^2 + y^2 + (z - a)^2]^{3/2}}$$

$$= G\rho_0 \int_{-R}^{R} (z - a)\mathrm{d}z \int_0^{2\pi} \mathrm{d}\theta \int_0^{\sqrt{R^2 - z^2}} \frac{\rho\mathrm{d}\rho}{[\rho^2 + (z - a)^2]^{3/2}}$$

$$= 2\pi G\rho_0 \int_{-R}^{R} (z - a)\left(\frac{1}{a - z} - \frac{1}{\sqrt{R^2 - 2az + a^2}} \right)\mathrm{d}z$$

$$= 2\pi G\rho_0 \left[-2R + \frac{1}{a}\int_{-R}^{R} (z - a)\mathrm{d}\sqrt{R^2 - 2az + a^2} \right]$$

$$= 2G\pi\rho_0 \left(-2R + 2R - \frac{2R^3}{3a^2} \right)$$

$$= -G \cdot \frac{4\pi R^3}{3}\rho_0 \cdot \frac{1}{a^2} = -G\frac{M}{a^2}.$$

其中 $M = \dfrac{4\pi R^3}{3}\rho_0$ 为球的质量.

上述结果表明：匀质球对球外一质点的引力如同球的质量集中于球心时两质点间的引力.

习题 11.4

A 组

1. 求球面 $x^2 + y^2 + z^2 = a^2$ 包含在圆柱面 $x^2 + y^2 = ax$ 内部的那部分面积.

2. 求锥面 $z = \sqrt{x^2 + y^2}$ 被柱面 $z^2 = 2x$ 所割下的部分的曲面的面积.

3. 求底面半径相同的两个直交柱面 $x^2 + y^2 = R^2$ 及 $x^2 + z^2 = R^2$ 所围立体的表面积.

B 组

1. 设薄片所占的闭区域 D 如下，求均匀薄片的质心：

（1）D 由 $y = \sqrt{2px}$, $x = x_0$, $y = 0$ 所围成；

（2）D 是半椭圆形闭区域 $\left\{ (x, y) \left| \dfrac{x^2}{a^2} + \dfrac{y^2}{b^2} \leqslant 1, y \geqslant 0 \right. \right\}$;

（3）D 是介于两个圆 $r = a\cos\theta$, $r = b\cos\theta$（$0 < a < b$）之间的闭区域.

2. 设平面薄片所占的闭区域 D 由抛物线 $y = x^2$ 及直线 $y = x$ 所围成，它在点 (x, y) 处的面密度 $\mu(x, y) = x^2 y$，求该薄片的质心.

3. 设有一等腰直角三角形薄片，腰长为 a，各点处的面密度等于该点到直角顶点的距离的平方，求这薄片的质心.

4. 利用三重积分计算下列由曲面所围成立体的质心（设密度 $\rho = 1$）：

（1）$z^2 = x^2 + y^2$, $z = 1$；

（2）$z = \sqrt{A^2 - x^2 - y^2}$, $z = \sqrt{a^2 - x^2 - y^2}$ $(A > a > 0)$, $z = 0$;

（3）$z = x^2 + y^2$, $x + y = a$, $x = 0$, $y = 0$, $z = 0$.

5. 设球体占有闭区域 $\Omega = \{(x, y, z) | x^2 + y^2 + z^2 \leqslant 2Rz\}$，它在内部各点的密度的大小等于该点到坐标原点的距离的平方，试求这球体的质心.

6. 设均匀薄片（面密度为常数 1）所占的闭区域 D 如下，求指定的转动惯量：

（1）$D = \left\{ (x, y) \left| \dfrac{x^2}{a^2} + \dfrac{y^2}{b^2} \leqslant 1 \right. \right\}$, 求 I_y；

（2）D 由抛物线 $y^2 = \dfrac{9}{2}x$ 与直线 $x = 2$ 所围成，求 I_x 和 I_y；

（3）D 为矩形闭区域 $\{(x, y) | 0 \leqslant x \leqslant a, \ 0 \leqslant y \leqslant b\}$，求 I_x 和 I_y.

7. 已知均匀矩形板（面密度为常量 μ）的长和宽分别为 b 和 h，计算此矩形板对于通过其形心且分别与一边平行的两轴的转动惯量.

8. 一均匀物体（密度 ρ 为常量）所占的闭区域 Ω 由曲面 $z = x^2 + y^2$ 和平面 $z = 0$, $|x| = a$, $|y| = a$ 所围成，求：

（1）物体的体积；

（2）物体的质心；

（3）物体关于 z 轴的转动惯量.

9. 求半径为 a、高为 h 的均匀圆柱体对于过中心而平行于母线的轴的转动惯量（设密度 $\rho = 1$）.

10. 设面密度为常量 μ 的匀质半圆环形薄片所占闭区域 $D = \{(x, y, 0) \mid R_1 \leqslant \sqrt{x^2 + y^2} \leqslant R_2, x \geqslant 0\}$，求它对位于 z 轴上点 $M_0(0, 0, a)$（$a > 0$）处单位质量的质点的引力 $\boldsymbol{F}$.

11. 设均匀柱体密度为 ρ，所占闭区域 $\Omega = \{(x, y, z) \mid x^2 + y^2 \leqslant R^2, \ 0 \leqslant z \leqslant h\}$，求它对位于点 $M_0(0, 0, a)$（$a > h$）处单位质量的质点的引力.

11.5　对弧长的曲线积分

一、对弧长的曲线积分的概念与性质

1. 曲线形构件的质量

设一曲线形构件所占的位置在 xOy 面内的一段曲线弧 L 上，已知曲线形构件在点 (x, y) 处的线密度为 $\mu(x, y)$，求曲线形构件的质量.

（1）把曲线分成 n 小段 $\Delta s_1, \Delta s_2, \cdots, \Delta s_n$（$\Delta s_i$ 表示弧长）;

（2）任取 $(\xi_i, \eta_i) \in \Delta s_i$，得第 i 小段质量的近似值 $\mu(\xi_i, \eta_i)\Delta s_i$;（图 11.31）

（3）整个物质曲线的质量近似为

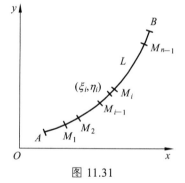

图 11.31

$$M \approx \sum_{i=1}^{n} \mu(\xi_i, \eta_i)\Delta s_i \, ;$$

（4）令 $\lambda = \max\{\Delta s_1, \Delta s_2, \cdots, \Delta s_n\} \to 0$，则整个物质曲线的质量为

$$M = \lim_{\lambda \to 0} \sum_{i=1}^{n} \mu(\xi_i, \eta_i)\Delta s_i \, .$$

这种和的极限在研究其他问题时也会遇到.

2. 对弧长的曲线积分的定义

定义 1　设 L 为 xOy 面内的一条光滑曲线弧，函数 $f(x, y)$ 在 L 上有界. 在 L 上任意插入一点列 $M_1, M_2, \cdots, M_{n-1}$ 把 L 分在 n 个小段. 设第 i 个小段的长度为 Δs_i，又 (ξ_i, η_i) 为第 i 个小段上任意取定的一点，作乘积 $f(\xi_i, \eta_i)\Delta s_i$（$i = 1, 2, \cdots, n$），并作和 $\sum_{i=1}^{n} f(\xi_i, \eta_i)\Delta s_i$，如果当各小弧段的长度的最大值 $\lambda \to 0$，这和的极限总存在，则称此极限为函数 $f(x, y)$ 在曲线弧 L 上对弧长的**曲线积分**或**第一类曲线积分**，记作 $\int_L f(x, y)\mathrm{d}s$，即

$$\int_L f(x,y)\mathrm{d}s = \lim_{\lambda \to 0} \sum_{i=1}^{n} f(\xi_i, \eta_i) \Delta s_i.$$

其中 $f(x,y)$ 叫作**被积函数**，L 叫作**积分弧段**.

设函数 $f(x,y)$ 定义在可求长度的曲线 L 上，并且有界.

（1）将 L 任意分成 n 个弧段 $\Delta s_1, \Delta s_2, \cdots, \Delta s_n$，并用 Δs_i 表示第 i 弧段的弧长；

（2）在每一弧段 Δs_i 上任取一点 (ξ_i, η_i)，作和 $\sum_{i=1}^{n} f(\xi_i, \eta_i)\Delta s_i$；

（3）令 $\lambda = \max\{\Delta s_1, \Delta s_2, \cdots, \Delta s_n\}$，如果当 $\lambda \to 0$ 时，这和的极限总存在，则称此极限为函数 $f(x,y)$ 在曲线弧 L 上对弧长的曲线积分或第一类曲线积分，记作 $\int_L f(x,y)\mathrm{d}s$，即

$$\int_L f(x,y)\mathrm{d}s = \lim_{\lambda \to 0} \sum_{i=1}^{n} f(\xi_i, \eta_i) \Delta s_i.$$

其中 $f(x,y)$ 叫作**被积函数**，L 叫作**积分弧段**.

曲线积分的存在性：当 $f(x,y)$ 在光滑曲线弧 L 上连续时，对弧长的曲线积分 $\int_L f(x,y)\mathrm{d}s$ 是存在的. 以后我们总假定 $f(x,y)$ 在 L 上是连续的.

根据对弧长的曲线积分的定义，曲线形构件的质量就是曲线积分 $\int_L \mu(x,y)\mathrm{d}s$ 的值，其中 $\mu(x,y)$ 为线密度.

3. 对弧长的曲线积分的推广

$$\int_\Gamma f(x,y,z)\mathrm{d}s = \lim_{\lambda \to 0} \sum_{i=1}^{n} f(\xi_i, \eta_i, \zeta_i) \Delta s_i.$$

如果 L（或 Γ）是分段光滑的，则规定函数在 L（或 Γ）上的曲线积分等于函数在光滑的各段上的曲线积分的和. 例如设 L 可分成两段光滑曲线弧 L_1 及 L_2，则规定

$$\int_{L_1+L_2} f(x,y)\mathrm{d}s = \int_{L_1} f(x,y)\mathrm{d}s + \int_{L_2} f(x,y)\mathrm{d}s.$$

如果 L 是闭曲线，那么函数 $f(x,y)$ 在闭曲线 L 上对弧长的曲线积分记作 $\oint_L f(x,y)\mathrm{d}s$.

4. 对弧长的曲线积分的性质

性质 1　设 c_1, c_2 为常数，则

$$\int_L [c_1 f(x,y) + c_2 g(x,y)]\mathrm{d}s = c_1 \int_L f(x,y)\mathrm{d}s + c_2 \int_L g(x,y)\mathrm{d}s.$$

性质 2　若积分弧段 L 可分成两段光滑曲线弧 L_1 和 L_2，则

$$\int_L f(x,y)\mathrm{d}s = \int_{L_1} f(x,y)\mathrm{d}s + \int_{L_2} f(x,y)\mathrm{d}s.$$

性质 3　设在 L 上 $f(x,y) \leqslant g(x,y)$，则

$$\int_L f(x,y)\mathrm{d}s \leqslant \int_L g(x,y)\mathrm{d}s .$$

特别地，有

$$\left|\int_L f(x,y)\mathrm{d}s\right| \leqslant \int_L |f(x,y)|\mathrm{d}s .$$

二、对弧长的曲线积分的计算

根据对弧长的曲线积分的定义，如果曲线形构件 L 的线密度为 $f(x,y)$，则曲线形构件 L 的质量为

$$\int_L f(x,y)\mathrm{d}s .$$

若曲线 L 的参数方程为

$$x = \varphi(t),\ y = \psi(t)\ (\alpha \leqslant t \leqslant \beta),$$

则质量元素为

$$f(x,y)\mathrm{d}s = f[\varphi(t),\psi(t)]\sqrt{\varphi'^2(t)+\psi'^2(t)}\mathrm{d}t ,$$

曲线的质量为

$$\int_\alpha^\beta f[\varphi(t),\psi(t)]\sqrt{\varphi'^2(t)+\psi'^2(t)}\mathrm{d}t ,$$

即

$$\int_L f(x,y)\mathrm{d}s = \int_\alpha^\beta f[\varphi(t),\psi(t)]\sqrt{\varphi'^2(t)+\psi'^2(t)}\mathrm{d}t .$$

定理 1 设 $f(x,y)$ 在曲线弧 L 上有定义且连续，L 的参数方程为

$$x = \varphi(t),\ y = \psi(t)\ (\alpha \leqslant t \leqslant \beta),$$

其中 $\varphi(t),\psi(t)$ 在 $[\alpha, \beta]$ 上具有一阶连续导数，且 $\varphi'^2(t) + \psi'^2(t) \neq 0$，则曲线积分 $\int_L f(x,y)\mathrm{d}s$ 存在，且

$$\int_L f(x,y)\mathrm{d}s = \int_\alpha^\beta f[\varphi(t),\psi(t)]\sqrt{\varphi'^2(t)+\psi'^2(t)}\mathrm{d}t\ (\alpha < \beta) .$$

证明（略）

应注意的问题：定积分的下限 α 一定要小于上限 β.

讨论：

（1）若曲线 L 的方程为 $y = \psi(x)\ (a \leqslant x \leqslant b)$，则

$$\int_L f(x,y)\mathrm{d}s = \int_a^b f[x,\psi(t)]\sqrt{1+\psi'^2(x)}\mathrm{d}x .$$

（2）若曲线 L 的方程为 $x = \varphi(y)\ (c \leqslant y \leqslant d)$，则

$$\int_L f(x,y)\mathrm{d}s = \int_c^d f[\varphi(y),y]\sqrt{\varphi'^2(y)+1}\mathrm{d}y .$$

（3）若曲线 Γ 的方程为 $x = \varphi(t)$，$y = \psi(t)$，$z = \omega(t)$（$\alpha \leqslant t \leqslant \beta$），则

$$\int_{\Gamma} f(x,y,z)\mathrm{d}s = \int_{\alpha}^{\beta} f[\varphi(t),\psi(t),\omega(t)]\sqrt{\varphi'^2(t)+\psi'^2(t)+\omega'^2(t)}\,\mathrm{d}t .$$

例 1　计算 $\int_{L} \sqrt{y}\,\mathrm{d}s$，其中 L 是抛物线 $y = x^2$ 上点 $O(0,0)$ 与点 $B(1,1)$ 之间的一段弧.

解　如图 11.32 所示，曲线的方程为 $y = x^2$（$0 \leqslant x \leqslant 1$），因此

$$\int_{L} \sqrt{y}\,\mathrm{d}s = \int_{0}^{1} \sqrt{x^2}\sqrt{1+(x^2)'^2}\,\mathrm{d}x = \int_{0}^{1} x\sqrt{1+4x^2}\,\mathrm{d}x = \frac{1}{12}(5\sqrt{5}-1) .$$

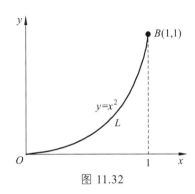

图 11.32

例 2　计算 $\oint_{L}(x^2+y^2)\mathrm{d}s$，其中 L 表示 $x^2+y^2=R^2$ 圆周.

解　建立坐标系，则 $I = \int_{L} y^2\mathrm{d}s$. 曲线 L 的参数方程为

$$x = R\cos\theta, \quad y = R\sin\theta（0 \leqslant \theta \leqslant 2\pi）.$$

于是

$$\begin{aligned}
I &= \oint_{L}(x^2+y^2)\mathrm{d}s \\
&= \int_{0}^{2\pi}(R^2\cos^2\theta + R^2\sin^2\theta)\sqrt{(-R\sin\theta)^2+(R\cos\theta)^2}\,\mathrm{d}\theta \\
&= R^3\int_{0}^{2\pi}\mathrm{d}\theta = 2\pi R^3 .
\end{aligned}$$

其中 $\oint_{L} P(x,y)\mathrm{d}s$ 表示 L 为闭合曲线.

例 3　计算 $\int_{L}(x+y+x^2+y^2)\mathrm{d}s$，其中 L：第一象限直线 $x+y=1$ 连接第四象限 $x^2+y^2=1$.

解　令

$$L_1:\ x+y=1\ (0 \leqslant x \leqslant 1)，\quad L_2:\ x^2+y^2=1\ (0 \leqslant x \leqslant 1)，$$

则

$$\int_{L}(x+y+x^2+y^2)\mathrm{d}s = \int_{L_1}(x+y+x^2+y^2)\mathrm{d}s + \int_{L_2}(x+y+x^2+y^2)\mathrm{d}s .$$

其中

$$\int_{L_1}(x+y+x^2+y^2)\mathrm{d}s = \int_{0}^{1}[1+x^2+(1-x)^2]\sqrt{2}\,\mathrm{d}x = \frac{5\sqrt{2}}{3} ,$$

$$\int_{L_2} (x+y+x^2+y^2)\mathrm{d}s = \int_0^1 [x+\sqrt{1-x^2}+1]\frac{1}{\sqrt{1-x^2}}\,\mathrm{d}x = \frac{\pi}{2},$$

因此
$$\int_L (x+y+x^2+y^2)\mathrm{d}s = \frac{5\sqrt{2}}{3}+\frac{\pi}{2}.$$

例 4 计算曲线积分 $\int_\Gamma (x^2+y^2+z^2)\mathrm{d}s$，其中 Γ 为螺旋线 $x=a\cos t,\ y=a\sin t,\ z=kt$ 上相应于 t 从 0 到达 2π 的一段弧.

解 在曲线 Γ 上有

$$x^2+y^2+z^2 = (a\cos t)^2+(a\sin t)^2+(kt)^2 = a^2+k^2t^2,$$

且
$$\mathrm{d}s = \sqrt{(-a\sin t)^2+(a\cos t)^2+k^2}\,\mathrm{d}t = \sqrt{a^2+k^2}\,\mathrm{d}t,$$

于是
$$\int_\Gamma (x^2+y^2+z^2)\mathrm{d}s = \int_0^{2\pi} (a^2+k^2t^2)\sqrt{a^2+k^2}\,\mathrm{d}t$$
$$= \frac{2}{3}\pi\sqrt{a^2+k^2}(3a^2+4\pi^2k^2).$$

习题 11.5

A 组

1. 设在 xOy 面内有一分布着质量的曲线弧 L，在点 (x,y) 处它的线密度为 $\mu(x,y)$，用对弧长的曲线积分分别表达：

（1）这曲线弧对 x 轴的转动惯量 I_x、对 y 轴的转动惯量 I_y；

（2）这曲线弧的重心坐标 $\bar{x}, \bar{y}$.

2. 利用对弧长的曲线积分的定义证明：如果曲线弧 L 分为两段光滑曲线 L_1 和 L_2，则

$$\int_L f(x,y)\mathrm{d}s = \int_{L_1} f(x,y)\mathrm{d}s + \int_{L_2} f(x,y)\mathrm{d}s.$$

3. 计算下列对弧长的曲线积分.

（1）$\oint_L (x^2+y^2)^n\mathrm{d}s$，其中 L 为圆周 $x=a\cos t,\ y=a\sin t$（$0 \leqslant t \leqslant 2\pi$）；

（2）$\int_L (x+y)\mathrm{d}s$，其中 L 为连接（1，0）及（0，1）两点的直线段；

（3）$\oint_L x\mathrm{d}x$，其中 L 为由直线 $y=x$ 及抛物线 $y=x^2$ 所围成的区域的整个边界；

（4）$\oint_L e^{\sqrt{x^2+y^2}}\mathrm{d}s$，其中 L 为圆周 $x^2+y^2=a^2$，直线 $y=x$ 及 x 轴所围成的第一象限内扇形的整个边界；

（5）$\int_\Gamma \frac{1}{x^2+y^2+z^2}\mathrm{d}s$，其中 Γ 为曲线 $x=e^t\cos t,\ y=e^t\sin t,\ z=e^t$ 上相应于 t 从 0 到 2 的这段弧；

（6）$\int_{\Gamma} x^2 yz \mathrm{d}s$，其中 Γ 为折线 $ABCD$，这里 A, B, C, D 依次为点 $(0, 0, 0), (0, 0, 2), (1, 0, 2),$ $(1, 3, 2)$；

（7）$\int_{L} y^2 \mathrm{d}s$，其中 L 为摆线的一拱 $x = a(t - \sin t)$，$y = a(1 - \cos t)$（$0 \leq t \leq 2\pi$）；

（8）$\int_{L}(x^2 + y^2)\mathrm{d}s$，其中 L 为曲线 $x = a(\cos t + t\sin t)$，$y = a(\sin t - t\cos t)$（$0 \leq t \leq 2\pi$）.

B 组

1. 求半径为 a、中心角为 2φ 的均匀圆弧（线密度 $\mu = 1$）的重心.

2. 设螺旋形弹簧一圈的方程为 $x = a\cos t$，$y = a\sin t$，$z = kt$，其中 $0 \leq 1 \leq 2\pi$，它的线密度 $\rho(x, y, z) = x^2 + y^2 + z^2$，求：

（1）它关于 z 轴的转动惯量 I_z；

（2）它的重心.

11.6　对坐标的曲线积分

一、对坐标的曲线积分的概念与性质

1. 变力沿曲线所做的功

设一个质点在 xOy 面内在变力 $\boldsymbol{F}(x, y) = P(x, y)\boldsymbol{i} + Q(x, y)\boldsymbol{j}$ 的作用下从点 A 沿光滑曲线弧 L 移动到点 B，试求变力 $\boldsymbol{F}(x, y)$ 所做的功.

用曲线 L 上的点 $A = M_0, M_1, M_2, \cdots, M_{n-1}, M_n = B$ 把 L 分成 n 个小弧段（图 11.33）.

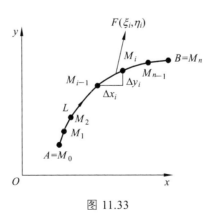

图 11.33

设 $M_k = (x_k, y_k)$，有向线段 $\overrightarrow{M_k M_{k+1}}$ 的长度为 Δs_k，它与 x 轴的夹角为 τ_k，则

$$\overrightarrow{M_k M_{k+1}} = \{\cos \tau_k, \sin \tau_k\}\Delta s_k \quad (k = 0, 1, 2, \cdots, n-1).$$

显然，变力 $\boldsymbol{F}(x, y)$ 沿有向小弧段 $\overparen{M_k M_{k+1}}$ 所做的功可以近似为

$$F(x_k, y_k) \cdot \overrightarrow{M_k M_{k+1}} = [P(x_k, y_k)\cos\tau_k + Q(x_k, y_k)\sin\tau_k]\Delta s_k\,;$$

于是，变力 $F(x, y)$ 所做的功为

$$W = \sum_{k=1}^{n-1} F(x_k, y_k) \cdot \overrightarrow{M_k M_{k+1}} \approx \sum_{k=1}^{n-1}[P(x_k, y_k)\cos\tau_k + Q(x_k, y_k)\sin\tau_k]\Delta s_k\,,$$

从而
$$W = \int_L [P(x, y)\cos\tau + Q(x, y)\sin\tau]\,\mathrm{d}s.$$

这里 $\tau = \tau(x, y)$，$\{\cos\tau, \sin\tau\}$ 是曲线 L 在点 (x, y) 处的与曲线方向一致的单位切向量.

（1）把 L 分成 n 个小弧段：$L_1, L_2, \cdots, L_n$；

（2）变力在 L_i 上所做的功近似为

$$F(\xi_i, \eta_i) \cdot \Delta s_i = P(\xi_i, \eta_i)\Delta x_i + Q(\xi_i, \eta_i)\Delta y_i;$$

（3）变力在 L 上所做的功近似为

$$W \approx \sum_{i=1}^{n}[P(\xi_i, \eta_i)\Delta x_i + Q(\xi_i, \eta_i)\Delta y_i]\,;$$

（4）变力在 L 上所做的功的精确值为

$$W = \lim_{\lambda \to 0} \sum_{i=1}^{n}[P(\xi_i, \eta_i)\Delta x_i + Q(\xi_i, \eta_i)\Delta y_i]\,,$$

其中 λ 是各小弧段长度的最大值.

2. 对坐标的曲线积分的定义

定义 1 设函数 $f(x, y)$ 在有向光滑曲线 L 上有界, 把 L 分成 n 个有向小弧段 $L_1, L_2, \cdots, L_n$；小弧段 L_i 的起点为 (x_{i-1}, y_{i-1})，终点为 (x_i, y_i)，$\Delta x_i = x_i - x_{i-1}$，$\Delta y_i = y_i - y_{i-1}$；$(\xi_i, \eta)$ 为 L_i 上任意一点, λ 为各小弧段长度的最大值.

如果极限 $\lim\limits_{\lambda \to 0} \sum\limits_{i=1}^{n} f(\xi_i, \eta_i)\Delta x_i$ 总存在, 则称此极限为函数 $f(x, y)$ 在有向曲线 L 上对坐标 x 的曲线积分, 记作 $\int_L f(x, y)\mathrm{d}x$, 即

$$\int_L f(x, y)\mathrm{d}x = \lim_{\lambda \to 0} \sum_{i=1}^{n} f(\xi_i, \eta_i)\Delta x_i\,.$$

如果极限 $\lim\limits_{\lambda \to 0} \sum\limits_{i=1}^{n} f(\xi_i, \eta_i)\Delta y_i$ 总存在, 则称此极限为函数 $f(x, y)$ 在有向曲线 L 上对坐标 y 的曲线积分, 记作 $\int_L f(x, y)\mathrm{d}y$, 即

$$\int_L f(x, y)\mathrm{d}y = \lim_{\lambda \to 0} \sum_{i=1}^{n} f(\xi_i, \eta_i)\Delta y_i\,.$$

设 L 为 xOy 面上一条光滑有向曲线，$\{\cos\tau, \sin\tau\}$ 是与曲线方向一致的单位切向量，函数 $P(x, y)$，$Q(x, y)$ 在 L 上有定义．如果下列两式右端的积分存在，我们就定义

$$\int_L P(x, y)\mathrm{d}x = \int_L P(x, y)\cos\tau\,\mathrm{d}s ,$$

$$\int_L Q(x, y)\mathrm{d}y = \int_L Q(x, y)\sin\tau\,\mathrm{d}s .$$

前者称为函数 $P(x, y)$ 在有向曲线 L 上对坐标 x 的曲线积分，后者称为函数 $Q(x, y)$ 在有向曲线 L 上对坐标 y 的曲线积分，对坐标的曲线积分也叫第二类曲线积分．

3. 定义的推广

设 Γ 为空间内一条光滑有向曲线，$\{\cos\alpha, \cos\beta, \cos\gamma\}$ 是曲线在点 (x, y, z) 处的与曲线方向一致的单位切向量，函数 $P(x, y, z)$，$Q(x, y, z)$，$R(x, y, z)$ 在 Γ 上有定义．我们定义（假如各式右端的积分存在）：

$$\int_\Gamma P(x, y, z)\mathrm{d}x = \int_\Gamma P(x, y, z)\cos\alpha\,\mathrm{d}s ,$$

$$\int_\Gamma Q(x, y, z)\mathrm{d}y = \int_\Gamma Q(x, y, z)\cos\beta\,\mathrm{d}s ,$$

$$\int_\Gamma R(x, y, z)\mathrm{d}z = \int_\Gamma R(x, y, z)\cos\gamma\,\mathrm{d}s ,$$

$$\int_L f(x, y, z)\mathrm{d}x = \lim_{\lambda\to 0}\sum_{i=1}^n f(\xi_i, \eta_i, \zeta_i)\Delta x_i ,$$

$$\int_L f(x, y, z)\mathrm{d}y = \lim_{\lambda\to 0}\sum_{i=1}^n f(\xi_i, \eta_i, \zeta_i)\Delta y_i ,$$

$$\int_L f(x, y, z)\mathrm{d}z = \lim_{\lambda\to 0}\sum_{i=1}^n f(\xi_i, \eta_i, \zeta_i)\Delta z_i .$$

对坐标的曲线积分的简写形式：

$$\int_L P(x, y)\mathrm{d}x + \int_L Q(x, y)\mathrm{d}y = \int_L P(x, y)\mathrm{d}x + Q(x, y)\mathrm{d}y ;$$

$$\int_\Gamma P(x, y, z)\mathrm{d}x + \int_\Gamma Q(x, y, z)\mathrm{d}y + \int_\Gamma R(x, y, z)\mathrm{d}z = \int_\Gamma P(x, y, z)\mathrm{d}x + Q(x, y, z)\mathrm{d}y + R(x, y, z)\mathrm{d}z .$$

4. 对坐标的曲线积分的性质

（1）如果把 L 分成 L_1 和 L_2，则

$$\int_L P\mathrm{d}x + Q\mathrm{d}y = \int_{L_1} P\mathrm{d}x + Q\mathrm{d}y + \int_{L_2} P\mathrm{d}x + Q\mathrm{d}y .$$

（2）设 L 是有向曲线弧，$-L$ 是与 L 方向相反的有向曲线弧，则

$$\int_{-L} P(x, y)\mathrm{d}x + Q(x, y)\mathrm{d}y = -\int_L P(x, y)\mathrm{d}x + Q(x, y)\mathrm{d}y .$$

两类曲线积分之间的关系：

设 $\{\cos\tau_i, \sin\tau_i\}$ 为与 $\Delta \boldsymbol{s}_i$ 同向的单位向量，我们注意到 $\{\Delta x_i, \Delta y_i\} = \Delta \boldsymbol{s}_i$，所以

$$\Delta x_i = \cos\tau_i \cdot \Delta \boldsymbol{s}_i, \ \Delta y_i = \sin\tau_i \cdot \Delta \boldsymbol{s}_i,$$

$$\int_L f(x, y)\mathrm{d}x = \lim_{\lambda \to 0} \sum_{i=1}^{n} f(\xi_i, \eta_i)\Delta x_i$$

$$= \lim_{\lambda \to 0} \sum_{i=1}^{n} f(\xi_i, \eta_i)\cos\tau_i\Delta \boldsymbol{s}_i = \int_L f(x, y)\cos\tau\mathrm{d}s,$$

$$\int_L f(x, y)\mathrm{d}y = \lim_{\lambda \to 0} \sum_{i=1}^{n} f(\xi_i, \eta_i)\Delta y_i$$

$$= \lim_{\lambda \to 0} \sum_{i=1}^{n} f(\xi_i, \eta_i)\sin\tau_i\Delta \boldsymbol{s}_i = \int_L f(x, y)\sin\tau\mathrm{d}s,$$

即

$$\int_L P\mathrm{d}x + Q\mathrm{d}y = \int_L [P\cos\tau + Q\sin\tau]\mathrm{d}s,$$

或

$$\int_L \boldsymbol{A} \cdot \mathrm{d}\boldsymbol{r} = \int_L \boldsymbol{A} \cdot \boldsymbol{t}\mathrm{d}s.$$

其中 $\boldsymbol{A} = \{P, Q\}$，$\boldsymbol{t} = \{\cos\tau, \sin\tau\}$ 为有向曲线弧 L 上点 (x, y) 处单位切向量，$\mathrm{d}\boldsymbol{r} = \boldsymbol{t}\mathrm{d}s = \{\mathrm{d}x, \mathrm{d}y\}$.

类似地，有

$$\int_\Gamma P\mathrm{d}x + Q\mathrm{d}y + R\mathrm{d}z = \int_\Gamma [P\cos\alpha + Q\cos\beta + R\cos\gamma]\mathrm{d}s,$$

或

$$\int_\Gamma \boldsymbol{A} \cdot \mathrm{d}\boldsymbol{r} = \int_\Gamma \boldsymbol{A} \cdot \boldsymbol{t}\mathrm{d}s = \int_\Gamma A_t \mathrm{d}s.$$

其中 $\boldsymbol{A} = \{P, Q, R\}$，$\boldsymbol{T} = \{\cos\alpha, \cos\beta, \cos\gamma\}$ 为有向曲线弧 Γ 上点 (x, y, z) 处单位切向量，$\mathrm{d}\boldsymbol{r} = \boldsymbol{T}\mathrm{d}s = \{\mathrm{d}x, \mathrm{d}y, \mathrm{d}z\}$，$A_t$ 为向量 $\boldsymbol{A}$ 在向量 $\boldsymbol{T}$ 上的投影.

二、对坐标的曲线积分的计算

定理 1 设 $P(x, y)$，$Q(x, y)$ 是定义在光滑有向曲线

$$L: \ x = \varphi(t), \ y = \psi(t)$$

上的连续函数，当参数 t 单调地由 α 变到 β 时，点 $M(x, y)$ 从 L 的起点 A 沿 L 运动到终点 B，则

$$\int_L P(x, y)\mathrm{d}x = \int_\alpha^\beta P[\varphi(t), \psi(t)]\varphi'(t)\mathrm{d}t,$$

$$\int_L Q(x, y)\mathrm{d}y = \int_\alpha^\beta Q[\varphi(t), \psi(t)]\psi'(t)\mathrm{d}t,$$

$$\int_L P(x, y)\mathrm{d}x + Q(x, y)\mathrm{d}y = \int_\alpha^\beta \{P[\varphi(t), \psi(t)]\varphi'(t) + Q[\varphi(t), \psi(t)]\psi'(t)\}\mathrm{d}t.$$

定理 2 若 $P(x, y)$ 是定义在光滑有向曲线

$$L: \ x = \varphi(t), \ y = \psi(t)(\alpha \leqslant t \leqslant \beta)$$

上的连续函数，L 的方向与 t 的增加方向一致，则

$$\int_L P(x, y)\mathrm{d}y = \int_\alpha^\beta P[\varphi(t), \psi(t)]\psi'(t)\mathrm{d}t .$$

简要证明：不妨设 $\alpha \leq \beta$. 对应于 t 点与曲线 L 的方向一致的切向量为 $\{\varphi'(t), \psi'(t)\}$，所以

$$\cos\tau = \frac{\varphi'(t)}{\sqrt{\varphi'^2(t) + \psi'^2(t)}} ,$$

从而

$$\int_L P(x, y)\mathrm{d}x = \int_L P(x, y)\cos\tau\mathrm{d}s$$

$$= \int_\alpha^\beta P[\varphi(t), \psi(t)]\frac{\varphi'(t)}{\sqrt{\varphi'^2(t) + \psi'^2(t)}}\sqrt{\varphi'^2(t) + \psi'^2(t)}\mathrm{d}t$$

$$= \int_\alpha^\beta P[\varphi(t), \psi(t)]\varphi'(t)\mathrm{d}t.$$

应注意的问题：下限 a 对应于 L 的起点，上限 β 对应于 L 的终点，α 不一定小于 β.
讨论：

若空间曲线 Γ 由参数方程 $x = \varphi(t)$，$y = \psi(t)$，$z = \omega(t)$ 给出，那么曲线积分

$$\int_\Gamma P(x, y, z)\mathrm{d}x + Q(x, y, z)\mathrm{d}y + R(x, y, z)\mathrm{d}z$$

$$= \int_\alpha^\beta \{P[\varphi(t), \psi(t), \omega(t)]\varphi'(t) + Q[\varphi(t), \psi(t), \omega(t)]\psi'(t) + R[\varphi(t), \psi(t), \omega(t)]\omega'(t)\}\mathrm{d}t.$$

其中 α 对应于 Γ 的起点，β 对应于 Γ 的终点.

例 1　计算 $\int_L xy\mathrm{d}x$，其中 L 为抛物线 $y^2 = x$ 上从点 $A(1, -1)$ 到点 $B(1, 1)$ 的一段弧.

解　（方法一）　如图 11.34 所示，以 x 为参数. L 分为 AO 和 OB 两部分：

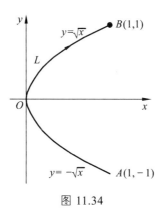

图 11.34

AO 的方程为 $y = -\sqrt{x}$，x 从 1 变到 0；OB 的方程为 $y = \sqrt{x}$，x 从 0 变到 1. 因此

$$\int_L xy\mathrm{d}x = \int_{AO} xy\mathrm{d}x + \int_{OB} xy\mathrm{d}x$$

$$= \int_1^0 x(-\sqrt{x})\mathrm{d}x + \int_0^1 x(\sqrt{x})\mathrm{d}x = 2\int_0^1 x^{\frac{3}{2}}\mathrm{d}x = \frac{4}{5}.$$

（方法二）　以 y 为积分变量. L 的方程为 $x = y^2$，y 从 -1 变到 1. 因此

$$\int_L xy\,\mathrm{d}x = \int_{-1}^{1} y^2 y(y^2)'\mathrm{d}y = 2\int_{-1}^{1} y^4\,\mathrm{d}y = \frac{4}{5}.$$

例2　计算 $\int_L y^2\,\mathrm{d}x$.

（1）L 为按逆时针方向绕行的上半圆周 $x^2 + y^2 = a^2$；

（2）从点 $A(a, 0)$ 沿 x 轴到点 $B(-a, 0)$ 的直线段.

解　如图 11-35 所示.

（1）L 的参数方程为 $x = a\cos\theta$，$y = a\sin\theta$，θ 从 0 变到 π. 因此

$$\int_L y^2\,\mathrm{d}x = \int_0^{\pi} a^2\sin^2\theta(-a\sin\theta)\mathrm{d}\theta = a^3\int_0^{\pi}(1-\cos^2\theta)\mathrm{d}(\cos\theta) = -\frac{4}{3}a^3.$$

（2）L 的方程为 $y = 0$，x 从 a 变到 $-a$. 因此

$$\int_L y^2\,\mathrm{d}x = \int_a^{-a} 0\,\mathrm{d}x = 0.$$

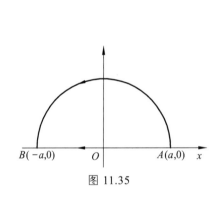

图 11.35

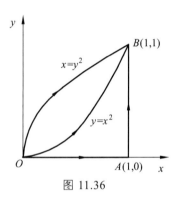

图 11.36

例3　计算 $\int_L 2xy\,\mathrm{d}x + x^2\,\mathrm{d}y$.

（1）抛物线 $y = x^2$ 上从 $O(0, 0)$ 到 $B(1, 1)$ 的一段弧；

（2）抛物线 $x = y^2$ 上从 $O(0, 0)$ 到 $B(1, 1)$ 的一段弧；

（3）从 $O(0, 0)$ 到 $A(1, 0)$，再到 $R(1, 1)$ 的有向折线 OAB.

解　如图 11-35 所示.

（1）L：$y = x^2$，x 从 0 变到 1. 所以

$$\int_L 2xy\,\mathrm{d}x + x^2\,\mathrm{d}y = \int_0^1 (2x\cdot x^2 + x^2\cdot 2x)\mathrm{d}x = 4\int_0^1 x^3\,\mathrm{d}x = 1.$$

（2）L：$x = y^2$，y 从 0 变到 1. 所以

$$\int_L 2xy\,\mathrm{d}x + x^2\,\mathrm{d}y = \int_0^1 (2y^2\cdot y\cdot 2y + y^4)\mathrm{d}y = 5\int_0^1 y^4\,\mathrm{d}y = 1.$$

（3）OA：$y = 0$，x 从 0 变到 1；AB：$x = 1$，y 从 0 变到 1. 所以

$$\int_L 2xy\mathrm{d}x + x^2\mathrm{d}y = \int_{OA} 2xy\mathrm{d}x + x^2\mathrm{d}y + \int_{AB} 2xy\mathrm{d}x + x^2\mathrm{d}y$$

$$= \int_0^1 (2x \cdot 0 + x^2 \cdot 0)\mathrm{d}x + \int_0^1 (2y \cdot 0 + 1)\mathrm{d}y = 0 + 1 = 1.$$

例 4　计算 $\int_\Gamma x^3\mathrm{d}x + 3zy^2\mathrm{d}y - x^2y\mathrm{d}z$，其中 Γ 是从点 $A(3, 2, 1)$ 到点 $B(0, 0, 0)$ 的直线段 AB.

解　直线 AB 的参数方程为 $x = 3t$，$y = 2t$，$x = t$，t 从 1 变到 0. 所以

$$I = \int_1^0 [(3t)^3 \cdot 3 + 3t(2t)^2 \cdot 2 - (3t)^2 \cdot 2t]\mathrm{d}t = 87\int_1^0 t^3\mathrm{d}t = -\frac{87}{4}.$$

例 5　设一个质点在点 $M(x, y)$ 处受到力 $\boldsymbol{F}$ 的作用，$\boldsymbol{F}$ 的大小与 M 到原点 O 的距离成正比，$\boldsymbol{F}$ 的方向恒指向原点. 此质点由点 $A(a, 0)$ 沿椭圆 $\dfrac{x^2}{a^2} + \dfrac{y^2}{b^2} = 1$ 按逆时针方向移动到点 $B(0, b)$，求力 $\boldsymbol{F}$ 所做的功 W.

解　椭圆的参数方程为 $x = a\cos t$，$y = b\sin t$，t 从 0 变到 $\dfrac{\pi}{2}$.

$$\boldsymbol{r} = \overrightarrow{OM} = x\boldsymbol{i} + y\boldsymbol{j}, \quad \boldsymbol{F} = k \cdot |\boldsymbol{r}| \cdot \left(-\frac{\boldsymbol{r}}{|\boldsymbol{r}|}\right) = -k(x\boldsymbol{i} + y\boldsymbol{j}),$$

其中 $k(k>0)$ 是比例常数.

于是

$$W = \int_{\widehat{AB}} -kx\mathrm{d}x - ky\mathrm{d}y = -k\int_{\widehat{AB}} x\mathrm{d}x + y\mathrm{d}y.$$

$$= -k\int_0^{\frac{\pi}{2}} (-a^2\cos t\sin t + b^2\sin t\cos t)\mathrm{d}t$$

$$= k(a^2 - b^2)\int_0^{\frac{\pi}{2}} \sin t\cos t\mathrm{d}t = \frac{k}{2}(a^2 - b^2).$$

三、两类曲线积分之间的联系

由定义，得

$$\int_L P\mathrm{d}x + Q\mathrm{d}y = \int_L (P\cos\tau + Q\sin\tau)\mathrm{d}s$$

$$= \int_L \{P, Q\} \cdot \{\cos\tau, \sin\tau\}\mathrm{d}s = \int_L \boldsymbol{F} \cdot \mathrm{d}\boldsymbol{r}.$$

其中 $\boldsymbol{F} = \{P, Q\}$，$\boldsymbol{T} = \{\cos\tau, \sin\tau\}$ 为有向曲线弧 L 上点 (x, y) 处的单位切向量，$\mathrm{d}\boldsymbol{r} = \boldsymbol{T}\mathrm{d}s = \{\mathrm{d}x, \mathrm{d}y\}$.

类似地，有

$$\int_\Gamma P\mathrm{d}x + Q\mathrm{d}y + R\mathrm{d}z = \int_\Gamma (P\cos\alpha + Q\cos\beta + R\cos\gamma)\mathrm{d}s$$

$$= \int_\Gamma \{P, Q, R\} \cdot \{\cos\alpha, \cos\beta, \cos\gamma\}\mathrm{d}s = \int_\Gamma \boldsymbol{F} \cdot \mathrm{d}\boldsymbol{r}.$$

其中 $\boldsymbol{F} = \{P, Q, R\}$，$\boldsymbol{T} = \{\cos\alpha, \cos\beta, \cos\gamma\}$ 为有向曲线弧 Γ 上点 (x, y, z) 处的单位切向量，$\mathrm{d}\boldsymbol{r} = \boldsymbol{T}\mathrm{d}s = \{\mathrm{d}x, \mathrm{d}y, \mathrm{d}z\}$.

习题 11.6

A 组

1. 设 L 为 xOy 面内直线 $x = a$ 上的一段，证明 $\int_L P(x, y)\mathrm{d}x = 0$.

2. 设 L 为 xOy 面内 x 轴上从点 $(a, 0)$ 到 $(b, 0)$ 的一段直线，

3. 计算下列对坐标的曲线积分：

（1）$\int_L (x^2 - y^2)\mathrm{d}x$，其中 L 是抛物线 $y = x^2$ 上从点 $(0, 0)$ 到点 $(2, 4)$ 的一段弧；

（2）$\oint_L xy\mathrm{d}x$，其中 L 为圆周 $(x-a)^2 + y^2 = a^2(a>0)$ 及 x 轴所围成的第一象限内的区域的整个边界（按逆时针方向绕行）；

（3）$\int_L y\mathrm{d}x + x\mathrm{d}y$，其中 L 为圆周 $x = R\cos t$，$y = R\sin t$ 上对应 t 从 0 到 $\dfrac{\pi}{2}$ 的一段弧；

（4）$\oint_L \dfrac{(x+y)\mathrm{d}x - (x-y)\mathrm{d}y}{x^2 + y^2}$，其中 L 为圆周 $x^2 + y^2 = a^2$（按逆时针方向绕行）；

（5）$\int_\Gamma x^2\mathrm{d}x + z\mathrm{d}y - y\mathrm{d}z$，其中 Γ 为曲线 $x = k\theta$，$y = a\cos\theta$，$z = a\sin\theta$ 上对应 θ 从 0 到 π 的一段弧；

（6）$\int_\Gamma x\mathrm{d}x + y\mathrm{d}y + (x+y-1)\mathrm{d}z$，其中 Γ 是从点 $(1, 1, 1)$ 到点 $(2, 3, 4)$ 的一段直线；

（7）$\oint_\Gamma \mathrm{d}x - \mathrm{d}y + y\mathrm{d}z$，其中 Γ 为有向闭折线 $ABCA$，这里的 A，B，C 依次为点 $(1, 0, 0)$，$(0, 1, 0)$，$(0, 0, 1)$；

（8）$\int_L (x^2 - 2xy)\mathrm{d}x + (y^2 - 2xy)\mathrm{d}y$，其中 L 是抛物线 $y = x^2$ 上从 $(-1, 1)$ 到 $(1, 1)$ 的一段弧.

4. 计算 $\int_L (x+y)\mathrm{d}x + (y-x)\mathrm{d}y$，其中 L 是：

（1）抛物线 $y = x^2$ 上从点 $(1, 1)$ 到点 $(4, 2)$ 的一段弧；

（2）从点 $(1, 1)$ 到点 $(4, 2)$ 的直线段；

（3）先沿直线从点 $(1, 1)$ 到点 $(1, 2)$，然后再沿直线到点 $(4, 2)$ 的折线；

（4）沿曲线 $x = 2t^2 + t + 1$，$y = t^2 + 1$ 上从点 $(1, 1)$ 到点 $(4, 2)$ 的一段弧.

B 组

1. 一力场由沿横轴正方向的常力 $\boldsymbol{F}$ 所构成，试求当一质量为 m 的质点沿圆周 $x^2 + y^2 = R^2$ 按逆时针方向移过位于第一象限的那一段时场力所做的功.

2. 设 z 轴与力方向一致，求质量为 m 的质点从位置 (x_1, y_1, z_1) 沿直线移到 (x_2, y_2, z_2) 时重力所做的功.

3. 把对坐标的曲线积分 $\int_L P(x,y)\mathrm{d}x+Q(x,y)\mathrm{d}y$ 化成对弧长的曲线积分，其中 L 为：

（1）在 xOy 面内沿直线从点 $(0,0)$ 到点 $(1,1)$；

（2）沿抛物线 $y=x^2$ 从点 $(0,0)$ 到点 $(1,1)$；

（3）沿上半圆周 $x^2+y^2=2x$ 从点 $(0,0)$ 到点 $(1,1)$.

4. 设 Γ 为曲线 $x=t$，$y=t^2$，$z=t^3$ 上相应于 t 从 0 变到 1 的曲线弧，把对坐标的曲线积分 $\int_\Gamma P\mathrm{d}x+Q\mathrm{d}y+R\mathrm{d}z$ 化为对弧长的曲线积分.

11.7　格林公式及其应用

一、格林公式

设 D 为平面区域，如果 D 内任一闭曲线所围的部分都属于 D，则称 D 为平面单连通区域，否则称为复连通区域（图 11.37）.

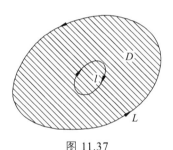

图 11.37

对平面区域 D 的边界曲线 L，我们规定 L 的正向如下：当观察者沿 L 的这个方向行走时，D 内在他近处的那一部分总在他的左边（图 11.37）.

定理 1　设闭区域 D 由分段光滑的曲线 L 围成，函数 $P(x,y)$ 及 $Q(x,y)$ 在 D 上具有一阶连续偏导数，则有

$$\iint\limits_D \left(\frac{\partial Q}{\partial x}-\frac{\partial P}{\partial y}\right)\mathrm{d}x\mathrm{d}y = \oint_L P\mathrm{d}x+Q\mathrm{d}y,$$

其中 L 是 D 的取正向的边界曲线.

证明（略）.

应注意的问题：对复连通区域 D，格林公式右端应包括沿区域 D 的全部边界的曲线积分，且边界的方向对区域 D 来说都是正向.

设区域 D 的边界曲线为 L，取 $P=-y$，$Q=x$，则由格林公式得

$$2\iint\limits_D \mathrm{d}x\mathrm{d}y = \oint_L x\mathrm{d}y-y\mathrm{d}x \quad \text{或} \quad A = \iint\limits_D \mathrm{d}x\mathrm{d}y = \frac{1}{2}\oint_L x\mathrm{d}y-y\mathrm{d}x.$$

例 1　椭圆 $x = a\cos\theta$，$y = b\sin\theta$ 所围成图形的面积 A.

分析： 只要 $\dfrac{\partial Q}{\partial x} - \dfrac{\partial P}{\partial y} = 1$，就有 $\iint\limits_D \left(\dfrac{\partial Q}{\partial x} - \dfrac{\partial P}{\partial y} \right) \mathrm{d}x\mathrm{d}y = \iint\limits_D \mathrm{d}x\mathrm{d}y = A$.

解　设 D 是由椭圆 $x = a\cos\theta$，$y = b\sin\theta$ 所围成的区域. 令 $P = -\dfrac{1}{2}y$，$Q = \dfrac{1}{2}x$，则 $\dfrac{\partial Q}{\partial x} - \dfrac{\partial P}{\partial y} = \dfrac{1}{2} + \dfrac{1}{2} = 1$.

于是由格林公式，得

$$A = \iint\limits_D \mathrm{d}x\mathrm{d}y = \oint_L -\frac{1}{2}y\mathrm{d}x + \frac{1}{2}x\mathrm{d}y = \frac{1}{2}\oint_L -y\mathrm{d}x + x\mathrm{d}y$$

$$= \frac{1}{2}\int_0^{2\pi} (ab\sin^2\theta + ab\cos^2\theta)\mathrm{d}\theta = \frac{1}{2}ab\int_0^{2\pi}\mathrm{d}\theta = \pi ab.$$

例 2　设 L 是任意一条分段光滑的闭曲线，证明

$$\oint_L 2xy\mathrm{d}x + x^2\mathrm{d}y = 0.$$

证　令 $P = 2xy$，$Q = x^2$，则

$$\frac{\partial Q}{\partial x} - \frac{\partial P}{\partial y} = 2x - 2x = 0.$$

因此，由格林公式有

$$\oint_L 2xy\mathrm{d}x + x^2\mathrm{d}y = \pm\iint\limits_D 0\mathrm{d}x\mathrm{d}y = 0.$$

（注意：二重积分前有"±"号）

例 3　计算 $\oint_C xy^2\mathrm{d}y - x^2y\mathrm{d}x$，其中 C 是圆周 $x^2 + y^2 = a^2$.

解　由于 $P = -x^2y$，$Q = xy^2$，故

$$\oint_C xy^2\mathrm{d}y - x^2y\mathrm{d}x = \iint\limits_{x^2+y^2\leqslant a^2} \left(\frac{\partial Q}{\partial x} - \frac{\partial P}{\partial y} \right)\mathrm{d}x\mathrm{d}y$$

$$= \iint\limits_{x^2+y^2\leqslant a^2} (x^2 + y^2)\mathrm{d}x\mathrm{d}y$$

$$= \int_0^{2\pi}\mathrm{d}\theta\int_0^a r^3\mathrm{d}r = \frac{\pi a^4}{2}.$$

例 4　计算 $\iint\limits_D \mathrm{e}^{-y^2}\mathrm{d}x\mathrm{d}y$，其中 D 是以 $O(0, 0), A(1, 1), B(0, 1)$ 为顶点的三角形闭区域.

解　如图 11.38 所示，要使 $\dfrac{\partial Q}{\partial x} - \dfrac{\partial P}{\partial y} = \mathrm{e}^{-y^2}$，只需 $P = 0$，$Q = x\mathrm{e}^{-y^2}$. 令 $P = 0$，$Q = x\mathrm{e}^{-y^2}$，则

$$\frac{\partial Q}{\partial x} - \frac{\partial P}{\partial y} = \mathrm{e}^{-y^2}.$$

因此，由格林公式有

$$\iint\limits_{D} e^{-y^2} dxdy = \int_{OA+AB+BO} xe^{-y^2} dy = \int_{OA} xe^{-y^2} dy$$

$$= \int_0^1 xe^{-x^2} dx = \frac{1}{2}(1-e^{-1}).$$

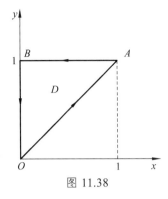

图 11.38

例 5 计算曲线积分 $\int_C (e^x \sin y - y)dx + (e^x \cos y - 1)dy$，其中 C 是由点 $A(a,0)$ 至点 $O(0,0)$ 的上半圆周 $x^2 + y^2 = ax$.

解 采用补线法. 在 Ox 轴上连接点 $O(0,0)$ 与点 $A(a,0)$，这样就构成了封闭的上半圆，且

$$\int_{OA} (e^x \sin y - y)dx + (e^x \cos y - 1)dy = 0,$$

从而

$$\oint_{C+OA} = \int_C + \int_{OA} = \int_C.$$

另外，由格林公式有

$$\oint_{C+OA} (e^x \sin y - y)dx + (e^x \cos y - 1)dy = \iint\limits_{x^2+y^2 \leqslant ax} dxdy = \frac{\pi a^2}{8}.$$

故

$$\int_C (e^x \sin y - y)dx + (e^x \cos y - 1)dy = \frac{\pi a^2}{8}.$$

例 6 计算 $\oint_L \frac{xdy - ydx}{x^2 + y^2}$，其中 L 为一条无重点、分段光滑且不经过原点的连续闭曲线，L 的方向为逆时针方向.

解 令 $P = \frac{-y}{x^2 + y^2}$，$Q = \frac{x}{x^2 + y^2}$. 则当 $x^2 + y^2 \neq 0$ 时，有

$$\frac{\partial Q}{\partial x} = \frac{y^2 - x^2}{(x^2 + y^2)^2} = \frac{\partial P}{\partial y}.$$

记 L 所围成的闭区域为 D（图 11.39）. 当 $(0, 0) \notin D$ 时，由格林公式得

$$\oint_L \frac{xdy - ydx}{x^2 + y^2} = 0;$$

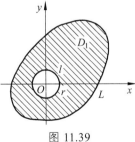

图 11.39

当 $(0, 0) \in D$ 时，在 D 内取一圆周 l：$x^2 + y^2 = r^2 (r>0)$，由 L 及 l 围成了一个复连通区域 D_1，应用格林公式得

$$\oint_L \frac{xdy - ydx}{x^2 + y^2} - \oint_l \frac{xdy - ydx}{x^2 + y^2} = 0.$$

其中 l 的方向取逆时针方向.

于是

$$\oint_L \frac{xdy - ydx}{x^2 + y^2} = \oint_l \frac{xdy - ydx}{x^2 + y^2} = \int_0^{2\pi} \frac{r^2 \cos^2 \theta + r^2 \sin^2 \theta}{r^2} d\theta = 2\pi.$$

二、平面上曲线积分与路径无关的条件

设 G 是一个开区域，$P(x, y)$，$Q(x, y)$ 在区域 G 内具有一阶连续偏导数. 如果对于 G 内任意指定的两个点 A, B 以及 G 内从点 A 到点 B 的任意两条曲线 L_1, L_2，等式

$$\int_{L_1} P\mathrm{d}x + Q\mathrm{d}y = \int_{L_2} P\mathrm{d}x + Q\mathrm{d}y$$

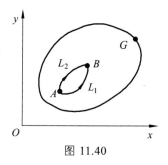

图 11.40

恒成立，就是说曲线积分 $\int_L P\mathrm{d}x + Q\mathrm{d}y$ 在 G 内与路径无关，否则就与路径有关.

设曲线积分 $\int_L P\mathrm{d}x + Q\mathrm{d}y$ 在 G 内与路径无关，L_1 和 L_2 是 G 内任意两条从点 A 到点 B 的曲线（图 11.40），则有

$$\int_{L_1} P\mathrm{d}x + Q\mathrm{d}y = \int_{L_2} P\mathrm{d}x + Q\mathrm{d}y .$$

因为

$$\int_{L_1} P\mathrm{d}x + Q\mathrm{d}y = \int_{L_2} P\mathrm{d}x + Q\mathrm{d}y$$
$$\Leftrightarrow \int_{L_1} P\mathrm{d}x + Q\mathrm{d}y - \int_{L_2} P\mathrm{d}x + Q\mathrm{d}y = 0$$
$$\Leftrightarrow \int_{L_1} P\mathrm{d}x + Q\mathrm{d}y + \int_{L_2^-} P\mathrm{d}x + Q\mathrm{d}y = 0$$
$$\Leftrightarrow \oint_{L_1+(L_2^-)} P\mathrm{d}x + Q\mathrm{d}y = 0 ,$$

所以有以下结论：

曲线积分 $\int_L P\mathrm{d}x + Q\mathrm{d}y$ 在 G 内与路径无关相当于沿 G 内任意闭曲线 C 的曲线积分 $\oint_L P\mathrm{d}x + Q\mathrm{d}y$ 等于零.

定理 2 设开区域 G 是一个单连通区域，函数 $P(x, y)$ 及 $Q(x, y)$ 在 G 内具有一阶连续偏导数，则曲线积分 $\int_L P\mathrm{d}x + Q\mathrm{d}y$ 在 G 内与路径无关（或沿 G 内任意闭曲线的曲线积分为零）的充分必要条件是等式

$$\frac{\partial P}{\partial y} = \frac{\partial Q}{\partial x}$$

在 G 内恒成立.

充分性（易证）：若 $\frac{\partial P}{\partial y} = \frac{\partial Q}{\partial x}$，则 $\frac{\partial Q}{\partial x} - \frac{\partial P}{\partial y} = 0$，由格林公式，对任意闭曲线 L，有

$$\oint_L P\mathrm{d}x + Q\mathrm{d}y = \iint_D \left(\frac{\partial Q}{\partial x} - \frac{\partial P}{\partial y} \right) \mathrm{d}x\mathrm{d}y = 0 .$$

必要性：假设存在一点 $M_0 \in G$，使 $\frac{\partial Q}{\partial x} - \frac{\partial P}{\partial y} = \eta \neq 0$，不妨设 $\eta > 0$，则由 $\frac{\partial Q}{\partial x} - \frac{\partial P}{\partial y}$ 的连续性，存在 M_0 的一个 δ 邻域 $U(M_0, \delta)$，使在此邻域内有 $\frac{\partial Q}{\partial x} - \frac{\partial P}{\partial y} \geq \frac{\eta}{2}$. 于是沿邻域 $U(M_0, \delta)$ 边界 l 的闭曲线积分

$$\oint_l P\mathrm{d}x + Q\mathrm{d}y = \iint\limits_{U(M_0,\delta)} \left(\frac{\partial Q}{\partial x} - \frac{\partial P}{\partial y}\right)\mathrm{d}x\mathrm{d}y \geqslant \frac{\eta}{2} \cdot \pi\delta^2 > 0,$$

这与闭曲线积分为零相矛盾，因此在 G 内 $\dfrac{\partial Q}{\partial x} - \dfrac{\partial P}{\partial y} = 0$.

应注意的问题：定理要求，区域 G 是单连通区域，且函数 $P(x, y)$ 及 $Q(x, y)$ 在 G 内具有一阶连续偏导数. 如果这两个条件之一不能满足，那么定理的结论不能保证成立.

破坏函数 P, Q 及 $\dfrac{\partial P}{\partial y}$，$\dfrac{\partial Q}{\partial x}$ 连续性的点称为奇点.

例 7　计算 $\displaystyle\int_L 2xy\mathrm{d}x + x^2\mathrm{d}y$，其中 L 为抛物线 $y = x^2$ 上从 $O(0, 0)$ 到 $B(1, 1)$ 的一段弧.

解　因为 $\dfrac{\partial P}{\partial y} = \dfrac{\partial Q}{\partial x} = 2x$ 在整个 xOy 面内都成立，所以在整个 xOy 面内，积分 $\displaystyle\int_L 2xy\mathrm{d}x + x^2\mathrm{d}y$ 与路径无关. 于是

$$\int_L 2xy\mathrm{d}x + x^2\mathrm{d}y = \int_{OA} 2xy\mathrm{d}x + x^2\mathrm{d}y + \int_{AB} 2xy\mathrm{d}x + x^2\mathrm{d}y = \int_0^1 1^2\mathrm{d}y = 1.$$

讨论：

设 L 为一条无重点、分段光滑且不经过原点的连续闭曲线，L 的方向为逆时针方向，问 $\displaystyle\oint_L \frac{x\mathrm{d}y - y\mathrm{d}x}{x^2 + y^2} = 0$ 是否一定成立？

提示：

这里 $P = \dfrac{-y}{x^2 + y^2}$ 和 $Q = \dfrac{x}{x^2 + y^2}$ 在点 $(0, 0)$ 不连续. 因为当 $x^2 + y^2 \neq 0$ 时，

$$\frac{\partial Q}{\partial x} = \frac{y^2 - x^2}{(x^2 + y^2)^2} = \frac{\partial P}{\partial y},$$

所以如果 $(0, 0)$ 不在 L 所围成的区域内，则结论成立；当 $(0, 0)$ 在 L 所围成的区域内时，结论未必成立.

三、二元函数的全微分求积

曲线积分在 G 内与路径无关，表明曲线积分的值只与起点 (x_0, y_0) 与终点 (x, y) 有关.

如果 $\displaystyle\int_L P\mathrm{d}x + Q\mathrm{d}y$ 与路径无关，则把它记为

$$\int_{(x_0, y_0)}^{(x, y)} P\mathrm{d}x + Q\mathrm{d}y,$$

即

$$\int_L P\mathrm{d}x + Q\mathrm{d}y = \int_{(x_0, y_0)}^{(x, y)} P\mathrm{d}x + Q\mathrm{d}y.$$

若起点 (x_0, y_0) 为 G 内的一定点，终点 (x, y) 为 G 内的动点，则

$$u(x, y) = \int_{(x_0, y_0)}^{(x, y)} P\mathrm{d}x + Q\mathrm{d}y$$

为 G 内的函数.

二元函数 $u(x, y)$ 的全微分为

$$\mathrm{d}u(x, y) = u_x(x, y)\mathrm{d}x + u_y(x, y)\mathrm{d}y.$$

表达式 $P(x, y)\mathrm{d}x + Q(x, y)\mathrm{d}y$ 与函数的全微分有相同的结构，但它未必就是某个函数的全微分.

那么在什么条件下表达式 $P(x, y)\mathrm{d}x + Q(x, y)\mathrm{d}y$ 是某个二元函数 $u(x, y)$ 的全微分呢？当这样的二元函数存在时怎样求出这个二元函数呢？

定理 3 设开区域 G 是一个单连通区域，函数 $P(x, y)$ 及 $Q(x, y)$ 在 G 内具有一阶连续偏导数，则 $P(x, y)\mathrm{d}x + Q(x, y)\mathrm{d}y$ 在 G 内为某一函数 $u(x, y)$ 的全微分的充分必要条件是等式

$$\frac{\partial P}{\partial y} = \frac{\partial Q}{\partial x}$$

在 G 内恒成立.

简要证明：

必要性：假设存在某一函数 $u(x, y)$，使得

$$\mathrm{d}u = P(x, y)\mathrm{d}x + Q(x, y)\mathrm{d}y,$$

则有

$$\frac{\partial P}{\partial y} = \frac{\partial}{\partial y}\left(\frac{\partial u}{\partial x}\right) = \frac{\partial^2 u}{\partial x \partial y}, \quad \frac{\partial Q}{\partial x} = \frac{\partial}{\partial x}\left(\frac{\partial u}{\partial y}\right) = \frac{\partial^2 u}{\partial y \partial x}.$$

因为 $\dfrac{\partial^2 u}{\partial x \partial y} = \dfrac{\partial P}{\partial y}$，$\dfrac{\partial^2 u}{\partial y \partial x} = \dfrac{\partial Q}{\partial x}$ 连续，所以 $\dfrac{\partial^2 u}{\partial x \partial y} = \dfrac{\partial^2 u}{\partial y \partial x}$，即 $\dfrac{\partial P}{\partial y} = \dfrac{\partial Q}{\partial x}$.

充分性：因为在 G 内 $\dfrac{\partial P}{\partial y} = \dfrac{\partial Q}{\partial x}$，所以积分 $\displaystyle\int_L P(x, y)\mathrm{d}x + Q(x, y)\mathrm{d}y$ 在 G 内与路径无关. 在 G 内从点 (x_0, y_0) 到点 (x, y) 的曲线积分可表示为

$$u(x, y) = \int_{(x_0, y_0)}^{(x, y)} P(x, y)dx + Q(x, y)dy.$$

因为

$$u(x, y) = \int_{(x_0, y_0)}^{(x, y)} P(x, y)dx + Q(x, y)dy$$

$$= \int_{y_0}^{y} Q(x_0, y)\mathrm{d}y + \int_{x_0}^{x} P(x, y)\mathrm{d}x,$$

所以

$$\frac{\partial u}{\partial x} = \frac{\partial}{\partial x}\int_{y_0}^{y} Q(x_0, y)\mathrm{d}y + \frac{\partial}{\partial x}\int_{x_0}^{x} P(x, y)\mathrm{d}x = P(x, y).$$

类似地，有 $\dfrac{\partial u}{\partial y} = Q(x, y)$，从而 $\mathrm{d}u = P(x, y)\mathrm{d}x + Q(x, y)\mathrm{d}y$，即 $P(x, y)\mathrm{d}x + Q(x, y)\mathrm{d}y$ 是某一函数的全微分.

求原函数的公式：

$$u(x, y) = \int_{(x_0, y_0)}^{(x, y)} P(x, y)\mathrm{d}x + Q(x, y)\mathrm{d}y\,;$$

$$u(x, y) = \int_{x_0}^{x} P(x, y_0)\mathrm{d}x + \int_{y_0}^{y} Q(x, y)\mathrm{d}y ;$$

$$u(x, y) = \int_{y_0}^{y} Q(x_0, y)\mathrm{d}y + \int_{x_0}^{x} P(x, y)\mathrm{d}x .$$

例 8　验证：$\dfrac{x\mathrm{d}y - y\mathrm{d}x}{x^2 + y^2}$ 在右半平面$(x > 0)$内是某个函数的全微分，并求出一个这样的函数.

解　这里 $P = \dfrac{-y}{x^2 + y^2}$，$Q = \dfrac{x}{x^2 + y^2}$. 因为 P, Q 在右半平面内具有一阶连续偏导数，且有

$$\frac{\partial Q}{\partial x} = \frac{y^2 - x^2}{(x^2 + y^2)^2} = \frac{\partial P}{\partial y} ,$$

所以在右半平面内，$\dfrac{x\mathrm{d}y - y\mathrm{d}x}{x^2 + y^2}$ 是某个函数的全微分. 取积分路线为从 $A(1,\ 0)$ 到 $B(x,\ 0)$ 再到 $C(x, y)$ 的折线，则所求函数为

$$u(x, y) = \int_{(1,\ 0)}^{(x, y)} \frac{x\mathrm{d}y - y\mathrm{d}x}{x^2 + y^2} = 0 + \int_{0}^{y} \frac{x\mathrm{d}y}{x^2 + y^2} = \arctan \frac{y}{x} .$$

问：为什么(x_0, y_0)不取$(0, 0)$？

例 9　验证：$xy^2\mathrm{d}x + x^2 y\mathrm{d}y$ 在整个 xOy 面内是某个函数的全微分，并求出一个这样的函数.

解　这里 $P = xy^2$，$Q = x^2 y$. 因为 P, Q 在整个 xOy 面内具有一阶连续偏导数，且有

$$\frac{\partial Q}{\partial x} = 2xy = \frac{\partial P}{\partial y} ,$$

所以在整个 xOy 面内，$xy^2\mathrm{d}x + x^2 y\mathrm{d}y$ 是某个函数的全微分. 取积分路线为从 $O(0,\ 0)$ 到 $A(x,\ 0)$ 再到 $B(x, y)$ 的折线，则所求函数为

$$u(x, y) = \int_{(0,\ 0)}^{(x, y)} xy^2\mathrm{d}x + x^2 y\mathrm{d}y = 0 + \int_{0}^{y} x^2 y\mathrm{d}y = x^2 \int_{0}^{y} y\mathrm{d}y = \frac{x^2 y^2}{2} .$$

习题 11.7

A 组

1. 计算下列曲线积分，并验证格林公式的正确性：

（1）$\oint_l (2xy - x^2)\mathrm{d}x + (x + y^2)\mathrm{d}y$，其中 L 是由抛物线 $y = x^2$ 及 $y^2 = x$ 所围成的区域的正向边界曲线；

（2）$\oint_l (x^2 - xy^3)\mathrm{d}x + (y^2 - 2xy)\mathrm{d}y$，其中 L 是四个顶点分别为$(0,\ 0)$，$(2,\ 0)$，$(2,\ 2)$和$(0,\ 2)$的正方形区域的正向边界.

2. 利用曲线积分，求下列曲线所围成图形的面积：

（1）星形线 $x = a\cos^3 t$，$y = a\sin^3 t$；

（2）椭圆 $9x^2 + 16y^2 = 144$；

（3）圆 $x^2 + y^2 = 2ax$.

3. 计算曲线积分 $\oint_L \dfrac{y\mathrm{d}x - x\mathrm{d}y}{2(x^2 + y^2)}$，其中 L 为圆周 $(x-1)^2 + y^2 = 2$，L 的方向为逆时针方向.

4. 证明下列曲线积分在整个 xOy 面内与路径无关，并计算积分值：

（1）$\displaystyle\int_{(1,\,1)}^{(2,\,3)} (x+y)\mathrm{d}x + (x-y)\mathrm{d}y$；

（2）$\displaystyle\int_{(1,\,2)}^{(3,\,4)} (6xy^2 - y^3)\mathrm{d}x + (6x^2 y - 3xy^2)\mathrm{d}y$；

（3）$\displaystyle\int_{(1,\,0)}^{(2,\,1)} (2xy - y^4 + 3)\mathrm{d}x + (x^2 - 4xy^3)\mathrm{d}y$.

5. 利用格林公式，计算下列曲线积分：

（1）$\oint_L (2x - y + 4)\mathrm{d}x + (5y + 3x - 6)\mathrm{d}y$，其中 L 为三顶点分别为 $(0,\,0)$，$(3,\,0)$ 和 $(3,\,2)$ 的三角形正向边界；

（2）$\oint_L (x^2 y\cos x + 2xy\sin x - y^2 \mathrm{e}^x)\mathrm{d}x + (x^2 \sin x - 2y\mathrm{e}^x)\mathrm{d}y$，其中 L 为正向星形线 $x^{\frac{2}{3}} + y^{\frac{2}{3}} = a^{\frac{2}{3}}$（$a>0$）；

（3）$\displaystyle\int_L (2xy^3 - y^2 \cos x)\mathrm{d}x + (1 - 2y\sin x + 3x^2 y^2)\mathrm{d}y$，其中 L 为在抛物线 $2x = \pi y^2$ 上由点 $(0,\,0)$ 到点 $\left(\dfrac{\pi}{2},\,1\right)$ 的一段弧；

（4）$\displaystyle\int_L (x^2 - y)\mathrm{d}x - (x + \sin^2 y)\mathrm{d}y$，其中 L 是在圆周 $y = \sqrt{2x - x^2}$ 上由点 $(0,\,0)$ 到点 $(1,\,1)$ 的一段弧.

B 组

1. 验证下列 $P(x, y)\mathrm{d}x + Q(x, y)\mathrm{d}y$ 在整个 xOy 平面内是某一函数 $u(x, y)$ 的全微分，并求这样的一个 $u(x, y)$：

（1）$(x + 2y)\mathrm{d}x + (2x + y)\mathrm{d}y$；

（2）$2xy\mathrm{d}x + x^2 \mathrm{d}y$；

（3）$4\sin x\sin 3y\cos x\mathrm{d}x - 3\cos 3y\cos 2x\mathrm{d}y$；

（4）$(3x^2 y + 8xy^2)\mathrm{d}x + (x^3 + 8x^2 y + 12y\mathrm{e}^y)\mathrm{d}y$；

（5）$(2x\cos y + y^2 \cos x)\mathrm{d}x + (2y\sin x - x^2 \sin y)\mathrm{d}y$.

2. 设有一变力在坐标轴上的投影为 $X = x + y^2$，$Y = 2xy - 8$，这变力确定了一个力场，证明质点在此场内移动时，场力所做的功与路径无关.

11.8　重积分在数学建模中的应用

一、求曲顶建筑物的容积

如果把国家大剧院的顶部看成球面 $x^2 + y^2 + z^2 \leqslant 4a^2$ 的一部分（把大剧院的中心部位作为坐标原点），大剧院的下面部分看成是柱面 $x^2 + y^2 \leqslant 2a^2$ 的一部分，因此，国家大剧院的容积问题可以粗略地看成一个二重积分题，即：求由球体 $x^2 + y^2 + z^2 \leqslant 4a^2$ 和圆柱体 $x^2 + y^2 \leqslant 2a^2$ 及 xOy 面上方所围成的公共部分的体积.

通过以上分析，可以把大剧院的容积问题抽象成一个数学问题，也就是二重积分问题，从而建立数学模型求出结果.

由球的对称性，知 $V = 4\iint\limits_{D} \sqrt{4a^2 + x^2 - y^2}\,\mathrm{d}x\mathrm{d}y$，其中 D 为 xOy 面上圆周 $y = \sqrt{2a^2 - x^2}\,y$ 在第一卦限的区域，在极坐标系中，D 可表示为 $0 \leqslant \theta \leqslant \dfrac{\pi}{2}$，$0 \leqslant r \leqslant \sqrt{2a}$. 所以，大剧院的容积（粗略的）为

$$V = 4\iint\limits_{D} \sqrt{4a^2 + r^2}\,r\mathrm{d}r\mathrm{d}\theta = 4\int_0^{\frac{\pi}{2}} \mathrm{d}\theta \int_0^{\sqrt{2a}} \sqrt{4a^2 - r^2}\,r\mathrm{d}r = \frac{2}{3}\pi(8 - 2\sqrt{2})a^3.$$

二、求两圆形管道相交部位的体积

这个问题可以抽象成两个等半径（或不等半径）的圆柱体相交所围成的立体体积问题.

某学校在建学生宿舍楼时，需要安装下水管道，下水管道拐弯处需要设计两个管道相交，现有半径为 a 的圆形管道材料，试计算两管道在拐弯处所形成的体积（体积的大小直接影响水的流量）.

此问题可以抽象成求圆柱体 $x^2 + y^2 = a^2$ 和 $x^2 + z^2 = a^2$ 所围立体的体积因此，两管道在拐弯处所形成的体积为

$$V = 8\iint\limits_{D} \sqrt{a^2 - x^2}\,\mathrm{d}x\mathrm{d}y = 8\int_0^a \mathrm{d}x \int_0^{\sqrt{a^2 - x^2}} \sqrt{a^2 - x^2}\,\mathrm{d}y = \frac{16}{3}a^3$$

三、曲顶建筑物的表面积问题

为了解决建筑设计中曲顶建筑物的表面积问题，下面引入曲面面积公式. 二重积分中曲面面积公式为

$$A = \iint\limits_{D_{xy}} \sqrt{1 + \left(\frac{\partial z}{\partial x}\right)^2 + \left(\frac{\partial z}{\partial y}\right)^2}\,\mathrm{d}x\mathrm{d}y$$

计算伊斯兰教堂（主楼）顶部的面积.

假如伊斯兰教堂（主楼）顶部是以旋转抛物面 $z = 1 - x^2 - y^2$ 为顶的曲面，那么这个问题就是数学中的曲面面积问题.

设顶部是以旋转抛物面 $z = 1 - x^2 - y^2$ 被 xOy 平面所截得的曲面，由于它的对称性，该抛物面的面积是它在第一卦限部分面积的 4 倍. 由曲面面积公式，得伊斯兰教堂（主楼）顶部的面积

$$S = 4\iint\limits_{D} \sqrt{1 + \left(\frac{\partial z}{\partial x}\right)^2 + \left(\frac{\partial z}{\partial y}\right)^2}\,\mathrm{d}x\mathrm{d}y = 4\iint\limits_{D} \sqrt{1 + (4x)^2 + (4y)^2}\,\mathrm{d}x\mathrm{d}y$$

11.9　数学实验：用 MATLAB 求二重积分

实验目的：能够运用 Matlab 计算二重积分.

实验内容：能够运用 Matlab 计算函数在直角坐系与极坐标系下的二重积分.

例 1　求 $\iint\limits_{D} x\mathrm{d}\sigma$，其中 D 是由抛物线 $y = x^2$ 与直线 $y = x + 2$ 所围成的区域.

程序如下：

```
syms x y
f=x;                              %定义符号型函数
s1=int(int(f,y,x^2,x+2),x,-1,2)   %化为二次积分，D 看作是 x 型区域
```

运行结果如下：

s1=9/4

例 2　计算 $\iint\limits_{D} \mathrm{e}^{-x^2-y^2}\,\mathrm{d}x\mathrm{d}y$，其中 D 是由中心在原点、半径为 a 的圆周所围成的闭区域.

程序如下：

```
syms x y r theta a
f=exp(-r^2);                       %x=r*cos(theta),y=r*sin(theta)
s1=int(int(r*f,r,0,a),theta,0,2*pi)
```

运行结果如下：

s1 =-pi*(exp(-a^2) - 1)

第 12 章　无穷级数

无穷级数是一个威力强大的工具，这个工具使我们能把许多函数表示成"无穷多项式"，并告诉我们把它截断成有限多项时带来多少误差. 这些无穷多项式（称为幂级数）不仅提供了可微函数的有效的多项式逼近，而且还有许多其他应用. 无穷级数提供一个有效的手段计算非初等积分的值，并可求解洞察热流，振动，化学扩散和信号传输的微分方程. 在本章学到的内容将为各类函数的级数在科学和数学中扮演的角色搭建好舞台.

12.1　常数项级数的概念和性质

一、常数项级数的概念

给定一个数列

$$u_1, u_2, u_3, \cdots, u_n, \cdots$$

由这数列构成的表达式 $u_1 + u_2 + u_3 + \cdots + u_n + \cdots$ 叫作常数项无穷级数，简称常数项级数，记为 $\sum\limits_{n=1}^{\infty} u_n$，即 $\sum\limits_{n=1}^{\infty} u_n = u_1 + u_2 + u_3 + \cdots + u_n + \cdots$，，其中第 n 项 u_n 叫作级数的一般项.

定义 1　级数 $\sum\limits_{n=1}^{\infty} u_n$ 的前 n 项和

$$s_n = \sum_{i=1}^{n} u_i = u_1 + u_2 + u_3 + \cdots + u_n$$

称为级数 $\sum\limits_{n=1}^{\infty} u_n$ 的部分和. 如果级数 $\sum\limits_{n=1}^{\infty} u_n$ 的部分和数列 $\{s_n\}$ 有极限 s，即 $\lim\limits_{n \to \infty} s_n = s$，则称无穷级数 $\sum\limits_{n=1}^{\infty} u_n$ 收敛，这时极限 s 叫作这级数的和，并写成

$$s = \sum_{n=1}^{\infty} u_n = u_1 + u_2 + u_3 + \cdots + u_n + \cdots;$$

如果 $\{s_n\}$ 没有极限，则称无穷级数 $\sum\limits_{n=1}^{\infty} u_n$ 发散.

当级数 $\sum\limits_{n=1}^{\infty}u_n$ 收敛时，其部分和 s_n 是级数 $\sum\limits_{n=1}^{\infty}u_n$ 的和 s 的近似值，它们之间的差值

$$r_n = s - s_n = u_{n+1} + u_{n+2} + \cdots$$

叫作级数 $\sum\limits_{n=1}^{\infty}u_n$ 的 **余项**.

例 1 讨论等比级数（几何级数）

$$\sum_{n=0}^{\infty}aq^n = a + aq + aq^2 + \cdots + aq^n + \cdots$$

的敛散性，其中 $a\neq 0$，q 叫作级数的公比.

解 如果 $q \neq 1$，则部分和

$$s_n = a + aq + aq^2 + \cdots + aq^{n-1} = \frac{a-aq^n}{1-q} = \frac{a}{1-q} - \frac{aq^n}{1-q}.$$

当 $|q|<1$ 时，因为 $\lim\limits_{n\to\infty}s_n = \frac{a}{1-q}$，所以此时级数 $\sum\limits_{n=0}^{\infty}aq^n$ 收敛，其和为 $\frac{a}{1-q}$.

当 $|q|>1$ 时，因为 $\lim\limits_{n\to\infty}s_n = \infty$，所以此时级数 $\sum\limits_{n=0}^{\infty}aq^n$ 发散.

当 $q=1$ 时，$s_n = na \to \infty$，因此此时级数 $\sum\limits_{n=0}^{\infty}aq^n$ 发散；

当 $q=-1$ 时，级数 $\sum\limits_{n=0}^{\infty}aq^n$ 的部分和 s_n 的极限不存在，从而这时级数 $\sum\limits_{n=0}^{\infty}aq^n$ 也发散.

综上所述，级数

$$\sum_{n=0}^{\infty}aq^n = \begin{cases} \dfrac{a}{1-1}, & |q|<1 \\ \infty, & |q|\geqslant 1 \end{cases}.$$

例 2 证明级数

$$1 + 2 + 3 + \cdots + n + \cdots$$

是发散的.

证 此级数的部分和为

$$s_n = 1 + 2 + 3 + \cdots + n = \frac{n(n+1)}{2}.$$

显然，$\lim\limits_{n\to\infty}s_n = \infty$，因此所给级数是发散的.

例 3 判别无穷级数

$$\frac{1}{1\cdot 2} + \frac{1}{2\cdot 3} + \frac{1}{3\cdot 4} + \cdots + \frac{1}{n(n+1)} + \cdots$$

的收敛性.

解　由于

$$u_n = \frac{1}{n(n+1)} = \frac{1}{n} - \frac{1}{n+1},$$

$$
\begin{aligned}
s_n &= \frac{1}{1\cdot 2} + \frac{1}{2\cdot 3} + \frac{1}{3\cdot 4} + \cdots + \frac{1}{n(n+1)} \\
&= \left(1 - \frac{1}{2}\right) + \left(\frac{1}{2} - \frac{1}{3}\right) + \cdots + \left(\frac{1}{n} - \frac{1}{n+1}\right) \\
&= 1 - \frac{1}{n+1},
\end{aligned}
$$

从而 $\lim\limits_{n\to\infty} s_n = 1$，所以该级数收敛，且其和为 1.

二、收敛级数的基本性质

性质 1　如果级数 $\sum\limits_{n=1}^{\infty} u_n$ 收敛于和 s，则它的各项同乘以一个常数 k 所得的级数 $\sum\limits_{n=1}^{\infty} k u_n$ 也收敛，且其和为 ks.

性质 2　如果级数 $\sum\limits_{n=1}^{\infty} u_n$，$\sum\limits_{n=1}^{\infty} v_n$ 分别收敛于和 s, σ，则级数 $\sum\limits_{n=1}^{\infty} (u_n \pm v_n)$ 也收敛，且其和为 $s \pm \sigma$.

性质 3　在级数中去掉、加上或改变有限项，不会改变级数的收敛性.

比如，级数 $\dfrac{1}{1\cdot 2} + \dfrac{1}{2\cdot 3} + \dfrac{1}{3\cdot 4} + \cdots + \dfrac{1}{n(n+1)} + \cdots$ 是收敛的；

级数 $10\,000 + \dfrac{1}{1\cdot 2} + \dfrac{1}{2\cdot 3} + \dfrac{1}{3\cdot 4} + \cdots + \dfrac{1}{n(n+1)} + \cdots$ 是收敛的；

级数 $\dfrac{1}{3\cdot 4} + \dfrac{1}{4\cdot 5} + \cdots + \dfrac{1}{n(n+1)} + \cdots$ 也是收敛的.

性质 4　如果级数 $\sum\limits_{n=1}^{\infty} u_n$ 收敛，则对这级数的项任意加括号后所成的级数仍收敛，且其和不变.

应注意的问题：如果加括号后所成的级数收敛，不能断定去括号后原来的级数也收敛.

例如，级数 $(1-1) + (1-1) + \cdots$ 收敛于零，但级数 $1 - 1 + 1 - 1 + \cdots$ 却是发散的.

推论　如果加括号后所成的级数发散，则原来级数也发散.

性质 5　（级数收敛的必要条件）如果 $\sum\limits_{n=1}^{\infty} u_n$ 收敛，则它的一般项 u_n 趋于零，即

$$\lim_{n\to\infty} u_n = 0.$$

证　设收敛级数 $\sum\limits_{n=1}^{\infty} u_n$ 的前 n 项和为 s_n，且 $\lim\limits_{n\to\infty} s_n = s$. 因为 $u_n = s_n - s_{n-1}$，所以

$$\lim_{n\to\infty} u_n = \lim_{n\to\infty} (s_n - s_{n-1}) = s - s = 0.$$

根据性质 5，一般项不趋于零的级数一定发散.

例如，级数 $\sum\limits_{n=1}^{\infty}\dfrac{n}{n+1}$，它的一般项 $u_n=\dfrac{n}{n+1}$，$\lim\limits_{n\to\infty}\dfrac{n}{n+1}=1\neq0$，不满足级数收敛的必要条件，所以级数 $\sum\limits_{n=1}^{\infty}\dfrac{n}{n+1}$ 发散.

应特别注意的问题：级数的一般项趋于零并不是级数收敛的充分条件.

例 4 证明调和级数 $\sum\limits_{n=1}^{\infty}\dfrac{1}{n}=1+\dfrac{1}{2}+\dfrac{1}{3}+\cdots+\dfrac{1}{n}+\cdots$ 是发散的.

证 假若级数 $\sum\limits_{n=1}^{\infty}\dfrac{1}{n}$ 收敛且其和为 s，s_n 是它的部分和. 显然有

$$\lim_{n\to\infty}s_n=s \quad \text{及} \quad \lim_{n\to\infty}s_{2n}=s.$$

于是

$$\lim_{n\to\infty}(s_{2n}-s_n)=0.$$

但另一方面，

$$s_{2n}-s_n=\frac{1}{n+1}+\frac{1}{n+2}+\cdots+\frac{1}{2n}>\frac{1}{2n}+\frac{1}{2n}+\cdots+\frac{1}{2n}=\frac{1}{2},$$

故 $\lim\limits_{n\to\infty}(s_{2n}-s_n)\neq0$，相矛盾. 故级数 $\sum\limits_{n=1}^{\infty}\dfrac{1}{n}$ 必定发散.

注：当 n 越来越大时，调和级数的项变得越来越小，然而，经过一段非常慢的过程之后它的和将增大并超过任何有限值. 调和级数的这种特性使得一代又一代的数学家们困惑并为之着迷. 它的发散性是在级数的严格概念产生四百年之前由法国学者尼古拉·奥雷姆（1323—1382）首次证明的. 下面的级数将有助于我们更好地理解这个级数：这个级数的前 1 000 项相加约为 7.385；前 100 万项相加约为 14.357；前 10 亿项相加约为 21；前 1 万亿项相加约为 28，等等. 实际上，我们有 $\lim\limits_{n\to\infty}\left(\sum\limits_{k=1}^{n}\dfrac{1}{k}-\ln n\right)=c$，其中 $c=0.577\,215\cdots$，称为欧拉常数.

习题 12.1

A 组

1. 写出下列级数的一般项：

（1）$\dfrac{1}{2}+\dfrac{3}{4}+\dfrac{5}{6}+\dfrac{7}{8}+\cdots$；

（2）$\dfrac{1}{2}+\dfrac{1}{3}+\dfrac{1}{4}+\dfrac{1}{9}+\dfrac{1}{8}+\dfrac{1}{27}+\cdots$；

（3）$2-\dfrac{3}{2}+\dfrac{4}{3}-\dfrac{5}{4}+\dfrac{6}{5}-\cdots$.

2. 根据级数收敛与发散的定义判别下列级数的敛散性.

（1）$\displaystyle\sum_{n=1}^{\infty}\frac{1}{(2n-1)(2n+1)}$ ；

（2）$\displaystyle\sum_{n=1}^{\infty}\frac{1}{\sqrt{n+1}+\sqrt{n}}$ ；

（3）$\displaystyle\sum_{n=1}^{\infty}\ln\frac{n+1}{n}$ ；

（4）$\displaystyle\sum_{n=1}^{\infty}(\sqrt{n+2}-2\sqrt{n+1}+\sqrt{n})$.

3. 判断下列级数的敛散性，若级数收敛，求其和：

（1）$\displaystyle\sum_{n=1}^{\infty}\frac{(-1)^{n-1}}{2^{n-1}}$ ；

（2）$\displaystyle\sum_{n=0}^{\infty}\frac{(\ln 3)^{n}}{2^{n}}$ ；

（3）$\displaystyle\sum_{n=1}^{\infty}e^{n}$ ；

（4）$\displaystyle\sum_{n=1}^{\infty}\left(\frac{1}{2^{n-1}}+\frac{2^{n}}{3^{n-1}}\right)$ ；

（5）$\dfrac{4}{5}-\dfrac{4^{2}}{5^{2}}+\dfrac{4^{3}}{5^{3}}-\dfrac{4^{4}}{5^{4}}+\cdots+(-1)^{n-1}\dfrac{4^{n}}{5^{n}}+\cdots$ ；

（6）$\left(\dfrac{1}{2}+\dfrac{1}{3}\right)+\left(\dfrac{1}{4}+\dfrac{1}{9}\right)+\left(\dfrac{1}{8}+\dfrac{1}{27}\right)+\cdots$.

B 组

1. 求级数 $\displaystyle\sum_{n=1}^{\infty}\left[\frac{1}{2^{n}}+\frac{3}{n(n+1)}\right]$ 的和.

2. 判别级数 $\dfrac{1}{2}+\dfrac{1}{10}+\dfrac{1}{2^{2}}+\dfrac{1}{2\times 10}+\cdots\dfrac{1}{2^{n}}+\dfrac{1}{10n}+\cdots$ 是否收敛.

3. 一名慢性病病人需长期服用某种药，按照病情，其体内该药量需维持在 0.2 mg，设体内的药物每天有 15%通过各种渠道排泄掉，问病人每天的服药量应是多少？

4. 证明：数列 $\{a_{n}\}$ 收敛的充分必要条件是级数 $\displaystyle\sum_{n=1}^{\infty}(a_{n+1}-a_{n})$ 收敛.

5. 设 $\displaystyle\lim_{n\to\infty}nu_{n}=a$ ， $\displaystyle\sum_{n=1}^{\infty}n(u_{n}-u_{n-1})$ 收敛，证明：级数 $\displaystyle\sum_{n=1}^{\infty}u_{n}$ 也收敛.

12.2 常数项级数的审敛法

在某种意义上，判断级数的敛散性比级数求和更为重要. 由于很多级数的部分和难以求出，所以按照级数的定义来判断级数的敛散性比较困难. 所以，研究级数是否收敛的主要方法是考察级数的一般项，而不是它的部分和. 本节重点介绍正项级数收敛性的判别方法，并以此为基础介绍一般项级数的审敛法.

一、正项级数及其审敛法

如果级数 $\displaystyle\sum_{n=1}^{\infty}u_{n}$ 的一般项 $u_{n}\geqslant 0(n=1,2,3,\cdots)$ ，则称级数 $\displaystyle\sum_{n=1}^{\infty}u_{n}$ 为正项级数.

定理 1 正项级数 $\sum\limits_{n=1}^{\infty}u_n$ 收敛的充分必要条件是它的部分和数列 $\{s_n\}$ 有界.

定理 2 （比较审敛法） 设 $\sum\limits_{n=1}^{\infty}u_n$ 和 $\sum\limits_{n=1}^{\infty}v_n$ 都是正项级数，且 $u_n \leqslant v_n(n=1,2,\cdots)$.

（1）若 $\sum\limits_{n=1}^{\infty}v_n$ 收敛，则 $\sum\limits_{n=1}^{\infty}u_n$ 收敛；

（2）若 $\sum\limits_{n=1}^{\infty}u_n$ 发散，则 $\sum\limits_{n=1}^{\infty}v_n$ 发散.

证 设级数 $\sum\limits_{n=1}^{\infty}v_n$ 收敛于和 σ，则级数 $\sum\limits_{n=1}^{\infty}u_n$ 的部分和

$$s_n = u_1 + u_2 + \cdots + u_n \leqslant v_1 + v_2 + \cdots + v_n \leqslant \sigma \quad (n=1,2,\cdots),$$

即部分和数列 $\{s_n\}$ 有界，由定理 1 知级数 $\sum\limits_{n=1}^{\infty}u_n$ 收敛.

反之，设级数 $\sum\limits_{n=1}^{\infty}u_n$ 发散，则级数 $\sum\limits_{n=1}^{\infty}v_n$ 必发散. 因为若级数 $\sum\limits_{n=1}^{\infty}v_n$ 收敛，由上已证明的结论，将有级数 $\sum\limits_{n=1}^{\infty}u_n$ 也收敛，与假设矛盾.

推论 设 $\sum\limits_{n=1}^{\infty}u_n$ 和 $\sum\limits_{n=1}^{\infty}v_n$ 都是正项级数，如果级数 $\sum\limits_{n=1}^{\infty}v_n$ 收敛，且存在自然数 N，使当 $n \geqslant N$ 时有 $u_n \leqslant kv_n$（$k>0$）成立，则级数 $\sum\limits_{n=1}^{\infty}u_n$ 收敛；如果级数 $\sum\limits_{n=1}^{\infty}v_n$ 发散，且当 $n \geqslant N$ 时有 $u_n \geqslant kv_n$（$k>0$）成立，则级数 $\sum\limits_{n=1}^{\infty}u_n$ 发散.

例 1 讨论 p-级数

$$\sum_{n=1}^{\infty}\frac{1}{n^p} = 1 + \frac{1}{2^p} + \frac{1}{3^p} + \frac{1}{4^p} + \cdots + \frac{1}{n^p} + \cdots \tag{12.1}$$

的收敛性，其中常数 $p>0$.

解 设 $p \leqslant 1$. 这时级数的各项不小于调和级数的对应项：$\dfrac{1}{n^p} \geqslant \dfrac{1}{n}$，但是调和级数发散，因此根据比较审敛法可知，当 $p \leqslant 1$ 时级数（12.1）发散.

设 $p>1$，因为当 $k-1 \leqslant x \leqslant k$ 时，有 $\dfrac{1}{k^p} \geqslant \dfrac{1}{x^p}$，所以

$$\frac{1}{k^p} = \int_{k-1}^{k}\frac{1}{k^p}\,\mathrm{d}x \leqslant \int_{k-1}^{k}\frac{1}{x^p}\,\mathrm{d}x \ (k=2,3,\cdots) ,$$

从而级数（12.1）的部分和

$$s_n = 1 + \sum_{k=2}^{n}\frac{1}{k^p} \leqslant 1 + \sum_{k=2}^{n}\int_{k-1}^{k}\frac{1}{x^p}\,\mathrm{d}x = 1 + \int_{1}^{n}\frac{1}{x^p}\,\mathrm{d}x$$

$$= 1 + \frac{1}{p-1}\left(1 - \frac{1}{n^{p-1}}\right) < 1 + \frac{1}{p-1} \ (n=2,3,\cdots).$$

这表明数列 $\{s_n\}$ 有界，因此级数（12.1）收敛.

综合上述结果，我们得到：p – 级数 $\sum\limits_{n=1}^{\infty}\dfrac{1}{n^p}$ ，当 $p>1$ 时收敛，当 $p\leqslant 1$ 时发散.

实际上，p – 级数是一族级数，它的一般项形式比较简单，便于与其他级数比较. 所以在使用比较审敛法时常常选择 p – 级数作为比较级数.

例 2 证明级数 $\sum\limits_{n=1}^{\infty}\dfrac{1}{\sqrt{n(n+1)}}$ 是发散的.

证 因为

$$\frac{1}{\sqrt{n(n+1)}}>\frac{1}{\sqrt{(n+1)^2}}=\frac{1}{n+1} ,$$

而级数 $\sum\limits_{n=1}^{\infty}\dfrac{1}{n+1}=\dfrac{1}{2}+\dfrac{1}{3}+\cdots+\dfrac{1}{n+1}+\cdots$ 是发散的，根据比较审敛法可知所给级数也是发散的.

为方便应用，下面我们给出比较审敛法的极限形式.

定理 3 （比较审敛法的极限形式） 设 $\sum\limits_{n=1}^{\infty}u_n$ 和 $\sum\limits_{n=1}^{\infty}v_n$ 都是正项级数，

（1）如果 $\lim\limits_{n\to\infty}\dfrac{u_n}{v_n}=l$（$0\leqslant l<+\infty$），且级数 $\sum\limits_{n=1}^{\infty}v_n$ 收敛，则级数 $\sum\limits_{n=1}^{\infty}u_n$ 收敛；

（2）如果 $\lim\limits_{n\to\infty}\dfrac{u_n}{v_n}=l>0$ 或 $\lim\limits_{n\to\infty}\dfrac{u_n}{v_n}=+\infty$，且级数 $\sum\limits_{n=1}^{\infty}v_n$ 发散，则级数 $\sum\limits_{n=1}^{\infty}u_n$ 发散.

证明 由极限的定义可知，对 $\varepsilon=\dfrac{1}{2}l$，存在自然数 N，当 $n>N$ 时，有不等式

$$l-\frac{1}{2}l<\frac{u_n}{v_n}<l+\frac{1}{2}l ，\quad 即\ \frac{1}{2}lv_n<u_n<\frac{3}{2}lv_n ，$$

再根据比较审敛法的推论 1，即得所要证的结论.

例 3 判别级数 $\sum\limits_{n=1}^{\infty}\sin\dfrac{1}{n}$ 的收敛性.

解 因为 $\lim\limits_{n\to\infty}\dfrac{\sin\dfrac{1}{n}}{\dfrac{1}{n}}=1$，而级数 $\sum\limits_{n=1}^{\infty}\dfrac{1}{n}$ 发散，根据比较审敛法的极限形式，级数 $\sum\limits_{n=1}^{\infty}\sin\dfrac{1}{n}$ 发散.

例 4 判别级数 $\sum\limits_{n=1}^{\infty}\ln\left(1+\dfrac{1}{n^2}\right)$ 的收敛性.

解 因为 $\lim\limits_{n\to\infty}\dfrac{\ln\left(1+\dfrac{1}{n^2}\right)}{\dfrac{1}{n^2}}=1$，而级数 $\sum\limits_{n=1}^{\infty}\dfrac{1}{n^2}$ 收敛，根据比较审敛法的极限形式，级数 $\sum\limits_{n=1}^{\infty}\ln\left(1+\dfrac{1}{n^2}\right)$ 收敛.

与用定义判断正项级数的敛散性相比，比较审敛法降低了判断敛散性的难度. 但是，无论使用哪种形式的比较审敛法，首先要估计待判断级数是收敛还是发散，其次还要找一个合

适的级数与之进行比较. 下面给出两种判别法，不必考虑另外的级数，而只需考察级数本身就能判别其敛散性.

定理 4 （达朗贝尔比值审敛法） 若正项级数 $\sum\limits_{n=1}^{\infty} u_n$ 的后项与前项之比值的极限等于 ρ：

$$\lim_{n \to \infty} \frac{u_{n+1}}{u_n} = \rho ,$$

则当 $\rho < 1$ 时级数收敛；当 $\rho > 1$（或 $\lim\limits_{n \to \infty} \frac{u_{n+1}}{u_n} = \infty$）时级数发散；当 $\rho = 1$ 时级数可能收敛也可能发散.

例 5 证明级数 $1 + \frac{1}{1} + \frac{1}{1 \cdot 2} + \frac{1}{1 \cdot 2 \cdot 3} + \cdots + \frac{1}{1 \cdot 2 \cdot 3 \cdot \cdots \cdot (n-1)} + \cdots$ 是收敛的.

解 因为

$$\lim_{n \to \infty} \frac{u_{n+1}}{u_n} = \lim_{n \to \infty} \frac{(n-1)!}{n!} = \lim_{n \to \infty} \frac{1}{n} = 0 < 1 ,$$

根据比值审敛法可知，所给的级数收敛.

例 6 判别级数 $\frac{1}{10} + \frac{1 \cdot 2}{10^2} + \frac{1 \cdot 2 \cdot 3}{10^3} + \cdots + \frac{n!}{10^n} + \cdots$ 的收敛性.

解 因为

$$\lim_{n \to \infty} \frac{u_{n+1}}{u_n} = \lim_{n \to \infty} \frac{(n+1)!}{10^{n+1}} \frac{10^n}{n!} = \lim_{n \to \infty} \frac{n+1}{10} = \infty$$

根据比值审敛法可知，所给的级数发散.

例 7 判别级数 $\sum\limits_{n=\infty}^{\infty} \frac{1}{(2n-1) \cdot 2n}$ 的收敛性.

解 因为 $\lim\limits_{n \to \infty} \frac{u_{n+1}}{u_n} = \lim\limits_{n \to \infty} \frac{(2n-1) \cdot 2n}{(2n+1) \cdot (2n+2)} = 1$，比值审敛法失效.

由于 $\frac{1}{(2n-1) \cdot 2n} < \frac{1}{n^2}$，而级数 $\sum\limits_{n=1}^{\infty} \frac{1}{n^2}$ 收敛，因此由比较审敛法可知，所给级数收敛.

定理 5 （根值审敛法、柯西判别法） 设 $\sum\limits_{n=1}^{\infty} u_n$ 是正项级数，如果它的一般项 u_n 的 n 次根的极限等于 ρ：

$$\lim_{n \to \infty} \sqrt[n]{u_n} = \rho ,$$

则当 $\rho < 1$ 时级数收敛；当 $\rho > 1$（或 $\lim\limits_{n \to \infty} \sqrt[n]{u_n} = +\infty$）时级数发散；当 $\rho = 1$ 时级数可能收敛也可能发散.

定理 5 的证明与定理 4 相仿，这里从略.

例 8 证明级数 $1 + \frac{1}{2^2} + \frac{1}{3^3} + \cdots + \frac{1}{n^n} + \cdots$ 是收敛的. 并估计以级数的部分和 s_n 近似代替和 s 所产生的误差.

证明 因为

$$\lim_{n\to\infty}\sqrt[n]{u_n}=\lim_{n\to\infty}\sqrt[n]{\frac{1}{n^n}}=\lim_{n\to\infty}\frac{1}{n}=0 \ ,$$

所以根据根值审敛法可知，所给级数收敛.

以这级数的部分和 s_n 近似代替和 s 所产生的误差为

$$\begin{aligned}
|r_n|&=\frac{1}{(n+1)^{n+1}}+\frac{1}{(n+2)^{n+2}}+\frac{1}{(n+3)^{n+3}}+\cdots\\
&<\frac{1}{(n+1)^{n+1}}+\frac{1}{(n+1)^{n+2}}+\frac{1}{(n+1)^{n+3}}+\cdots\\
&=\frac{1}{n(n+1)^n} \ .
\end{aligned}$$

定理 6 （极限审敛法） 设 $\sum\limits_{n=1}^{\infty}u_n$ 为正项级数，

（1）如果 $\lim\limits_{n\to\infty}nu_n=l>0$(或 $\lim\limits_{n\to\infty}nu_n=+\infty$)，则级数 $\sum\limits_{n=1}^{\infty}u_n$ 发散；

（2）如果 $p>1$，而 $\lim\limits_{n\to\infty}n^pu_n=l\ (0\leqslant l+\infty)$，则级数 $\sum\limits_{n=1}^{\infty}u_n$ 收敛.

例 9 判定级数 $\sum\limits_{n=1}^{\infty}\ln\left(1+\frac{1}{n^2}\right)$ 的收敛性.

解 因为 $\ln\left(1+\frac{1}{n^2}\right)\sim\frac{1}{n^2}(n\to\infty)$，故

$$\lim_{n\to\infty}n^2u_n=\lim_{n\to\infty}n^2\ln\left(1+\frac{1}{n^2}\right)=\lim_{n\to\infty}n^2\cdot\frac{1}{n^2}=1 \ ,$$

根据极限审敛法知，所给级数收敛.

例 10 判定级数 $\sum\limits_{n=1}^{\infty}\sqrt{n+1}\left(1-\cos\frac{\pi}{n}\right)$ 的收敛性.

解 因为

$$\lim_{n\to\infty}n^{\frac{3}{2}}u_n=\lim_{n\to\infty}n^{\frac{3}{2}}\sqrt{n+1}\left(1-\cos\frac{\pi}{n}\right)=\lim_{n\to\infty}n^2\sqrt{\frac{n+1}{n}}\cdot\frac{1}{2}\left(\frac{\pi}{2}\right)^2=\frac{1}{2}\pi^2 \ ,$$

根据极限审敛法知，所给级数收敛.

二、交错级数及其审敛法

所谓交错级数是这样的级数，它的各项是正负交错的. 交错级数的一般形式为

$\sum\limits_{n=1}^{\infty}(-1)^{n-1}u_n$，其中 $u_n>0$.

例如，$\sum_{n=1}^{\infty}(-1)^{n-1}\dfrac{1}{n}$ 是交错级数，但 $\sum_{n=1}^{\infty}(-1)^{n-1}\dfrac{1-\cos n\pi}{n}$ 不是交错级数.

在任意项级数中，交错级数是非常简单但是又十分有用的一类级数. 虽然缺少了通项非负这个条件，但是毕竟有正负交错这个特殊性，所以它的敛散性判定比较简单. 对于交错级数，我们有下面的判别法.

定理 7（莱布尼兹定理） 如果交错级数 $\sum_{n=1}^{\infty}(-1)^{n-1}u_n$ 满足条件：

（1）$u_n \geq u_{n+1}$（$n=1,2,3,\cdots$）；

（2）$\lim\limits_{n\to\infty}u_n=0$，

则级数 $\sum_{n=1}^{\infty}(-1)^{n-1}u_n$ 收敛，且其和 $s\leq u_1$，其余项 r_n 的绝对值 $|r_n|\leq u_{n+1}$.

证明 设前 n 项部分和为 s_n.

$$s_{2n}=(u_1-u_2)+(u_3-u_4)+\cdots+(u_{2n-1}-u_{2n})$$
$$=u_1-(u_2-u_3)-(u_4-u_5)-\cdots-(u_{2n-2}-u_{2n-1})-u_{2n},$$

看出数列 $\{s_{2n}\}$ 单调增加且有界（$s_{2n}<u_1$），所以该交错级数收敛.

设 $s_{2n}\to s$（$n\to\infty$），则也有 $s_{2n+1}=s_{2n}+u_{2n+1}\to s$（$n\to\infty$），所以 $s_n\to s$（$n\to\infty$）. 从而级数是收敛的，且 $s_n\leq u_1$.

因为 $|r_n|=u_{n+1}-u_{n+2}+\cdots$ 也是收敛的交错级数，所以 $|r_n|\leq u_{n+1}$.

例 11 证明级数 $\sum_{n=1}^{\infty}(-1)^{n-1}\dfrac{1}{n}$ 收敛，并估计和及余项.

证明 交错级数 $\sum_{n=1}^{\infty}(-1)^{n-1}\dfrac{1}{n}$ 满足条件

$$u_n=\frac{1}{n}>\frac{1}{n+1}=u_{n+1}\ (n=1,2,\cdots)\ \text{及}\ \lim_{n\to\infty}u_n=\lim_{n\to\infty}\frac{1}{n}=0,$$

根据交错级数的莱布尼兹定理，交错级数 $\sum_{n=1}^{\infty}(-1)^{n-1}\dfrac{1}{n}$ 收敛，且其和 $s<1$.

如果用部分和

$$s_n=1-\frac{1}{2}+\frac{1}{3}-\cdots+(-1)^{n-1}\frac{1}{n}$$

作为 s 的近似值，所产生的误差 $|r_n|\leq\dfrac{1}{n+1}$.

注：莱布尼兹定理中的条件是交错级数收敛的一个充分条件，而非必要条件，故当定理的条件不满足时，不能由此判定交错级数是发散的，例如级数

$$\sum_{n=2}^{\infty}(-1)^{n-1}\frac{1}{\sqrt{n+(-1)^n}}$$

不满足 $u_n\geq u_{n+1}$（$n=1,2,3,\cdots$），但是该级数却是收敛的.

三、绝对收敛与条件收敛

定义 1 若级数 $\sum\limits_{n=1}^{\infty}|u_n|$ 收敛，则称级数 $\sum\limits_{n=1}^{\infty}u_n$ 绝对收敛；若级数 $\sum\limits_{n=1}^{\infty}u_n$ 收敛，而级数 $\sum\limits_{n=1}^{\infty}|u_n|$ 发散，则称级数 $\sum\limits_{n=1}^{\infty}u_n$ 条件收敛.

例如，级数 $\sum\limits_{n=1}^{\infty}(-1)^{n-1}\dfrac{1}{n^2}$ 是绝对收敛的，而级数 $\sum\limits_{n=1}^{\infty}(-1)^{n-1}\dfrac{1}{n}$ 是条件收敛的.

定理 8 如果级数 $\sum\limits_{n=1}^{\infty}u_n$ 绝对收敛，则级数 $\sum\limits_{n=1}^{\infty}u_n$ 必定收敛.

证明 因为级数 $\sum\limits_{n=1}^{\infty}u_n$ 绝对收敛，即 $\sum\limits_{n=1}^{\infty}|u_n|$ 收敛，令

$$v_n=\frac{1}{2}(u_n+|u_n|)\ (n=1,2,\cdots)$$

显然 $v_n\geqslant 0$，且 $v_n\leqslant |u_n|$（$n=1,2,\cdots$）. 由比较判别法可得，正项级数 $\sum\limits_{n=1}^{\infty}2v_n$ 收敛，而 $u_n=2v_n-|u_n|$，由收敛级数的基本性质，

$$\sum_{n=1}^{\infty}u_n=\sum_{n=1}^{\infty}2v_n-\sum_{n=1}^{\infty}|u_n|$$

所以级数 $\sum\limits_{n=1}^{\infty}u_n$ 收敛.

注： 如果级数 $\sum\limits_{n=1}^{\infty}|u_n|$ 发散，我们不能断定级数 $\sum\limits_{n=1}^{\infty}u_n$ 也发散.

但是，如果我们用比值法或根值法判定级数 $\sum\limits_{n=1}^{\infty}|u_n|$ 发散，则我们可以断定级数 $\sum\limits_{n=1}^{\infty}u_n$ 必定发散. 这是因为，此时 $|u_n|$ 不趋向于零，从而 u_n 也不趋向于零，因此级数 $\sum\limits_{n=1}^{\infty}u_n$ 也是发散的.

例 12 判别级数 $\sum\limits_{n=1}^{\infty}\dfrac{\sin na}{n^2}$ 的收敛性.

解 因为 $\left|\dfrac{\sin na}{n^2}\right|\leqslant\dfrac{1}{n^2}$，而级数 $\sum\limits_{n=1}^{\infty}\dfrac{1}{n^2}$ 收敛，所以级数 $\sum\limits_{n=1}^{\infty}\left|\dfrac{\sin na}{n^2}\right|$ 也收敛. 有定理 8 知，级数 $\sum\limits_{n=1}^{\infty}\dfrac{\sin na}{n^2}$ 收敛.

例 13 判别级数 $\sum\limits_{n=1}^{\infty}(-1)^n\dfrac{1}{2^n}\left(1+\dfrac{1}{n}\right)^{n^2}$ 的收敛性.

解 这是交错级数. 记 $u_n=\dfrac{1}{2^n}\left(1+\dfrac{1}{n}\right)^{n^2}$，有

$$\sqrt[n]{u_n} = \frac{1}{2^n}\left(1+\frac{1}{n}\right)^{n^2} \to \frac{1}{2}\mathrm{e}\ (n \to \infty),$$

而 $\frac{1}{2}\mathrm{e} > 1$，因此所给级数发散.

习题 12.2

A 组

1. 判定下列级数的敛散性.

（1）$\displaystyle\sum_{n=1}^{\infty}\frac{1}{3n-1}$；

（2）$\displaystyle\sum_{n=1}^{\infty}(\sqrt{n^3+1}-\sqrt{n^3})$；

（3）$\displaystyle\sum_{n=1}^{\infty}\frac{1}{(n+1)(n+4)}$；

（4）$\displaystyle\sum_{n=1}^{\infty}\sin\frac{\pi}{2^n}$；

（5）$\displaystyle\sum_{n=1}^{\infty}\frac{2n+3}{2n+1}$；

（6）$\displaystyle\sum_{n=1}^{\infty}\left(\frac{n-1}{n^2+2}\right)^2$；

（7）$\displaystyle\sum_{n=1}^{\infty}\frac{\sqrt{n}+5}{2n^2+3n+7}$；

（8）$\displaystyle\sum_{n=1}^{\infty}\frac{1}{n\sqrt[n]{n}}$；

（9）$\displaystyle\sum_{n=1}^{\infty}n\ln\left(1+\frac{1}{n^2}\right)$；

（10）$\displaystyle\sum_{n=1}^{\infty}\frac{1}{n}(\mathrm{e}^{\frac{1}{\sqrt{n}}}-1)$.

2. 用比值审敛法判别下列级数的敛散性.

（1）$\dfrac{3}{1\cdot 2}+\dfrac{3^2}{2\cdot 2^2}+\dfrac{3^3}{3\cdot 2^3}+\cdots+\dfrac{3^n}{n\cdot 2^n}+\cdots$；

（2）$\dfrac{5}{100}+\dfrac{5^2}{200}+\dfrac{5^3}{300}+\dfrac{5^4}{400}+\cdots$；

（3）$\displaystyle\sum_{n=1}^{\infty}\frac{2^n n!}{n^n}$；

（4）$\displaystyle\sum_{n=1}^{\infty}\frac{2^{n-1}}{n^n}\cos^2\left(\frac{n\pi}{4}\right)$；

（5）$\displaystyle\sum_{n=1}^{\infty}\frac{n^n}{5^n-3^n}$；

（6）$\displaystyle\sum_{n=1}^{\infty}n\tan\frac{\pi}{2^{n+1}}$；

（7）$\displaystyle\sum_{n=1}^{\infty}\frac{3^n}{(n+1)2^{n+1}}$；

（8）$\displaystyle\sum_{n=1}^{\infty}\frac{a^n}{n^k}(a>0)$.

3. 用根值审敛法判别下列级数的敛散性.

（1）$\displaystyle\sum_{n=1}^{\infty}\frac{1}{[\ln(n+1)]^n}$；

（2）$\displaystyle\sum_{n=1}^{\infty}\left(\frac{n}{3n-1}\right)^{2n-1}$；

（3）$\displaystyle\sum_{n=1}^{\infty}\left(\frac{n+1}{n}\right)^{-n^2}$；

（4）$\displaystyle\sum_{n=1}^{\infty}\frac{3^n}{1+\mathrm{e}^n}$.

4. 判定下列级数是否收敛？如果收敛，是绝对收敛还是条件收敛？

（1）$\displaystyle\sum_{n=1}^{\infty}\frac{\sin n}{n^2}$；

（2）$\displaystyle\sum_{n=1}^{\infty}(-1)^n\frac{2^{n^2}}{n!}$；

（3）$\displaystyle\sum_{n=1}^{\infty}(-1)^n\frac{n}{2n-1}$；

（4）$\displaystyle\sum_{n=1}^{\infty}(-1)^n\frac{1}{\sqrt{n}+1}$；

（5）$\displaystyle\sum_{n=1}^{\infty}(-1)^{n-1}\frac{1}{\pi^{n+1}}\sin\frac{\pi}{n+1}$；

（6）$\displaystyle\sum_{n=1}^{\infty}(-1)^{n-1}\frac{1}{\ln(n+1)}$；

（7）$\displaystyle\sum_{n=1}^{\infty}\frac{n}{2^{n+1}}\cos^2\frac{n\pi}{4}$；

（8）$\displaystyle\sum_{n=1}^{\infty}(-1)^n\frac{1}{n-\ln n}$．

B 组

1. 用适当的方法判别下列级数的敛散性．

（1）$\sqrt{2}+\sqrt{\dfrac{3}{2}}+\cdots+\sqrt{\dfrac{n+1}{n}}+\cdots$；

（2）$\displaystyle\sum_{n=1}^{\infty}(2)^n\sin\frac{\pi}{3^n}$；

（3）$\displaystyle\sum_{n=1}^{\infty}\frac{1}{\sqrt[3]{n}}\ln\left(\frac{n+5}{n}\right)$；

（4）$\displaystyle\sum_{n=1}^{\infty}\left(\tan\frac{1}{n}-\sin\frac{1}{n}\right)$；

（5）$\displaystyle\sum_{n=1}^{\infty}\frac{\ln(n+2)}{\left(a+\dfrac{1}{n}\right)^n}\ (a>0)$；

（6）$\displaystyle\sum_{n=1}^{\infty}\frac{1}{1+a^n}\ (a>0)$．

2. 设正项级数 $\displaystyle\sum_{n=1}^{\infty}u_n$ 收敛，证明级数 $\displaystyle\sum_{n=1}^{\infty}\frac{u_n}{1+u_n}$ 也收敛．

3. 利用级数收敛的必要条件证明：

（1）$\displaystyle\lim_{n\to\infty}\frac{n^n}{(n!)^2}=0$；

（2）$\displaystyle\lim_{n\to\infty}np^n=0\ \ (0<p<1)$．

12.3　幂级数

一、函数项级数的概念

给定一个定义在区间 I 上的函数列 $\{u_n(x)\}$，由这函数列构成的表达式

$$u_1(x)+u_2(x)+u_3(x)+\cdots+u_n(x)+\cdots$$

称为定义在区间 I 上的（函数项）级数，记为 $\displaystyle\sum_{n=1}^{\infty}u_n(x)$．

对于区间 I 内的一定点 x_0，若常数项级数 $\displaystyle\sum_{n=1}^{\infty}u_n(x_0)$ 收敛，则称点 x_0 是级数 $\displaystyle\sum_{n=1}^{\infty}u_n(x)$ 的收敛

点若常数项级数 $\sum\limits_{n=1}^{\infty} u_n(x_0)$ 发散，则称点 x_0 是级数 $\sum\limits_{n=1}^{\infty} u_n(x)$ 的发散点.

函数项级数 $\sum\limits_{n=1}^{\infty} u_n(x)$ 的所有收敛点的全体称为它的收敛域，所有发散点的全体称为它的发散域. 在收敛域上，函数项级数 $\sum\limits_{n=1}^{\infty} u_n(x)$ 的和是 x 的函数 $s(x)$，$s(x)$ 称为函数项级数 $\sum\limits_{n=1}^{\infty} u_n(x)$ 的和函数，并写成 $s(x)=\sum\limits_{n=1}^{\infty} u_n(x)$. $\sum u_n(x)$ 是 $\sum\limits_{n=1}^{\infty} u_n(x)$ 的简便记法，以下不再重述.

在收敛域上，函数项级数 $\sum u_n(x)$ 的和是 x 的函数 $s(x)$，$s(x)$ 称为函数项级数 $\sum u_n(x)$ 的和函数，并写成 $s(x)=\sum u_n(x)$. 这函数的定义就是级数的收敛域，

函数项级数 $\sum\limits_{n=1}^{\infty} u_n(x)$ 的前 n 项的部分和记作 $s_n(x)$，函数项级数 $\sum u_n(x)$ 的前 n 项的部分和记作 $s_n(x)$，即

$$s_n(x)= u_1(x)+u_2(x)+u_3(x)+\cdots+u_n(x).$$

在收敛域上有

$$\lim_{n\to\infty} s_n(x)=s(x) \text{ 或 } s_n(x)\to s(x) \text{（} n\to\infty \text{）}.$$

函数项级数 $\sum\limits_{n=1}^{\infty} u_n(x)$ 的和函数 $s(x)$ 与部分和 $s_n(x)$ 的差 $r_n(x) = s(x) - s_n(x)$ 叫作函数项级数 $\sum\limits_{n=1}^{\infty} u_n(x)$ 的余项. 在收敛域上有 $\lim\limits_{n\to\infty} r_n(x)=0$.

二、幂级数及其收敛性

函数项级数中简单而常见的一类级数就是各项都幂函数的函数项级数，这种形式的级数称为幂级数，它的形式是

$$a_0+a_1x+a_2x^2+\cdots+a_nx^n+\cdots,$$

其中常数 a_0，a_1，a_2，$\cdots$，a_n，$\cdots$ 叫作幂级数的系数.

幂级数的例子：

$$1+x+x^2+x^3+\cdots+x^n+\cdots,$$

$$1+x+\frac{1}{2!}x^2+\cdots+\frac{1}{n!}x^n+\cdots.$$

注：幂级数的一般形式是

$$a_0+a_1(x-x_0)+a_2(x-x_0)^2+\cdots+a_n(x-x_0)^n+\cdots,$$

经变换 $t = x - x_0$，就得 $a_0+a_1t+a_2t^2+\cdots+a_nt^n+\cdots$.

先看一个例子，考察幂级数

$$1+x+x^2+x^3+\cdots+x^n+\cdots$$

可以看成是公比为 x 的几何级数. 当 $|x| < 1$ 时它是收敛的；当 $|x| \geqslant 1$ 时，它是发散的. 因此它的收敛域为（ -1 ， 1 ），在收敛域内有

$$\frac{1}{1-x} = 1 + x + x^2 + x^3 + \cdots + x^n + \cdots .$$

定理 1 （阿贝尔定理） 如果级数 $\sum\limits_{n=0}^{\infty} a_n x^n$ 当 $x = x_0$（ $x_0 \neq 0$ ）时收敛，则适合不等式 $|x| < |x_0|$ 的一切 x 使这幂级数绝对收敛. 反之，如果级数 $\sum\limits_{n=0}^{\infty} a_n x^n$ 当 $x = x_0$ 时发散，则适合不等式 $|x| > |x_0|$ 的一切 x 使这幂级数发散.

证明 设 $\sum\limits_{n=0}^{\infty} a_n x^n$ 在点 x_0 收敛，则有 $a_n x_0{}^n \to 0$（ $n \to \infty$ ），于是数列 $\{a_n x_0{}^n\}$ 有界，即存在一个常数 M，使 $|a_n x_0{}^n| \leqslant M$（ $n = 0$ ， 1 ， 2 ， $\cdots$ ）.

因为

$$|a_n x^n| = \left| a_n x_0^n \cdot \frac{x^n}{x_0^n} \right| = |a_n x_0^n| \cdot \left| \frac{x}{x_0} \right|^n \leqslant M \cdot \left| \frac{x}{x_0} \right|^n ,$$

而当 $|x| < |x_0|$ 时，等比级数 $\sum\limits_{n=0}^{\infty} M \cdot \left| \frac{x}{x_0} \right|^n$ 收敛，所以级数 $\sum\limits_{n=0}^{\infty} |a_n x^n|$ 收敛，也就是级数 $\sum\limits_{n=0}^{\infty} a_n x^n$ 绝对收敛.

定理的第二部分可用反证法证明. 倘若幂级数当 $x = x_0$ 时发散而有一点 x_1 适合 $|x_1| > |x_0|$ 使级数收敛，则根据本定理的第一部分，级数当 $x = x_0$ 时应收敛，这与所设矛盾. 定理得证.

推论 如果级数 $\sum\limits_{n=0}^{\infty} a_n x^n$ 不是仅在点 $x = 0$ 一点收敛，也不是在整个数轴上都收敛，则必有一个完全确定的正数 R 存在，使得：

当 $|x| < R$ 时，幂级数绝对收敛；

当 $|x| > R$ 时，幂级数发散；

当 $x = R$ 与 $x = -R$ 时，幂级数可能收敛也可能发散.

正数 R 通常叫作幂级数 $\sum\limits_{n=0}^{\infty} a_n x^n$ 的收敛半径. 开区间 $(-R, R)$ 叫作幂级数 $\sum\limits_{n=0}^{\infty} a_n x^n$ 的收敛区间. 再由幂级数在 $x = \pm R$ 处的收敛性就可以决定它的收敛域. 幂级数 $\sum\limits_{n=0}^{\infty} a_n x^n$ 的收敛域是 $(-R, R)$, $[-R, R]$, $(-R, R]$, $[-R, R]$ 其中之一.

规定：若幂级数 $\sum\limits_{n=0}^{\infty} a_n x^n$ 只在 $x = 0$ 收敛，则规定收敛半径 $R = 0$，若幂级数 $\sum\limits_{n=0}^{\infty} a_n x^n$ 对一切 x 都收敛，则规定收敛半径 $R = +\infty$，这时收敛域为 $(-\infty, +\infty)$.

定理 2 如果 $\lim\limits_{n \to \infty} \left| \dfrac{a_{n+1}}{a_n} \right| = \rho$ ，其中 a_n, a_{n+1} 是幂级数 $\sum\limits_{n=0}^{\infty} a_n x^n$ 的相邻两项的系数，则这幂级数的收敛半径

$$R = \begin{cases} +\infty, & \rho = 0 \\ \dfrac{1}{\rho}, & p \neq 0 \\ 0, & \rho = +\infty \end{cases} .$$

证明 $\lim\limits_{n \to \infty} \left| \dfrac{a_{n+1} x^{n+1}}{a_n x^n} \right| = \lim\limits_{n \to \infty} \left| \dfrac{a_{n+1}}{a_n} \right| \cdot |x| = \rho |x|$,

如果 $0 < \rho < +\infty$，则只当 $\rho|x|<1$ 时幂级数收敛，故 $R = \dfrac{1}{\rho}$；

如果 $\rho = 0$，则幂级数总是收敛的，故 $R = +\infty$；

如果 $\rho = +\infty$，则只当 $x = 0$ 时幂级数收敛，故 $R = 0$.

例 1   求幂级数

$$\sum_{n=1}^{\infty} (-1)^{n-1} \frac{x^n}{n} = x - \frac{x^2}{2} + \frac{x^3}{3} - \cdots + (-1)^{n-1} \frac{x^n}{n} + \cdots$$

的收敛半径与收敛域.

解   因为

$$\rho = \lim_{n \to \infty} \left| \frac{a_{n+1}}{a_n} \right| = \lim_{n \to \infty} \frac{\dfrac{1}{n+1}}{\dfrac{1}{n}} = 1 ,$$

所以收敛半径为 $R = \dfrac{1}{\rho} = 1$.

当 $x = 1$ 时，幂级数成为 $\sum\limits_{n=1}^{\infty} (-1)^{n-1} \dfrac{1}{n}$，是收敛的；

当 $x = -1$ 时，幂级数成为 $\sum\limits_{n=0}^{\infty} \left(-\dfrac{1}{n} \right)$，是发散的. 因此收敛域为 $(-1, 1]$.

例 2   求幂级数 $\sum\limits_{n=0}^{\infty} \dfrac{1}{n!} x^n$ 的收敛域.

解   因为

$$\rho = \lim_{n \to \infty} \left| \frac{a_{n+1}}{a_n} \right| = \lim_{n \to \infty} \frac{\dfrac{1}{(n+1)!}}{\dfrac{1}{n!}} = \lim_{n \to \infty} \frac{1}{n+1} = 0 ,$$

所以收敛半径 $R = +\infty$，从而收敛域是 $(-\infty, +\infty)$.

例 3   求幂级数 $\sum\limits_{n=0}^{\infty} n! x^n$ 的收敛半径.

解   因为

$$\rho = \lim_{n \to \infty} \left| \frac{a_{n+1}}{a_n} \right| = \lim_{n \to \infty} \frac{(n+1)!}{n!} = +\infty ,$$

所以收敛半径 $R = 0$，即级数仅在 $x = 0$ 处收敛.

例 4 求幂级数 $\sum\limits_{n=0}^{\infty}\dfrac{(2n)!}{(n!)^2}x^{2n}$ 的收敛半径.

解 级数缺少奇次幂的项, 定理 2 不能应用. 可根据比值审敛法来求收敛半径, 幂级数的一般项记为 $u_n(x)=\dfrac{(2n)!}{(n!)^2}x^{2n}$. 因为

$$\lim_{n\to\infty}\left|\frac{u_{n+1}(x)}{u_n(x)}\right|=4\,|x|^2,$$

当 $4|x|^2<1$ 即 $|x|<\dfrac{1}{2}$ 时级数收敛; 当 $4|x|^2>1$ 即 $|x|>\dfrac{1}{2}$ 时级数发散, 所以收敛半径为 $R=\dfrac{1}{2}$.

例 5 求幂级数 $\sum\limits_{n=1}^{\infty}\dfrac{(x-1)^n}{2^n n}$ 的收敛域.

解 令 $t=x-1$, 上述级数变为 $\sum\limits_{n=1}^{\infty}\dfrac{t^n}{2^n n}$. 因为

$$\rho=\lim_{n\to\infty}\left|\frac{a_{n+1}}{a_n}\right|=\frac{2^n\cdot n}{2^{n+1}\cdot(n+1)}=\frac{1}{2},$$

所以收敛半径 $R=2$.

当 $t=2$ 时, 幂级数成为 $\sum\limits_{n=1}^{\infty}\dfrac{1}{n}$, 此级数发散; 当 $t=-2$ 时, 幂级数成为 $\sum\limits_{n=1}^{\infty}\dfrac{(-1)}{n}$, 此级数收敛. 因此级数 $\sum\limits_{n=1}^{\infty}\dfrac{t^n}{2^n n}$ 的收敛域为 $-2\leqslant t<2$. 由 $-2\leqslant x-1<2$, 即 $-1\leqslant x<3$, 所以原级数的收敛域为 $[-1, 3)$.

三、幂级数的运算

设幂级数 $\sum\limits_{n=0}^{\infty}a_n x^n$ 及 $\sum\limits_{n=0}^{\infty}b_n x^n$ 分别在区间 $(-R,R)$ 及 $(-R',R')$ 内收敛, 则在 $(-R,R)$ 与 $(-R',R')$ 中较小的区间内有

$$\sum_{n=0}^{\infty}a_n x^n\pm\sum_{n=0}^{\infty}b_n x^n=\sum_{n=0}^{\infty}(a_n\pm b_n)x^n,$$

$$(\sum_{n=0}^{\infty}a_n x^n)\cdot(\sum_{n=0}^{\infty}b_n x^n)=a_0 b_0+(a_0 b_1+a_1 b_0)x+(a_0 b_2+a_1 b_1+a_2 b_0)x^2+\cdots+$$
$$(a_0 b_n+a_1 b_{n-1}+\cdots+a_n b_0)x^n+\cdots$$

性质 1 幂级数 $\sum\limits_{n=0}^{\infty}a_n x^n$ 的和函数 $s(x)$ 在其收敛域 I 上连续. 如果幂级数在 $x=R$ (或 $x=-R$) 也收敛, 则和函数 $s(x)$ 在 $(-R,R]$ (或 $[-R,R)$) 连续.

性质 2 幂级数 $\sum\limits_{n=0}^{\infty}a_n x^n$ 的和函数 $s(x)$ 在其收敛域 I 上可积, 并且有逐项积分公式

$$\int_0^x s(x)\mathrm{d}x = \int_0^x (\sum_{n=0}^{\infty} a_n x^n)\mathrm{d}x = \sum_{n=10}^{\infty} \int_0^x a_n x^n \mathrm{d}x = \sum_{n=0}^{\infty} \frac{a_n}{n+1} x^{n+1} \quad (x \in I),$$

逐项积分后所得到的幂级数和原级数有相同的收敛半径.

性质 3 幂级数 $\sum_{n=0}^{\infty} a_n x^n$ 的和函数 $s(x)$ 在其收敛区间 $(-R, R)$ 内可导，并且有逐项求导公式

$$s'(x) = (\sum_{n=0}^{\infty} a_n x^n)' = \sum_{n=0}^{\infty} (a_n x^n)' = \sum_{n=1}^{\infty} n a_n x^{n-1} \quad (|x| < R),$$

逐项求导后所得到的幂级数和原级数有相同的收敛半径.

例 6 求幂级数 $\sum_{n=0}^{\infty} \frac{1}{n+1} x^n$ 的和函数.

解 求得幂级数的收敛域为 $[-1, 1)$. 设和函数为 $s(x)$，即 $s(x) = \sum_{n=0}^{\infty} \frac{1}{n+1} x^n$，$x \in [-1, 1)$. 显然 $s(0) = 1$. 在 $xs(x) = \sum_{n=0}^{\infty} \frac{1}{n+1} x^{n+1}$ 的两边求导，得

$$[xs(x)]' = \sum_{n=0}^{\infty} \left(\frac{1}{n+1} x^{n+1}\right)' = \sum_{n=0}^{\infty} x^n = \frac{1}{1-x}.$$

对上式从 0 到 x 积分，得

$$xs(x) = \int_0^x \frac{1}{1-x} \mathrm{d}x = -\ln(1-x).$$

于是，当 $x \neq 0$ 时，有 $s(x) = -\dfrac{1}{x}\ln(1-x)$. 从而

$$s(x) = \begin{cases} -\dfrac{1}{x}\ln(1-x), & 0 < |x| < 1 \\ 1, & x = 0 \end{cases}.$$

因为

$$xs(x) = \sum_{n=0}^{\infty} \frac{1}{n+1} x^{n+1} = \int_0^x \left[\sum_{n=0}^{\infty} \frac{1}{n+1} x^{n+1}\right]' \mathrm{d}x$$

$$= \int_0^x \sum_{n=0}^{\infty} x^n \mathrm{d}x = \int_0^x \frac{1}{1-x} \mathrm{d}x = -\ln(1-x),$$

所以，当 $x \neq 0$ 时，有 $s(x) = -\dfrac{1}{x}\ln(1-x)$，从而

$$s(x) = \begin{cases} -\dfrac{1}{x}\ln(1-x), & 0 < |x| < 1 \\ 1, & x = 0 \end{cases}.$$

例 7　求级数 $\displaystyle\sum_{n=1}^{\infty}\frac{2n+1}{3^n}$ 的和.

解　先考察幂级数

$$\sum_{n=0}^{\infty}x^n=\frac{1}{1-x},\ x\in(-1,1),$$

逐项求导后，再两边乘以 x，得到

$$\sum_{n=1}^{\infty}nx^n=\frac{x}{(1-x)^2},\ x\in(-1,1),$$

令 $x=\dfrac{1}{3}$，则有

$$\sum_{n=0}^{\infty}\left(\frac{1}{3}\right)^n=\frac{1}{2},\ \ \sum_{n=0}^{\infty}n\left(\frac{1}{3}\right)^n=\frac{3}{4},$$

于是

$$\sum_{n=1}^{\infty}\frac{2n+1}{3^n}=2\sum_{n=1}^{\infty}n\left(\frac{1}{3}\right)^n+\sum_{n=1}^{\infty}\left(\frac{1}{3}\right)^n=2.$$

习题 12.3

A 组

1. 求幂级数的收敛域.

（1）$\displaystyle\sum\frac{(n!)^2}{(2n)!}x^n$；

（2）$\displaystyle\sum\frac{(x-2)^{2n-1}}{(2n-1)!}$；

（3）$\displaystyle\sum\frac{3^n+(-2)^n}{n}(x+1)^n$；

（4）$\displaystyle\sum\left(1+\frac{1}{2}+\cdots+\frac{1}{n}\right)x^n$；

（5）$\displaystyle\sum_{n=1}^{\infty}\frac{1}{2^n}x^{2n}$.

2. 应用逐项求导或逐项求积分方法求下列幂级数的和函数（应同时指出它们的收敛域）.

（1）$\displaystyle\sum_{n=1}^{\infty}\frac{x^n}{n}$；

（2）$\displaystyle\sum_{n=1}^{\infty}\frac{x^n}{n+1}$；

（3）$\displaystyle\sum_{n=1}^{\infty}nx^{n-1}$；

（4）$\displaystyle\sum_{n=1}^{\infty}nx^n$；

（5）$x+\dfrac{x^3}{3}+\dfrac{x^5}{5}+\cdots+\dfrac{x^{2n+1}}{2n+1}+\cdots$；

（6）$\displaystyle\sum_{n=1}^{\infty}\frac{x^n}{n(n+1)}$；

（7）$\displaystyle\sum_{n=1}^{\infty}\frac{x^n}{n!}$.

B 组

1. 利用幂级数求数项级数的和.

（1）求级数 $\sum\limits_{n=1}^{\infty} 2nx^{2n}$ 的和函数，并求数项级数 $\sum\limits_{n=1}^{\infty} \dfrac{n}{9^n}$ 的和；

（2）求级数 $\sum\limits_{n=1}^{\infty} \dfrac{2n-1}{2^n}$ 的和.

2. 求幂级数的收敛域.

（1）$\sum\limits_{n=1}^{\infty} \dfrac{x^n}{2n(2n-1)}$；

（2）$\sum\limits_{n=1}^{\infty} \dfrac{(-1)^n x^{n-1}}{2^{n-1}\sqrt{n}}$；

（3）$\sum\limits_{n=1}^{\infty} \left[\dfrac{(-1)^n}{2^n} x^n + 3^n x^n \right]$；

（4）$\sum\limits_{n=1}^{\infty} (-1)^n \dfrac{(2x-3)^n}{2n-1}$；

（5）$\sum\limits_{n=1}^{\infty} \dfrac{\ln(n+1)}{n+1}(x-1)^n$；

（6）$\sum\limits_{n=1}^{\infty} \dfrac{(-1)^n}{n4^n}(x-1)^{2n-1}$.

12.4 函数展开成幂级数

一、泰勒级数

本节要解决的问题：给定函数 $f(x)$，要考虑它是否能在某个区间内"展开成幂级数"，就是说，是否能找到这样一个幂级数，它在某区间内收敛，且其和恰好就是给定的函数 $f(x)$. 如果能找到这样的幂级数，我们就说，函数 $f(x)$在该区间内能展开成幂级数，或简单地说函数 $f(x)$能展开成幂级数，而该级数在收敛区间内就表达了函数 $f(x)$.

如果 $f(x)$在点 x_0 的某邻域内具有各阶导数，则在该邻域内 $f(x)$近似等于

$$f(x)=f(x_0)+f'(x_0)(x-x_0)+\frac{f''(x_0)}{2!}(x-x_0)^2+\cdots+$$
$$\frac{f^{(n)}(x_0)}{n!}(x-x_0)^n+R_n(x),$$

其中 $R_n(x)=\dfrac{f^{(n+1)}(\xi)}{(n+1)!}(x-x_0)^{n+1}$（$\xi$ 介于 x 与 x_0 之间）.

如果 $f(x)$在点 x_0 的某邻域内具有各阶导数 $f'(x)$，$f''(x)$，$\cdots$，$f^{(n)}(x)$，$\cdots$，则当 $n\to\infty$时，$f(x)$在点 x_0 的泰勒多项式

$$p_n(x)=f(x_0)+f'(x_0)(x-x_0)+\frac{f''(x_0)}{2!}(x-x_0)^2+\cdots+\frac{f^{(n)}(x_0)}{n!}(x-x_0)^n$$

成为幂级数

$$f(x_0)+f'(x_0)(x-x_0)+\frac{f''(x_0)}{2!}(x-x_0)^2+\frac{f'''(x_0)}{3!}(x-x_0)^3+\cdots+\frac{f^{(n)}(x_0)}{n!}(x-x_0)^n+\cdots$$

这一幂级数称为函数 $f(x)$ 在点 x_0 处的泰勒级数. 显然, 当 $x = x_0$ 时, $f(x)$ 的泰勒级数收敛于 $f(x_0)$.

　　定理 1　设函数 $f(x)$ 在点 x_0 的某一邻域 $U(x_0)$ 内具有各阶导数, 则 $f(x)$ 在该邻域内能展开成泰勒级数的充分必要条件是在该邻域内 $f(x)$ 的泰勒公式中的余项 $R_n(x)$ 当 $n \to \infty$ 时的极限为零, 即

$$\lim_{n \to \infty} R_n(x) = 0 \quad (x \in U(x_0)).$$

　　证明　先证必要性. 设 $f(x)$ 在 $U(x_0)$ 内能展开为泰勒级数, 即

$$f(x) = f(x_0) + f'(x_0)(x - x_0) + \frac{f''(x_0)}{2!}(x - x_0)^2 + \cdots + \frac{f^{(n)}(x_0)}{n!}(x - x_0)^n + \cdots,$$

又设 $s_{n+1}(x)$ 是 $f(x)$ 的泰勒级数的前 $n + 1$ 项的和, 则在 $U(x_0)$ 内 $s_{n+1}(x) \to f(x)$ $(n \to \infty)$.
而 $f(x)$ 的 n 阶泰勒公式可写成 $f(x) = s_{n+1}(x) + R_n(x)$, 于是 $R_n(x) = f(x) - s_{n+1}(x) \to 0$ $(n \to \infty)$.

　　再证充分性. 设 $R_n(x) \to 0$ $(n \to \infty)$ 对一切 $x \in U(x_0)$ 成立.

　　因为 $f(x)$ 的 n 阶泰勒公式可写成 $f(x) = s_{n+1}(x) + R_n(x)$, 于是 $s_{n+1}(x) = f(x) - R_n(x) \to f(x)$,
即 $f(x)$ 的泰勒级数在 $U(x_0)$ 内收敛, 并且收敛于 $f(x)$.

　　麦克劳林级数　在泰勒级数中取 $x_0 = 0$, 得

$$f(0) + f'(0)x + \frac{f''(0)}{2!}x^2 + \cdots + \frac{f^{(n)}(0)}{n!}x^n + \cdots,$$

此级数称为 $f(x)$ 的麦克劳林级数.

　　展开式的唯一性　如果 $f(x)$ 能展开成 x 的幂级数, 那么这种展开式是唯一的, 它一定与 $f(x)$ 的麦克劳林级数一致. 这是因为, 如果 $f(x)$ 在点 $x_0 = 0$ 的某邻域 $(-R, R)$ 内能展开成 x 的幂级数, 即

$$f(x) = a_0 + a_1 x + a_2 x^2 + \cdots + a_n x^n + \cdots,$$

那么根据幂级数在收敛区间内可以逐项求导, 有

$$f'(x) = a_1 + 2a_2 x + 3a_3 x^2 + \cdots + na_n x^{n-1} + \cdots,$$

$$f''(x) = 2!a_2 + 3 \cdot 2a_3 x + \cdots + n \cdot (n-1)a_n x^{n-2} + \cdots,$$

$$f'''(x) = 3!a_3 + \cdots + n \cdot (n-1)(n-2)a_n x^{n-3} + \cdots,$$

$$\cdots\cdots\cdots\cdots$$

$$f^{(n)}(x) = n!a_n + (n+1)n(n-1)\cdots 2a_{n+1} x + \cdots,$$

于是　　　　　　$a_0 = f(0)$, 　$a_1 = f'(0)$, 　$a_2 = \dfrac{f''(0)}{2!}$, 　$\cdots$, 　$a_n = \dfrac{f^{(n)}(0)}{n!}$, 　$\cdots$.

　　注：如果 $f(x)$ 能展开成 x 的幂级数, 那么这个幂级数就是 $f(x)$ 的麦克劳林级数. 但是, 反过来如果 $f(x)$ 的麦克劳林级数在点 $x_0 = 0$ 的某邻域内收敛, 它却不一定收敛于 $f(x)$. 因此, 如果 $f(x)$ 在点 $x_0 = 0$ 处具有各阶导数, 则 $f(x)$ 的麦克劳林级数虽然能展开, 但这个级数是否在某个区间内收敛, 以及是否收敛于 $f(x)$ 却需要进一步考察.

二、函数展开成幂级数

幂级数展开步骤：

第一步 求出 $f(x)$ 的各阶导数：$f'(x)$，$f''(x)$，$\cdots$，$f^{(n)}(x)$，$\cdots$.

第二步 求函数及其各阶导数在 $x=0$ 处的值：$f(0)$，$f'(0)$，$f''(0)$，$\cdots$，$f^{(n)}(0)$，$\cdots$.

第三步 写出幂级数：$f(0)+f'(0)x+\dfrac{f''(0)}{2!}x^2+\cdots+\dfrac{f^{(n)}(0)}{n!}x^n+\cdots$，并求出收敛半径 R.

第四步 考察在区间 $(-R，R)$ 内是否 $R_n(x)\to0$（$n\to\infty$），

$$\lim_{n\to\infty}R_n(x)=\lim_{n\to\infty}\frac{f^{(n+1)}(\xi)}{(n+1)!}x^{n+1}$$

是否为零. 如果 $R_n(x)\to0$（$n\to\infty$），则 $f(x)$ 在 $(-R，R)$ 内有展开式

$$f(x)=f(0)+f'(0)x+\frac{f''(0)}{2!}x^2+\cdots+\frac{f^{(n)}(0)}{n!}x^n+\cdots \quad (-R<x<R).$$

例 1 将函数 $f(x)=\mathrm{e}^x$ 展开成 x 的幂级数.

$$\mathrm{e}^x=1+x+\frac{1}{2!}x^2+\cdots\frac{1}{n!}x^n+\cdots(-\infty<x<+\infty).$$

例 2 将函数 $f(x)=\sin x$ 展开成 x 的幂级数.

$$\sin x=x-\frac{x^3}{3!}+\frac{x^5}{5!}-\cdots+(-1)^{n-1}\frac{x^{2n-1}}{(2n-1)!}+\cdots(-\infty<x<+\infty).$$

例 3 将函数 $f(x)=(1+x)^m$ 展开成 x 的幂级数，其中 m 为任意常数.

$$(1+x)^m=1+mx+\frac{m(m-1)}{2!}x^2+\cdots+\frac{m(m-1)\cdots(m-n+1)}{n!}x^n+\cdots(-1<x<1).$$

间接展开法：

例 4 将函数 $f(x)=\cos x$ 展开成 x 的幂级数.

$$\cos x=1-\frac{x^2}{2!}+\frac{x^4}{4!}-\cdots+(-1)^n\frac{x^{2n}}{(2n)!}+\cdots(-\infty<x<+\infty).$$

例 5 将函数 $f(x)=\dfrac{1}{1+x^2}$ 展开成 x 的幂级数.

$$\frac{1}{1+x^2}=1-x^2+x^4-\cdots+(-1)^n x^{2n}+\cdots \quad (-1<x<1).$$

收敛半径的确定：由 $-1<-x^2<1$，得 $-1<x<1$.

例 6 将函数 $f(x)=\ln(1+x)$ 展开成 x 的幂级数.

解 因为 $f'(x)=\dfrac{1}{1+x}$，而 $\dfrac{1}{1+x}$ 是收敛的等比级数 $\displaystyle\sum_{n=0}^{\infty}(-1)^n x^n$（$-1<x<1$）的和函数：

$$\frac{1}{1+x}=1-x+x^2-x^3+\cdots+(-1)^n x^n+\cdots.$$

所以将上式从 0 到 x 逐项积分，得

$$\ln(1+x)=x-\frac{x^2}{2}+\frac{x^3}{3}-\frac{x^4}{4}+\cdots+(-1)^n\frac{x^{n+1}}{n+1}+\cdots \quad (-1<x\leqslant1).$$

例 7 将函数 $f(x) = \sin x$ 展开成 $\left(x - \dfrac{\pi}{4}\right)$ 的幂级数.

解 因为

$$\sin x = \sin\left[\frac{\pi}{4} + \left(x - \frac{\pi}{4}\right)\right] = \frac{\sqrt{2}}{2}\left[\cos\left(x - \frac{\pi}{4}\right) + \sin\left(x - \frac{\pi}{4}\right)\right],$$

并且有

$$\cos\left(x - \frac{\pi}{4}\right) = 1 - \frac{1}{2!}\left(x - \frac{\pi}{4}\right)^2 + \frac{1}{4!}\left(x - \frac{\pi}{4}\right)^4 - \cdots \quad (-\infty < x < +\infty),$$

$$\sin\left(x - \frac{\pi}{4}\right) = \left(x - \frac{\pi}{4}\right) - \frac{1}{3!}\left(x - \frac{\pi}{4}\right)^3 + \frac{1}{5!}\left(x - \frac{\pi}{4}\right)^5 - \cdots \quad (-\infty < x < +\infty),$$

所以

$$\sin x = \frac{\sqrt{2}}{2}\left[1 + \left(x - \frac{\pi}{4}\right) - \frac{1}{2!}\left(x - \frac{\pi}{4}\right)^2 - \frac{1}{3!}\left(x - \frac{\pi}{4}\right)^3 + \cdots\right] \quad (-\infty < x < +\infty).$$

例 8 将函数 $f(x) = \dfrac{1}{x^2 + 4x + 3}$ 展开成 $(x - 1)$ 的幂级数.

解 因为

$$f(x) = \frac{1}{x^2 + 4x + 3} = \frac{1}{(x+1)(x+3)} = \frac{1}{2(1+x)} - \frac{1}{2(3+x)}$$

$$= \frac{1}{4\left(1 + \dfrac{x-1}{2}\right)} - \frac{1}{8\left(1 + \dfrac{x-1}{4}\right)},$$

而

$$\frac{1}{4\left(1 + \dfrac{x-1}{2}\right)} = \frac{1}{4}\sum_{n=0}^{\infty}\frac{(-1)^n}{2^n}(x-1)^n \quad (-1 < x < 3),$$

$$\frac{1}{8\left(1 + \dfrac{x-1}{4}\right)} = \frac{1}{8}\sum_{n=0}^{\infty}\frac{(-1)^n}{4^n}(x-1)^n \quad (-3 < x < 5),$$

所以

$$f(x) = \frac{1}{x^2 + 4x + 3} = \sum_{n=0}^{\infty}(-1)^n\left(\frac{1}{2^{n+2}} - \frac{1}{2^{2n+3}}\right)(x-1)^n \quad (-1 < x < 3).$$

习题 12.4

A 组

1. 求函数的幂级数展开式：

（1）将函数 $f(x) = e^{-x^2}$ 展开成 x 的幂级数；

（2）将函数 $f(x) = \ln\dfrac{1+x}{1-x}$ 展开成 x 的幂级数；

（3）将函数 $f(x) = \sin^2 x$ 展开成 x 的幂级数.

2. $f(x) = \dfrac{1}{x^2 - x - 2}$ 在 $x = 1$ 处的泰勒级数展开式.

3. 求 $\ln\sqrt{\dfrac{1+x}{1-x}}$ 在 $x = 0$ 处的泰勒级数展开式.

4. 求 $f(x) = \ln(x + \sqrt{1+x^2})$ 在 $x = 0$ 处的泰勒级数展开式.

12.5　傅里叶级数

一、三角级数

级数 $\dfrac{1}{2}a_0 + \sum\limits_{n=1}^{\infty}(a_n\cos nx + b_n\sin nx)$ 称为三角级数，其中 a_0, a_n, b_n（$n = 1, 2, \cdots$）都是常数.

对于三角函数系

$$1,\ \cos x,\ \sin x,\ \cos 2x,\ \sin 2x,\ \cdots,\ \cos nx,\ \sin nx,\ \cdots$$

三角函数系中，任何两个不同的函数的乘积在区间$[-\pi, \pi]$上的积分等于零，即

$$\int_{-\pi}^{\pi}\cos nx\,\mathrm{d}x = 0 \quad (n = 1, 2, \cdots),$$

$$\int_{-\pi}^{\pi}\sin nx\,\mathrm{d}x = 0 \quad (n = 1, 2, \cdots),$$

$$\int_{-\pi}^{\pi}\sin kx\cos nx\,\mathrm{d}x = 0 \quad (k, n = 1, 2, \cdots),$$

$$\int_{-\pi}^{\pi}\sin kx\sin nx\,\mathrm{d}x = 0 \quad (k, n = 1, 2, \cdots, k \neq n),$$

$$\int_{-\pi}^{\pi}\cos kx\cos nx\,\mathrm{d}x = 0 \quad (k, n = 1, 2, \cdots, k \neq n).$$

三角函数系中，任何两个相同的函数的乘积在区间$[-\pi, \pi]$上的积分不等于零，即

$$\int_{-\pi}^{\pi}1^2\,\mathrm{d}x = 2\pi,$$

$$\int_{-\pi}^{\pi}\cos^2 nx\,\mathrm{d}x = \pi \quad (n = 1, 2, \cdots),$$

$$\int_{-\pi}^{\pi}\sin^2 nx\,\mathrm{d}x = \pi \quad (n = 1, 2, \cdots).$$

二、函数展开成傅里叶级数

问题：设 $f(x)$ 是周期为 2π 的周期函数，且能展开成三角级数：

$$f(x) = \frac{a_0}{2} + \sum_{k=1}^{\infty}(a_k \cos kx + b_k \sin kx).$$

那么系数 a_0，a_1，b_1，$\cdots$ 与函数 $f(x)$ 之间存在着怎样的关系？

假定三角级数可逐项积分，则

$$\int_{-\pi}^{\pi} f(x)\cos nx\mathrm{d}x = \int_{-\pi}^{\pi}\frac{a_0}{2}\cos nx\mathrm{d}x + \sum_{k=1}^{\infty}\left[a_k\int_{-\pi}^{\pi}\cos kx\cos nx\mathrm{d}x + b_k\int_{-\pi}^{\pi}\sin kx\cos nx\mathrm{d}x\right].$$

类似地，有

$$\int_{-\pi}^{\pi} f(x)\sin nx\mathrm{d}x = b_n\pi.$$

其中

$$a_0 = \frac{1}{\pi}\int_{-\pi}^{\pi} f(x)\mathrm{d}x,$$

$$a_n = \frac{1}{\pi}\int_{-\pi}^{\pi} f(x)\cos nx\mathrm{d}x, \quad (n=1,2,\cdots),$$

$$b_n = \frac{1}{\pi}\int_{-\pi}^{\pi} f(x)\sin nx\mathrm{d}x, \quad (n=1,2,\cdots).$$

系数 $a_0, a_1, b_1, \cdots$ 叫作函数 $f(x)$ 的傅里叶系数.

三角级数 $\dfrac{a_0}{2} + \sum\limits_{n=1}^{\infty}(a_n\cos nx + b_n\sin nx)$ 称为傅里叶级数，其中 $a_0, a_1, b_1, \cdots$ 是傅里叶系数.

一个定义在（$-\infty, +\infty$）上周期为 2π 的函数 $f(x)$，如果它在一个周期上可积，则一定可以作出 $f(x)$ 的傅里叶级数. 然而，函数 $f(x)$ 的傅里叶级数是否一定收敛？如果它收敛，它是否一定收敛于函数 $f(x)$？一般来说，这两个问题的答案都不是肯定的.

定理 1（收敛定理、狄利克雷充分条件）　设 $f(x)$ 是周期为 2π 的周期函数，如果它满足：在一个周期内连续或只有有限个第一类间断点，在一个周期内至多只有有限个极值点，则 $f(x)$ 的傅里叶级数收敛，并且

当 x 是 $f(x)$ 的连续点时，级数收敛于 $f(x)$；

当 x 是 $f(x)$ 的间断点时，级数收敛于 $\dfrac{1}{2}[f(x-0)+f(x+0)]$.

例 1　设 $f(x)$ 是周期为 2π 的周期函数，它在 $[-\pi, \pi)$ 上的表达式为

$$f(x) = \begin{cases} -1, & \pi \leqslant x < 0 \\ 1, & 0 \leqslant x < \pi \end{cases},$$

将 $f(x)$ 展开成傅里叶级数.

解　所给函数满足收敛定理的条件，它在点 $x = k\pi$（$k = 0, \pm1, \pm2, \cdots$）处不连续，在其他点处连续，从而由收敛定理知 $f(x)$ 的傅里叶级数收敛，并且当 $x = k\pi$ 时级数收敛于

$$\frac{1}{2}[f(x-0)+f(x+0)] = \frac{1}{2}(-1+1) = 0,$$

当 $x \neq k\pi$ 时级数收敛于 $f(x)$.

傅里叶系数计算如下：

$$a_n = \frac{1}{\pi}\int_{-\pi}^{\pi} f(x)\cos nx\mathrm{d}x = \frac{1}{\pi}\int_{-\pi}^{0}(-1)\cos nx\mathrm{d}x + \frac{1}{\pi}\int_{0}^{\pi}1\cdot\cos nx\mathrm{d}x = 0 \quad (n = 0,1,2,\cdots) ;$$

$$b_n = \frac{1}{\pi}\int_{-\pi}^{\pi} f(x)\sin nx\mathrm{d}x = \frac{1}{\pi}\int_{-\pi}^{0}(-1)\sin nx\mathrm{d}x + \frac{1}{\pi}\int_{0}^{\pi}1\cdot\sin nx\mathrm{d}x$$

$$= \frac{1}{\pi}\left[\frac{\cos nx}{n}\right]_{-\pi}^{0} + \frac{1}{\pi}\left[-\frac{\cos nx}{n}\right]_{0}^{\pi} = \frac{1}{n\pi}(1 - \cos n\pi - \cos n\pi + 1)$$

$$= \frac{2}{n\pi}[1 - (-1)^n] = \begin{cases} \dfrac{4}{n\pi}, & n = 1,3,5,\cdots \\ 0, & n = 2,4,6,\cdots \end{cases}.$$

于是 $f(x)$ 的傅里叶级数展开式为

$$f(x) = \frac{4}{\pi}\left[\sin x + \frac{1}{3}\sin 3x + \cdots + \frac{1}{2k-1}\sin(2k-1)x + \cdots\right]$$
$$(-\infty < x < +\infty;\ x \neq 0, \pm\pi, \pm 2\pi, \cdots).$$

例 2　设 $f(x)$ 是周期为 2π 的周期函数，它在 $[-\pi, \pi)$ 上的表达式为

$$f(x) = \begin{cases} x, & -\pi \leqslant x < 0 \\ 0, & 0 \leqslant x < \pi \end{cases}$$

将 $f(x)$ 展开成傅里叶级数.

解　所给函数满足收敛定理的条件，它在点 $x = (2k+1)\pi$（$k = 0, \pm 1, \pm 2, \cdots$）处不连续，因此，$f(x)$ 的傅里叶级数在 $x = (2k+1)\pi$ 处收敛于

$$\frac{1}{2}[f(x-0) + f(x+0)] = \frac{1}{2}(0 - \pi) = -\frac{\pi}{2}.$$

在连续点 $x(x \neq (2k+1)\pi)$ 处级数收敛于 $f(x)$.

傅里叶系数计算如下：

$$a_0 = \frac{1}{\pi}\int_{-\pi}^{\pi} f(x)\mathrm{d}x = \frac{1}{\pi}\int_{-\pi}^{0} x\mathrm{d}x = -\frac{\pi}{2} ;$$

$$a_n = \frac{1}{\pi}\int_{-\pi}^{\pi} f(x)\cos nx\mathrm{d}x = \frac{1}{\pi}\int_{-\pi}^{0} x\cos nx\mathrm{d}x + \frac{1}{\pi}\left[\frac{x\sin nx}{n} + \frac{\cos nx}{n^2}\right]_{-\pi}^{0}$$

$$= \frac{1}{n^2\pi}(1 - \cos n\pi) = \begin{cases} \dfrac{2}{n^2\pi}, & n = 1,3,5,\cdots \\ 0, & n = 2,4,6,\cdots \end{cases} ;$$

$$b_n = \frac{1}{\pi}\int_{-\pi}^{\pi} f(x)\sin nx\mathrm{d}x = \frac{1}{\pi}\int_{-\pi}^{0} x\sin nx\mathrm{d}x + \frac{1}{\pi}\left[-\frac{x\cos nx}{n} + \frac{\sin nx}{n^2}\right]_{-\pi}^{0}$$

$$= -\frac{\cos n\pi}{n} = \frac{(-1)^{n+1}}{0} \quad (n = 1,2,\cdots).$$

$f(x)$的傅里叶级数展开式为

$$f(x) = -\frac{\pi}{4} + \left(\frac{2}{\pi}\cos x + \sin x\right) - \frac{1}{2}\sin 2x + \left(\frac{2}{3^2\pi}\cos 3x + \frac{1}{3}\sin 3x\right) -$$

$$\frac{1}{4}\sin 4x + \left(\frac{2}{5^2\pi}\cos 5x + \frac{1}{5}\sin 5x\right) - \cdots \quad (-\infty < x < +\infty; \ x \neq \pm\pi, \pm 3\pi, \cdots).$$

周期延拓：设$f(x)$只在$[-\pi, \pi]$上有定义，我们可以在$[-\pi, \pi)$或$(-\pi, \pi]$外补充函数$f(x)$的定义，使它拓展成周期为2π的周期函数$F(x)$，在$(-\pi, \pi)$内，$F(x) = f(x)$.

例 3　将函数

$$f(x) = \begin{cases} -x, & -\pi \leqslant x < 0 \\ x, & 0 \leqslant x < \pi \end{cases}$$

展开成傅里叶级数.

解　所给函数在区间$[-\pi, \pi]$上满足收敛定理的条件，并且拓广为周期函数时，它在每一点x处都连续，因此拓广的周期函数的傅里叶级数在$[-\pi, \pi]$上收敛于$f(x)$.

傅里叶系数为

$$a_0 = \frac{1}{\pi}\int_{-\pi}^{\pi} f(x)\mathrm{d}x = \frac{1}{\pi}\int_{-\pi}^{0}(-x)\mathrm{d}x + \frac{1}{\pi}\int_{0}^{\pi} x\mathrm{d}x = \pi ;$$

$$a_n = \frac{1}{\pi}\int_{-\pi}^{\pi} f(x)\cos nx\mathrm{d}x = \frac{1}{\pi}\int_{-\pi}^{0} x\cos nx\mathrm{d}x + \frac{1}{\pi}\int_{0}^{\pi} x\cos nx\mathrm{d}x$$

$$= \frac{1}{n^2\pi}(\cos n\pi - 1) = \begin{cases} -\dfrac{4}{n^2\pi}, & n = 1, 3, 5, \cdots \\ 0, & n = 2, 4, 6, \cdots \end{cases} ;$$

$$b_n = \frac{1}{\pi}\int_{-\pi}^{\pi} f(x)\sin nx\mathrm{d}x = \frac{1}{\pi}\int_{-\pi}^{0}(-x)\sin nx\mathrm{d}x + \frac{1}{\pi}\int_{0}^{\pi} x\sin nx\mathrm{d}x = 0 \ (n = 1, 2, \cdots).$$

于是$f(x)$的傅里叶级数展开式为

$$f(x) = \frac{\pi}{2} - \frac{4}{\pi}\left(\cos x + \frac{1}{3^2}\cos 3x + \frac{1}{5^2}\cos 5x + \cdots\right) \quad (-\pi \leqslant x \leqslant \pi).$$

三、正弦级数和余弦级数

当$f(x)$为奇函数时，$f(x)\cos nx$是奇函数，$f(x)\sin nx$是偶函数，故傅里叶系数为

$$a_n = 0 \ (n = 0, 1, 2, \cdots),$$

$$b_n = \frac{2}{\pi}\int_{0}^{\pi} f(x)\sin nx\mathrm{d}x \ (n = 1, 2, 3, \cdots).$$

因此奇数函数的傅里叶级数是只含有正弦项的正弦级数$\sum_{n=1}^{\infty} b_n\sin nx$.

当$f(x)$为偶函数时，$f(x)\cos nx$是偶函数，$f(x)\sin nx$是奇函数，故傅里叶系数为

$$a_n = \frac{2}{\pi}\int_0^\pi f(x)\cos nx \mathrm{d}x \ (n = 0,1,2,3,\cdots).$$

$$b_n = 0 \ (n = 1,\ 2,\ \cdots),$$

因此偶数函数的傅里叶级数是只含有余弦项的余弦级数 $\frac{a_0}{2}+\sum_{n=1}^{\infty} a_n \cos nx$.

例 4 设 $f(x)$ 是周期为 2π 的周期函数，它在 $[-\pi, \pi)$ 上的表达式为 $f(x) = x$. 将 $f(x)$ 展开成傅里叶级数.

解 首先，所给函数满足收敛定理的条件，它在点 $x = (2k+1)\pi(k = 0, \pm1, \pm2, \cdots)$ 不连续，因此 $f(x)$ 的傅里叶级数在函数的连续点 $x \neq (2k+1)\pi$ 收敛于 $f(x)$，在点 $x = (2k+1)\pi(k = 0, \pm1, \pm2, \cdots)$ 收敛于

$$\frac{1}{2}[f(\pi-0)+f(-\pi-0)] = \frac{1}{2}[\pi+(-\pi)] = 0.$$

其次，若不计 $x = (2k+1)\pi(k = 0, \pm1, \pm2, \cdots)$，则 $f(x)$ 是周期为 2π 的奇函数. 于是 $a_n = 0$ （$n = 0, 1, 2, \cdots$），而

$$b_n = \frac{2}{\pi}\int_0^\pi f(x)\sin nx \mathrm{d}x = \frac{2}{\pi}\int_0^\pi x\sin nx \mathrm{d}x$$

$$= \frac{2}{\pi}\left[-\frac{x\cos nx}{n}+\frac{\sin nx}{n^2}\right]_0^\pi = -\frac{2}{n}\cos nx = \frac{2}{n}(-1)^{n+1} \ (n = 1,2,3,\cdots).$$

$f(x)$ 的傅里叶级数展开式为

$$f(x) = 2\left(\sin x - \frac{1}{2}\sin 2x + \frac{1}{3}\sin 3x - \cdots + (-1)^{n+1}\frac{1}{n}\sin nx + \cdots\right)$$
$$(-\infty < x < +\infty,\ x \neq \pm\pi,\ \pm3\pi, \cdots).$$

例 5 将周期函数 $u(t) = E\left|\sin\frac{1}{2}t\right|$ 展开成傅里叶级数，其中 E 是正的常数.

解 所给函数满足收敛定理的条件，它在整个数轴上连续，因此 $u(t)$ 的傅里叶级数处处收敛于 $u(t)$.

因为 $u(t)$ 是周期为 2π 的偶函数，所以 $b_n = 0(n = 1, 2, \cdots)$，而

$$a_n = \frac{2}{\pi}\int_0^\pi u(t)\cos nt \mathrm{d}t = \frac{2}{\pi}\int_0^\pi E\sin\frac{t}{2}\cos nt \mathrm{d}t$$

$$= \frac{E}{\pi}\int_0^\pi\left[\sin\left(n+\frac{1}{2}\right)t - \sin\left(n-\frac{1}{2}\right)t\right]\mathrm{d}t$$

$$= \frac{E}{\pi}\left[-\frac{\cos\left(n+\frac{1}{2}\right)t}{n+\frac{1}{2}}+\frac{\cos\left(n-\frac{1}{2}\right)t}{n-\frac{1}{2}}\right]_0^\pi$$

$$= -\frac{4E}{(4n^2-1)\pi} \ (n = 0,1,2,\cdots).$$

所以 $u(t)$ 的傅里叶级数展开式为

$$u(t) = \frac{4E}{\pi}\left(\frac{1}{2} - \sum_{n=1}^{\infty}\frac{1}{4n^2-1}\cos nt\right) \quad (-\infty < t < +\infty).$$

设函数 $f(x)$ 定义在区间 $[0, \pi]$ 上并且满足收敛定理的条件，我们在开区间 $(-\pi, 0)$ 内补充函数 $f(x)$ 的定义，得到定义在 $(-\pi, \pi]$ 上的函数 $F(x)$，使它在 $(-\pi, \pi)$ 上成为奇函数（偶函数）. 按这种方式拓广函数定义域的过程称为奇延拓（偶延拓）. 限制在 $(0, \pi]$ 上，有 $F(x) = f(x)$.

例 6 将函数 $f(x) = x$（$0 \leqslant x \leqslant \pi$）分别展开成正弦级数和余弦级数.

解 经计算得

$$a_0 = \frac{2}{\pi}\int_0^\pi x\mathrm{d}x = \pi;$$

$$a_n = \frac{2}{\pi}\int_0^\pi x\cos nx\mathrm{d}x = \begin{cases} 0, & n = 2k \\ \dfrac{-4}{n^2\pi}, & n = 2k+1 \end{cases};$$

故正弦级数为

$$f(x) = \frac{\pi}{2} - \frac{4}{\pi}\left[\cos x + \frac{\cos 3x}{3^2} + \frac{\cos 5x}{5^2} + \cdots + \frac{\cos(2k+1)x}{(2k+1)^2} + \cdots\right];$$

$$b_n = \frac{2}{\pi}\int_0^\pi x\sin nx\mathrm{d}x = \frac{2\cdot(-1)^{n+1}}{n};$$

故余弦级数为

$$f(x) = 2\left[\sin x - \frac{\sin 2x}{2} + \frac{\sin 3x}{3} - \cdots + \frac{(-1)^{n+1}\sin nx}{(2k+1)^2} + \cdots\right].$$

习题 12.5

A 组

1. 在指定区间内把下列函数展开为傅里叶级数

（1）$f(x) = x$，   (i) $-\pi < x < \pi$，   (ii) $0 < x < 2\pi$；

（2）$f(x) = x^2$，   (i) $-\pi < x < \pi$，   (ii) $0 < x < 2\pi$；

（3）$f(x) = \begin{cases} ax, & -\pi < x \leqslant 0 \\ bx, & 0 < x < \pi \end{cases}$ （$a \neq b, a \neq 0, b \neq 0$）

2. 设 f 是以 2π 为周期的可积函数，证明对任何实数 c，有

$$a_n = \frac{1}{\pi}\int_c^{c+2\pi} f(x)\cos nx\mathrm{d}x = \frac{1}{\pi}\int_{-\pi}^{\pi} f(x)\cos nx\mathrm{d}x, \quad n = 0,1,2,\cdots,$$

$$b_n = \frac{1}{\pi}\int_c^{c+2\pi} f(x)\sin nx\mathrm{d}x = \frac{1}{\pi}\int_{-\pi}^{\pi} f(x)\sin nx\mathrm{d}x, \quad n = 1,2,\cdots.$$

3. 把函数 $f(x) = \begin{cases} -\dfrac{\pi}{4}, & -\pi < x \leqslant 0 \\[2mm] \dfrac{\pi}{4}, & 0 \leqslant x < \pi \end{cases}$ 展开成傅里叶级数，并由它推出

（1）$\dfrac{\pi}{4} = 1 - \dfrac{1}{3} + \dfrac{1}{5} - \dfrac{1}{7} + \cdots$；

（2）$\dfrac{\pi}{3} = 1 + \dfrac{1}{5} - \dfrac{1}{7} - \dfrac{1}{11} + \dfrac{1}{13} - \dfrac{1}{17} + \cdots$；

（3）$\dfrac{\sqrt{3}}{6}\pi = 1 - \dfrac{1}{5} + \dfrac{1}{7} - \dfrac{1}{11} + \dfrac{1}{13} - \dfrac{1}{17} + \cdots$.

4. 设函数 $f(x)$ 满足条件 $f(x + \pi) = -f(x)$，问此函数在 $(-\pi, \pi)$ 内的傅里叶级数具有什么特性？

5. 求函数 $f(x) = \dfrac{1}{12}(3x^2 - 6\pi x + 2\pi^2)$ 的傅里叶级数展开式并应用它推出 $\displaystyle\sum_{n=1}^{\infty} \dfrac{1}{n^2} = \dfrac{\pi^2}{6}$.

12.6　周期为 $2l$ 的周期函数的傅里叶级数

我们希望能把周期为 $2l$ 的周期函数 $f(x)$ 展开成三角级数，为此我们先把周期为 $2l$ 的周期函数 $f(x)$ 变换为周期为 2π 的周期函数.

令 $x = \dfrac{l}{\pi}t$ 及 $f(x) = f\left(\dfrac{l}{\pi}t\right) = F(t)$，则 $F(t)$ 是以 2π 为周期的函数.

这是因为　　　　　　$F(t + 2\pi) = f\left[\dfrac{l}{\pi}(t + 2\pi)\right] = f\left(\dfrac{l}{\pi}t + 2l\right) = f\left(\dfrac{l}{\pi}t\right) = F(t)$.

于是当 $F(t)$ 满足收敛定理的条件时，$F(t)$ 可展开成傅里叶级数：

$$F(t) = \frac{a_0}{2} + \sum_{n=1}^{\infty}(a_n \cos nt + b_n \sin nt).$$

其中 $a_n = \dfrac{1}{\pi}\displaystyle\int_{-\pi}^{\pi} F(t)\cos nt\,\mathrm{d}t \ \ (n = 0, 1, 2, \cdots)$，　$b_n = \dfrac{1}{\pi}\displaystyle\int_{-\pi}^{\pi} F(t)\sin nt\,\mathrm{d}t \ \ (n = 1, 2, \cdots)$.

从而有如下定理：

定理 1　设周期为 $2l$ 的周期函数 $f(x)$ 满足收敛定理的条件，则它的傅里叶级数展开式为

$$f(x) = \frac{a_0}{2} + \sum_{n=1}^{\infty}\left(a_n \cos\frac{n\pi x}{l} + b_n \sin\frac{n\pi x}{l}\right),$$

其中系数 a_n, b_n 分别为

$$a_n = \frac{1}{l}\int_{-l}^{l} f(x)\cos\frac{n\pi x}{l}\,\mathrm{d}x \ \ (n = 0, 1, 2, \cdots),$$

$$b_n = \frac{1}{l} \int_{-l}^{l} f(x) \sin \frac{n\pi x}{l} dx \quad (n = 1, 2, \cdots).$$

当 $f(x)$ 为奇函数时，$f(x) = \sum_{n=1}^{\infty} b_n \sin \frac{n\pi x}{l}$，其中 $b_n = \frac{2}{l} \int_0^l f(x) \sin \frac{n\pi x}{l} dx \quad (n = 1, 2, \cdots)$；

当 $f(x)$ 为偶函数时，$f(x) = \frac{a_0}{2} + \sum_{n=1}^{\infty} a_n \cos \frac{n\pi x}{l}$，其中 $a_n = \frac{2}{l} \int_0^l f(x) \cos \frac{n\pi x}{l} dx \quad (n = 0, 1, 2, \cdots)$.

例 1　设 $f(x)$ 是周期为 4 的周期函数，它在 $[-2, 2)$ 上的表达式为

$$f(x) = \begin{cases} 0, & -2 \leqslant x < 0 \\ k, & 0 \leqslant x < 2 \end{cases}, \quad 常数 \ k \neq 0.$$

将 $f(x)$ 展开成傅里叶级数.

解　这里 $l = 2$. 有

$$a_n = \frac{1}{2} \int_0^2 k \cos \frac{n\pi x}{2} dx = \left[\frac{k}{n\pi} \sin \frac{n\pi x}{2} \right]_0^2 = 0 \quad (n \neq 0);$$

$$a_0 = \frac{1}{2} \int_{-2}^0 0 dx + \frac{1}{2} \int_0^2 k dx = k;$$

$$b_n = \frac{1}{2} \int_0^2 k \sin \frac{n\pi x}{2} dx = \left[-\frac{k}{n\pi} \cos \frac{n\pi x}{2} \right]_0^2 = \frac{k}{n\pi} (1 - \cos n\pi) = \begin{cases} \dfrac{2k}{n\pi}, & n = 1, 3, 5, \cdots \\ 0, & n = 2, 4, 6, \cdots \end{cases};$$

于是
$$f(x) = \frac{k}{2} + \frac{2k}{\pi} \left(\sin \frac{\pi x}{2} + \frac{1}{3} \sin \frac{3\pi x}{2} + \frac{1}{5} \sin \frac{5\pi x}{2} + \cdots \right)$$

$(-\infty < x < +\infty, x \neq 0, \pm 2, \pm 4, \cdots;$ 在 $x = 0, \pm 2, \pm 4, \cdots$ 收敛于 $\dfrac{k}{2}$).

例 2　将函数 $M(x) = \begin{cases} \dfrac{px}{2}, & 0 \leqslant x < \dfrac{1}{2} \\ \dfrac{p(l-x)}{2}, & \dfrac{1}{2} \leqslant x \leqslant l \end{cases}$ 展开成正弦级数.

解　对 $M(x)$ 进行奇延拓. 则

$$a_n = 0 \quad (n = 0, 1, 2, 3, \cdots),$$

$$b_n = \frac{2}{l} \int_0^l M(x) \sin \frac{n\pi x}{l} dx = \frac{2}{l} \left[\int_0^{\frac{l}{2}} \frac{px}{2} \sin \frac{n\pi x}{l} dx + \int_{\frac{l}{2}}^l \frac{p(l-x)}{2} \sin \frac{n\pi x}{l} dx \right].$$

对上式右边的第二项，令 $t = l - x$，则

$$b_n = \frac{2}{l} \left[\int_0^{\frac{l}{2}} \frac{px}{2} \sin \frac{n\pi x}{l} dx + \int_{\frac{l}{2}}^0 \frac{pt}{2} \sin \frac{n\pi(l-t)}{l} (-dt) \right]$$

$$= \frac{2}{l} \left[\int_0^{\frac{l}{2}} \frac{px}{2} \sin \frac{n\pi x}{l} dx + (-1)^{n+1} \int_0^{\frac{l}{2}} \frac{pt}{2} \sin \frac{n\pi t}{l} dt \right].$$

当 $n = 2, 4, 6, \cdots$ 时，$b_n = 0$；

当 $n = 1, 3, 5, \cdots$ 时，

$$b_n = \frac{4p}{2l} \int_0^{\frac{l}{2}} x \sin \frac{n\pi x}{l} \, \mathrm{d}x = \frac{2pl}{n^2 \pi^2} \sin \frac{n\pi}{l}.$$

于是

$$M(x) = \frac{2pl}{\pi^2} \left(\sin \frac{\pi x}{l} - \frac{1}{3^2} \sin \frac{3\pi x}{l} + \frac{1}{5^2} \sin \frac{5\pi x}{l} - \cdots \right) \quad (0 \leqslant x \leqslant l).$$

习题 12.6

A 组

1. 求下列周期函数的傅里叶级数展开式：

（1）$f(x) = |\cos x|$（周期 π）；

（2）$f(x) = x - [x]$（周期 1）；

（3）$f(x) = \sin^4 x$（周期 π）；

（4）$f(x) = \operatorname{sgn}(\cos x)$（周期 2π）.

2. 求函数 $f(x) = \begin{cases} x, & 0 \leqslant x \leqslant 1 \\ 1, & 1 < x < 2 \\ 3 - x, & 2 \leqslant x \leqslant 3 \end{cases}$ 的傅里叶级数并讨论其收敛性.

3. 将函数 $f(x) = \dfrac{\pi}{2} - x$ 在 $[0, \pi]$ 上展开成余弦级数.

4. 将函数 $f(x) = \cos \dfrac{x}{2}$ 在 $[0, \pi]$ 上展开成正弦级数.

5. 把函数 $f(x) = \begin{cases} 1 - x, & 0 < x \leqslant 2 \\ x - 3, & 2 < x < 4 \end{cases}$ 在 $(0, 4)$ 上展开成余弦级数.

6. 把函数 $f(x) = (x-1)^2$ 在 $(0,1)$ 上展开成余弦级数，并推出 $\pi^2 = 6\left(1 + \dfrac{1}{2^2} + \dfrac{1}{3^2} + \cdots \right)$.

12.7 数学实验：用 MATLAB 求解级数问题

实验目的： 运用 MATLAB 判断级数的敛散性与级数和，函数的幂级数展开.

实验内容： 运用 MATLAB 判断常数项级数与幂级数的敛散性与级数和，将函数展开为幂级数.

例 1 求常数项级数的部分和.

（1）$\sum\limits_{n=1}^{30} \dfrac{1}{n}$；

（2）$\sum\limits_{n=1}^{\infty} \dfrac{1}{3^n}$.

程序如下：

```
syms n
s1=symsum(1/n,1,30)
s2=symsum(1/3^n,n,1,inf)                %inf 表示无穷大
```

运行结果如下：

s1 =55835135/15519504

s2 =1

例2　判断常数项级数的敛散性.

（1）$\displaystyle\sum_{n=1}^{\infty}\dfrac{1}{(2n-1)(2n+1)}$；

（2）$\displaystyle\sum_{n=1}^{\infty}3^{n}\sin\dfrac{\pi}{4^{n}}$.

（1）程序如下：

```
syms n
sn=(1-1/(2*n+1))/2;                     %部分和
s=limit(sn,n,inf)                       %部分和极限
```

运行结果如下：

s =1/2   %部分和极限有限，故级数收敛

（2）程序如下：

```
syms n
u1=3^(n)*sin(pi/4^n);                   % u_n
u2=3^(n+1)*sin(pi/4^(n+1));             % u_{n+1}
ul=limit(u2/u1,n,inf)                   %比式判别法
```

运行结果如下：

ul =3/4   %$\dfrac{3}{4}<1$，级数收敛

例3　判断下列幂级数的敛散性，若收敛求出其收敛半径.

（1）$\displaystyle\sum_{n=1}^{\infty}\dfrac{1}{2^{n}n!}x^{n}$；

（2）$\displaystyle\sum_{n=1}^{\infty}nx^{n}$.

（1）程序如下：

```
syms n
u1=1/(2^n*factorial(n));
u2=1/(2^(n+1)*factorial(n+1));
p=limit(u2/u1,n,inf)
r=1/p                                    %收敛半径
```

运行结果如下：

r =Inf

（2）程序如下：

```
syms n
p=limit(n^(1/n),n,inf);                 %根式判别法
```

r=1/p

运行结果如下：

r =1

例 4　将函数 $f(x) = \dfrac{1}{x}$ 展开成 $x-1$ 的 5 阶幂级数.

程序如下：

syms x

f=1/x;

ft=taylor(f,x,'Order',5,'ExpansionPoint',1)

运行结果如下：

ft =(x - 1)^2 - x - (x - 1)^3 + (x - 1)^4 + 2

例 5　函数 $f(x) = \sin(x)$ 展开成 $x-2$ 的 6 阶幂级数.

程序如下：

syms x

f=sin(x);

ft=taylor(f,x,'Order',6,'ExpansionPoint',2)

运行结果如下：

ft =sin(2) - (sin(2)*(x - 2)^2)/2 + (sin(2)*(x - 2)^4)/24 + cos(2)*(x - 2) - (cos(2)*(x - 2)^3)/6 +
　　(cos(2)*(x - 2)^5)/120

参考文献

[1] 同济大学数学系. 高等数学（上册）[M]. 北京：高等教育出版社，2014.

[2] 同济大学数学系. 高等数学（下册）[M]. 北京：高等教育出版社，2014.

[3] 王志平. 高等数学（上册）[M]. 上海：上海交通大学出版社，2012.

[4] 王志平. 高等数学（下册）[M]. 上海：上海交通大学出版社，2012.

[5] 陈纪修. 数学分析（上册）[M]. 北京：高等教育出版社，2004.

[6] 陈纪修. 数学分析.（下册）[M]. 北京：高等教育出版社，2004.

[7] 费定晖，周学圣. 吉米多维奇数学分析习题集题解[M]. 济南：山东科学技术出版社，2018.

[8] 胡成，刘洋，吴田峰，等. 高等数学及其应用（上）[M]. 成都：西南交通大学出版社，2018.

[9] 姜启源. 数学实验与数学建模[J]. 课程教育研究，2015，31（34）：106-107.

[10] 薛长虹，于凯. MATLAB 数学实验[M]. 成都：西南交通大学出版社，2014.

[11] 赵振华，杜燕，郑小洋. 高等数学实验[M]. 成都：西南交通大学出版社，2009.

[12] 占海明. 基于 MATLAB 的高等数学问题求解[M]. 北京：清华大学出版社，2013.

[13] 王宪杰. 高等数学典型应用实例与模型[M]. 北京：科学出版社，2005.

[14] 薛毅. 数学建模基础[M]. 北京：北京工业大学出版社，2011.

[15] 李岚. 高等数学教学改革研究进展[J]. 大学数学，2007，23（4）：20-26.

[16] 王庚. 数学文化与数学教育[M]. 北京：科学出版社，2004.